Einführung in die Werkstoffe der Elektrotechnik

Von Dr. Hanno Schaumburg
Professor an der Technischen Universität
Hamburg-Harburg
unter Mitarbeit im Abschnitt Polymere von
Dr. Klaus-Wilhelm Lienert
Beck Elektroisolier-Systeme (BASF) Hamburg

Mit 397 Bildern und 26 Tabellen

B. G. Teubner Stuttgart 1993

Die Deutsche Bibliothek – CIP-Einheitsaufnahme

Einführung in die Werkstoffe der Elektrotechnik
von Hanno Schaumburg unter Mitarb. im Abschn. Polymere
von Klaus-Wilhelm Lienert. –
Stuttgart : Teubner, 1993
ISBN 978-3-519-06161-8 ISBN 978-3-322-96725-1 (eBook)
DOI 10.1007/978-3-322-96725-1
NE: Schaumburg, Hanno; Lienert, Klaus-Wilhelm

Satz und Bilder: Art Type Kommunikation, Seevetal 2

Einband: P.P.K,S-Konzepte, Tabea Koch, Ostfildern/Stuttgart.

Vorwort

Das Ziel dieses Buches ist es, einen aktuellen Überblick über die in der Elektrotechnik und Elektronik verwendeten Werkstoffe und deren Einsatzmöglichkeiten zu geben. Dabei werden die heute praktisch wichtigen Anwendungen besonders hervorgehoben; der theoretische Hintergrund wird nur in Grundzügen behandelt.

Das Buch wendet sich vor allem an Studenten der Fachhochschulen und Universitäten, sowie an die Elektrotechniker und Elektroniker in der beruflichen Praxis. Die theoretischen Aspekte des Werkstoffgebiets werden hier zurückgestellt und auf ein Minimum reduziert. Im Vordergrund steht eine Charakterisierung der in der modernen Elektrotechnik eingesetzten Werkstoffe mit Schwerpunkten bei elektronischen Bauelementen wie Widerständen, Kondensatoren, Dioden, Transistoren, Sensoren, optischen Bauelementen, integrierten Schaltungen und magnetischen Bauelementen, sowie bei aktuellen Aufbau-, Verdrahtungs-, Verbindungs- und Isolationstechniken.

Die Behandlung der einzelnen Werkstoffarten orientiert sich an deren Bedeutung im praktischen Einsatz, d.h. Metalle, Halbleiter, Keramiken und Polymerkunststoffe werden gleichwertig nebeneinander gestellt. Große Bedeutung hat dabei ein Vergleich der mechanischen, elektrischen, thermischen und gegebenenfalls magnetischen Eigenschaften der Werkstoffe.

Das Buch soll dem praxisorientierten Studenten und Ingenieur eine wichtige Hilfe zum besseren Verständnis und damit zweckorientierten Einsatz von Werkstoffen und Bauelementen in der Elektrotechnik ermöglichen.

Der Abschnitt "Polymere" wurde zusammen mit Herrn Dr. Klaus-Wilhelm Lienert, Leiter der Forschung und Entwicklung der Fa. Beck Isoliersysteme (BASF), verfaßt. Für viele Ratschläge und die angenehme Zusammenarbeit möchte ich Herrn Dr. Lienert sehr herzlich danken. Die zügige Fertigstellung dieses Buches wäre nicht möglich gewesen ohne die mittlerweile zur Routine gewordene Zusammenarbeit mit Herrn Dr. Schlembach, Verlag B.G. Teubner, und G. Krummel, ArtType Kommunikation (drucktechnische Bearbeitung), die ohne den persönlichen Konsens bestimmt nicht so effektiv gewesen wäre.

Hamburg, September 1992

H. S.

Inhalt

1 Aufbau der Werkstoffe

1.1 Das Periodensystem

Alle Werkstoffe sind aus ***Atomen*** der verschiedenen ***Elemente*** zusammengesetzt. Diese sind kleine (Durchmesser in der Größenordnung 10^{-10}m) und leichte (Größenordnung 10^{-27} bis 10^{-25} kg) Körper, welche ihrerseits aus elektrisch positiv geladenen Atomkernen bestehen, die von negativ geladenen Elektronen umgeben sind. In einem vereinfachten Modell kann man sich vorstellen, daß in einem Atom die Elektronen um die Atomkerne kreisen – wie die Erde um die Sonne oder der Mond um die Erde. Zutreffender ist allerdings die Vorstellung, daß die Elektronen in Form einer **Elektronenwolke** um die Atomkerne herum "verschmiert" sind. Auf die Form dieser "Wolke" werden wir in Zusammenhang mit der chemischen Bindung zu sprechen kommen.

Die Größe der positiven Ladung im Atomkern ist charakteristisch für die Atomsorte, bzw. das **Element**. Sie beträgt stets das ganzzahlige Vielfache einer **Elementarladung** $|q| = 1{,}602 \cdot 10^{-19}$ A·s (Ampere-Sekunden). Die Ursache hierfür liegt darin, daß die Atomkerne aus einer ganzzahligen Anzahl von positiv (mit der Elementarladung) geladenen **Protonen** aufgebaut sind, deren Masse $1{,}673 \cdot 10^{-27}$ kg beträgt. Gleichfalls im Kern vorhanden sind elektrisch neutrale **Neutronen** mit etwa derselben Masse wie die Protonen. Die Anwesenheit der Neutronen ist zur Ausbildung der anziehenden **Kernkräfte** notwendig, welche verhindern, daß die Kerne aufgrund der gegenseitigen elektrischen Abstoßung der Protonen auseinanderfallen. Sowohl die Protonen wie die Neutronen werden als **Nukleonen** bezeichnet.

In der Regel gibt es für jedes Element mit vorgegebener Protonenzahl verschiedene Ausführungen der Atome mit unterschiedlich großer Neutronenzahl, diese nennt man die **Isotope** des Elements (Bild 1). Die Anzahl der Neutronen ist stets größer oder gleich derjenigen der Protonen.

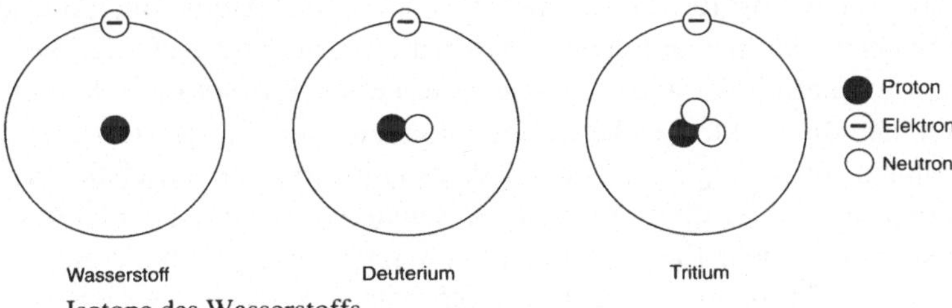

Bild 1.1-1 Isotope des Wasserstoffs

Die Anzahl der Protonen wird auch als **Ordnungszahl** Z bezeichnet. Die aufklappbare Tabelle am Ende des Buches gibt die Bezeichnungen der Elemente in Abhängigkeit von der Ordnungszahl an. Hier finden wir viele wohlbekannte Stoffe wie Sauerstoff, Eisen und Silizium wieder. Aber auch die weniger bekannten wie Gallium, Antimon und Samarium spielen eine wichtige Rolle in der Elektrotechnik: Häufig können auch geringe Zusätze dieser "exotischen" Elemente zu den bekannten Elementwerkstoffen deren Eigenschaften entscheidend ändern.

Wir erkennen, daß die Elemente in der Tabelle in einer bestimmten periodischen Ordnung eingetragen sind, deshalb wird die Tabelle auch als das **Periodensystem der Elemente** bezeichnet. In der Tabelle sind viele weitere Eigenschaften eingetragen, die typisch für das Verhalten der entsprechenden Elemente sind, die meisten dieser Eigenschaften werden wir im Laufe des Buchs genauer kennenlernen. Wichtig sind auch die Abkürzungen für die Elemente (z.B. Fe für Eisen), weil diese in chemischen Formeln verwendet werden, welche häufig die Zusammensetzung von Werkstoffen charakterisieren.

Der Grund für die periodische Anordnung der Elemente im Periodensystem ist eng verbunden mit den Eigenschaften der *Elektronen*, die an den Atomkern gebunden sind. Einzelne Atome sind in der Regel **elektrisch neutral**, d.h. es gibt genau so viele Elektronen wie Protonen. Dabei beträgt die Masse jedes Elektrons ($9{,}110 \cdot 10^{-31}$kg) weniger als ein Tausendstel der Masse jedes Nukleons: Bei einer nicht allzu genauen Betrachtung kann die Masse der Elektronen daher bei der Bestimmung der Atommasse vernachlässigt werden.

Wenn sich einzelne Atome mit anderen zusammenlagern, verändern sie häufig dabei ihre elektrische Ladung, d.h. sie sind nicht mehr elektrisch neutral und werden dann als **Ionen** bezeichnet (**Kationen** bei *positiver*, **Anionen** bei *negativer* Aufladung). Die zwischen den entgegengesetzt geladenen Ionen entstehende Anziehungskraft führt dazu, daß sich die Ionen nur schwer voneinander trennen lassen, dieser Zustand wird daher als **ionische Bindung** bezeichnet.

Eine große Bedeutung für die chemische Bindung der Atome untereinander hat die Verteilung der Elektronen auf die in der Wechselwirkung (gegenseitige Beeinflussung) mit dem Atomkern zulässigen Energiewerte (**Energiezustände** oder **-niveaus**). Es zeigt sich, daß die Elektronen bevorzugt "Bahnen" mit der niedrigstmöglichen Energie annehmen, diese liegen auf der niedrigstindizierten Hauptschale (K-Schale mit dem Index $n = 1$). Allerdings kann die K-Schale nur maximal 2 Elektronen aufnehmen Müssen noch mehr Elektronenniveaus besetzt werden (d.h. ist die Kernladungszahl größer als 2), dann ist die 1. Hauptschale vollständig besetzt, so daß die 2. Hauptschale (L-Schale, $n = 2$) hinzugezogen wird. Diese Hauptschale teilt sich in zwei Unterschalen auf, wobei zunächst die **s-Unterschalen** mit den niedrigsten Energiewerten besetzt werden. Nach deren Auffüllung wird die energetisch nächsthöherliegende **p-Unterschale** besetzt, die ihrerseits mit 6 Elektronen belegt werden darf.

Tab. 1.1-1 Elektronenkonfiguration der Elemente
(Namen der Elemente im Periodensystem im Anhang dieses Buches).
In der vierten Spalte sind in eckigen Klammern jeweils die Elemente (Edelgase) aufgeführt, deren Elektronenschema die inneren Schalen beschreibt (nach [1.1]).

Besetzung der ...	Z	Symbol	Grundzustand	Grundzustandskonfiguration	Ionisationsenergie [eV]
K-Schale (n = 1)					
	1	H	^2S	$1s$	13,595
	2	He	^1S	$1s^2$	24,581
L-Schale (n = 2)	3	Li	^2S	[He] $2s$	5,39
	4	Be	^1S	$2s^2$	9,32
	5	B	$^2P_{1/2}$	$2s^2\,2p$	8,296
	6	C	$^3P_0$	$2s^2\,2p^2$	11,256
	7	N	^4S	$2s^2\,2p^1$	14,545
	8	0	$^3P_2$	$2s^2\,2p^4$	13,614
	9	F	$^2P_{3/2}$	$2s^2\,2p^5$	17,418
	10	Ne	^1S	$2s^2\,2p^9$	21,559
M-Schale (n = 3)	11	Na	^2S	[Ne] $3s$	5,138
	12	Mg	^1S	$3s^2$	7,644
	13	Al	$^2P_{1/2}$	$3s^2\,3p$	5,984
	14	Si	$^3P_0$	$3s^2\,3p^2$	8,149
	15	P	^4S	$3s^2\,3p^3$	10,484
	16	S	$^1P_2$	$3s^2\,3p^4$	10,357
	17	Cl	$^2P_{3/2}$	$3s^2\,3p^5$	13,01
	18	Ar	^1S	$3s^2\,3p^6$	15,755
N-Schale (n = 4)	19	K	^2S	[Ar] $4s$	4,339
	20	Ca	^1S	$4s^2$	6,111
	21	Sc	$^2D_{3/2}$	$3d\,4s^2$	6,54
	22	Ti	$^3F_2$	$3d^2\,4s^2$	6,83
	23	V	$^4F_{3/2}$	$3d^3\,4s^2$	6,74
	24	Cr	^7S	$3d^5\,4s$	6,764
	25	Mn	^4S	$3d^5\,4s^2$	7,432
	26	Fe	$^5D_4$	$3d^6\,4s^2$	7,87
	27	Co	$^4F_{9/2}$	$3d^7\,4s^2$	7,86
	28	Ni	$^3F_4$	$3d^8\,4s^2$	7,633
	29	Cu	^2S	$3d^{10}\,4s$	7,724
	30	Zn	^1S	$3d^{10}\,4s^2$	9,391
	31	Ga	$^2P_{1/2}$	$3d^{10}\,4s^2\,4p$	6,0
	32	Ge	$^3P_0$	$3d^{10}\,4s^2\,4p^2$	7,88
	33	As	^4S	$3d^{10}\,4s^2\,4p^3$	9,81
	34	Se	$^3P_2$	$3d^{10}\,4s^2\,4p^4$	9,75
	35	Br	$^2P_{3/2}$	$3d^{10}\,4s^2\,4p^5$	11,84
	36	Kr	^1S	$3d^{10}\,4s^2\,4p^6$	13,996
	37	Rb	^2S	[Kr] $5s$	4,176
	38	Sr	^1S	$5s^2$	5,692
	39	Y	$^2D_{3/2}$	$4d\,5s^2$	6,377
	40	Zr	$^3F_2$	$4d^2\,5s^2$	6,835
	41	Nb	$^9D_{1/2}$	$4d^4\,5s$	6,881
	42	Mo	^7S	$4d^5\,5s$	7,1
	43	Tc	^6S	$4d^5\,5s^2$	7,228
	44	Ru	$^5F_5$	$4d^7\,5s$	7,365
	45	Rh	$^4F_{9/2}$	$4d^8\,5s$	7,461
	46	Pd	^1S	$4d^{10}$	8,33
	47	A6	^2S	$4d^{10}\,5s$	7,574
	48	Cd	^1S	$4d^{10}\,5s^2$	8,991
	49	In	$^2P_{1/2}$	$4d^{10}\,5s^2\,5p$	5,785
	50	Sn	$^3P_0$	$4d^{10}\,5s^2\,5p^2$	7,3421
	51	Sb	^4S	$4d^{10}\,5s^2\,5p^3$	8,639

Z	Symbol	Grundzustand	Grundzustandskonfiguration	Ionisationsenergie [eV]
52	Te	3P2	$4d^{10}\,5s^2\,5p^4$	9,01
53	I	$^2P_{3/2}$	$4d^{10}\,5S^2\,5p^5$	10,454
54	Xe	^1S	$4d^{10}\,5S^2\,5p^6$	12,127
55	Cs	^2S	[Xe] $6s$	3,893
56	Ba	^1S	$6s^2$	5,21
57	La	$^2D_{3/2}$	$5d\,6s^2$	5,61
58	Ce	$^1G_4$	$4f\,5d\,6s^2$	6,54
59	Pr	$^4I_{9/2}$	$4f^3\,6s^2$	5,48
60	Nd	$^5I_4$	$4f^4\,6s^2$	5,51
61	Pm	$^6H_{5/2}$	$4f^5\,6s^2$	
62	Fm	$^7F_0$	$4f^6\,6s^2$	5,6
63	Eu	^8S	$4f^7\,6s^2$	5,67
64	Gd	$^9D_2$	$4f^7\,5d\,6s^2$	6,16
65	Tb	$^5H_{15/2}$	$4f^9\,6s^2$	6,74
66	Dy	$^5I_8$	$4f^{10}\,6s^2$	6,82
67	Ho	$^4I_{15/2}$	$4f^{11}\,6s^2$	
68	Er	$^3H_6$	$4f^{12}\,6s^2$	
69	Tm	$^2F_{7/2}$	$4f^{13}\,6s^2$	
70	Yb	^1S	$4f^{14}\,6s^2$	6,22
71	Lu	$^2D_{3/2}$	$4f^{14}\,5d\,6s^2$	6,15
72	Hf	$^3F_2$	$4f^{14}\,5d^2\,6s^2$	7,0
73	Ta	$^4F_{3/2}$	$4f^{14}\,5d^3\,6s^2$	7,88
74	W	$^5D_0$	$4f^{14}\,5d^4\,6s^2$	7,98
75	Re	^6S	$4f^{14}\,5d^5\,6s^2$	7,87
76	Os	$^5D_4$	$4f^{14}\,5d^6\,6s^2$	8,7
77	Ir	$^4F_{9/2}$	$4f^{14}\,5d^7\,6s^2$	9,2
78	Pt	$^3D_3$	$4f^{14}\,5d^8\,6s^2$	8,88
79	Au	^2S	[Xe, $4f^{14}5d^{10}$] $6s$	9,22
80	Hg	^1S	$6s^2$	10,434
81	Tl	$^2P_{1/2}$	$6s^2\,6p$	6,106
82	Pb	$^3P_0$	$6s^2\,6p^2$	7,415
83	Bi	^4S	$6s^2\,6p^3$	7,287
84	Po	$^3P_2$	$6s^2\,6p^4$	8,43
85	At	$^2P_{3/2}$	$6s^2\,6p^5$	
86	Rn	^1S	$6S^2\,6p^6$	10,745
87	Fr	^2S	[Rn] $7s$	
88	Ra	^1S	$7s^2$	5,277
89	Ac	$^2D_{3/2}$	$6d\,7s^2$	6,9
90	Th	$^3F_2$	$6d^2\,7s^2$	
91	Pa	$^4K_{11/2}$	$5f^2\,6d\,7s^2$	
92	Ir	$^5L_6$	$5f^3\,6d\,7s^2$	4,0
93	Np	$^6L_{11/2}$	$5f^4\,6d\,7s^2$	
94	Pu	$^7F_0$	$5f^6\,7s^2$	
95	Am	^8S	$5f^7\,7s^2$	
96	Cm	$^9D_2$	$5f^7\,6d\,7s^2$	
97	Bk		$(5f^8\,6d\,7s^2)$	
98	Cf		$(5f^9\,6d\,7s^2)$	
99	E		$(5f^{10}\,6d\,7s^2)$	
100	Fm		$(5f^{11}\,6d\,7s^2)$	
101	Mv			
102	No			
103	Lw			

Insgesamt kann die L-Schale daher 8 Elektronen aufnehmen. Beim Element Neon mit der Ordnungszahl 10 sind also die ersten beiden Hauptschalen vollständig besetzt: 2 Elektronen befinden sich auf der K- und 8 auf der L-Schale. Mit derselben Systematik werden bei noch größeren Ordnungszahlen auch höherliegende Haupt- (M-,N-) und Unterschalen (d-, f-) besetzt. Die Anordnung der Elektronen auf die Haupt- und Unterschalen ist für das gesamte Periodensystem in Tab. 1.1 zusammengestellt.

Bei genauerem Hinsehen erkennen wir einige Unregelmäßigkeiten in der oben beschriebenen Systematik: Bei einigen Elementen werden weiter obenliegende Schalen eher besetzt als die tieferliegenden; dieses ist der Fall z.B. beim Eisen (Fe, Ordnungszahl 26), bei dem die 4s-Schale eher besetzt wird als die 3d-Schale. Dieses Verhalten wird in Abschnitt 8 wichtig werden bei der Behandlung der magnetischen Eigenschaften.

Neben der Ordnungszahl ist charakteristisch für jedes Atom die dazugehörige Masse und das Volumen (bzw. der Atom*durchmesser*). Die Atommasse ergibt sich im wesentlichen aus der Anzahl der Nukleonen und deren Masse; die viel leichteren Elektronen können im allgemeinen dagegen vernachlässigt werden. Bei einer sehr genauen Messung ergeben sich aber (relativ geringe) Abweichungen von dieser einfachen Berechnung, die mit Einzelheiten der Kernstruktur zusammenhängen. Deshalb wählt man nach einer internationalen Konvention das Kohlenstoffatom mit 12 Nukleonen als Bezugsatom und definiert dazu eine relative Skala mit der **relativen Atommasse** A_r (vgl. Periodensystem am Ende des Buches).

Wir gehen der Einfachheit halber im folgenden von einem Wasserstoffatom aus: Dessen Gewicht wird durch das Gewicht des Protons ($1{,}673 \cdot 10^{-27}$kg) bestimmt. Wieviel Wasserstoffatome N_A müssen wir zusammenlagern, um genau 1g atomaren Wasserstoffs zusammenzulagern? Zur Bestimmung von N_A müssen wir die Gleichung lösen:

$$N_A \cdot 1{,}673 \cdot 10^{-27}\,\text{kg} = N_A \cdot 1{,}673 \cdot 10^{-24}\,\text{g} = 1\text{g} \tag{1.1 - 1}$$

$$\Rightarrow N_A = \frac{1}{1{,}673} \cdot 10^{+24} \approx 6 \cdot 10^{+23} \tag{1.1 - 2}$$

Dieselbe Anzahl N_A von Atomen mit i Nukleonen wiegt dann i Gramm, so daß für diese Anzahl eine Gewichtsbestimmung direkt aus der Atommasse möglich ist. Bei einer genaueren Rechnung ergibt sich als **Avogadro-Konstante** (**Loschmidt-Zahl**) der Wert N_A= $6{,}022 \cdot 10^{23}$; die entsprechende Menge von Atomen eines Elements wird als **1 Mol dieses Elements** bezeichnet. Damit ergibt sich die einfache Regel: **Die in Gramm ausgedrückte relative Atommasse eines Elements enthält genau diejenige Anzahl von Atomen, welche durch die Avogadro-Konstante festgelegt ist.** Diese Regel ist sehr wichtig, wenn die Mengen bestimmt werden müssen, die zu einer vollständigen chemischen Reaktion (s.u.) erforderlich sind.

Die *Größe* der Atome wird bestimmt durch die Abmessungen der Elektronenhülle. Mit zunehmender Ordnungszahl steigt die Anzahl der Elektronen, gleichzeitig werden Elektronenbahnen (besser: -zustände) mit zunehmend höheren Energien besetzt. Dadurch nimmt dann auch der Durchmesser der Elektronenbahn zu, so daß man eine Zunahme des Atomradius mit der Ordnungszahl erwarten könnte. Dieser Tatsache wirkt aber entgegen, daß mit steigender Kernladungszahl die elektrostatische Anziehung an den Kern zunimmt, so daß dadurch die Vergrößerung des Atoms kompensiert wird. Bild 1.1-2 zeigt die theoretisch und experimentell bestimmten Werte: Tatsächlich ist der Größenzuwachs der Atome mit der Ordnungszahl nicht erheblich.

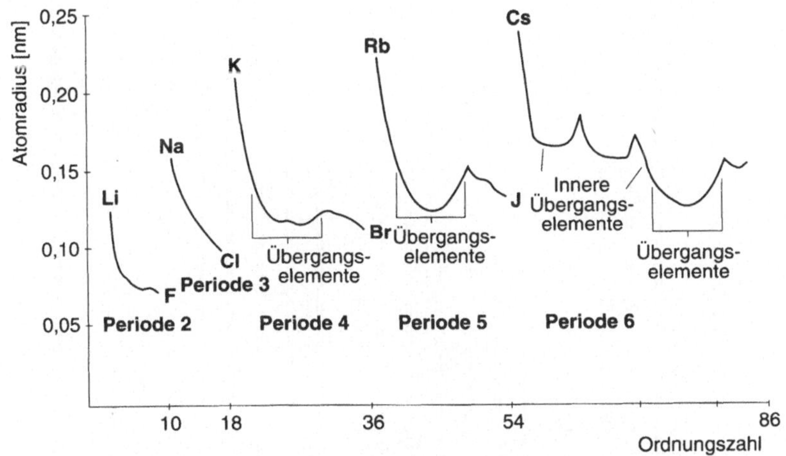

Bild 1.1-2 Abhängigkeit der Atomradien von der Ordnungszahl (nach [1.2]).

Durch *Entfernung eines Elektrons* aus der Elektronenhülle kann das Atom elektrisch *positiv* aufgeladen werden, in diesem Zustand wird das Atom als **positiv geladenes Ion** oder **Kation** bezeichnet. Entsprechend ist eine *negative* Aufladung des Atoms durch *Anlagerung eines zusätzlichen Elektrons* an die Hülle möglich, dadurch wird ein **Anion** gebildet. In beiden Fällen ist auch eine mehrfache Ionisation durch Entfernung oder Anlagerung mehrerer Elektronen möglich. Die innerhalb von chemischen Verbindungen häufig vorkommenden Ionisationszustände (auch **Oxidationszahlen** genannt) der Elemente sind in Tab. 1.1-2 zusammengefaßt.

Die Eigenschaft vieler Elemente, mehrere Oxidationsstufen annehmen zu können, läßt in der Regel einen größeren Spielraum für die Bildung chemischer Verbindungen zu.

Alle Elemente haben das Bestreben, durch Aufnahme und Abgabe von Elektronen die Elektronenkonfiguration des (nächstgelegenen) Edelgases zu erreichen. Daraus

Tab. 1.1-2 Die am häufigsten vorkommenden Oxidationszahlen der Elemente des Periodensystems (nach [1.2]). Die **Edelgase** Helium (He), Neon (Ne) und Argon (Ar) können im allgemeinen überhaupt nicht ionisiert werden. Die Ursache hierfür liegt darin, daß bei vollständig gefüllten Hauptschalen ein besonders energiearmer, d.h. chemisch stabiler Zustand, angenommen wird. In diesem Fall sind sie chemisch sehr **inert**, d.h. sie reagieren kaum mit anderen Elementen.

	2A	3B		4B	5B	6B	7B	8B			1B	2B	3A	4A	5A	6A		
1 H +1 −1																	1 H +1 −1	2 He
3 Li +1	4 Be +2												5 B +3	6 C +4 +2 −4	7 N +5 +4 +3 +2 +1 -3	8 O −1 −2	F −1	Ne
11 Na +1	12 Mg +2												13 B +3	14 Si +4 −4	15 P +5 +3 −3	16 S +6 +4 +2 −2	17 Cl +7 +5 +3 +1 −1	18 Ar
19 K +1	20 Ca +2	21 Sc +3		22 Ti +4 +3 +2	23 V +5 +4 +3 +2	24 Cr +6 +3 +2	25 Mn +7 +6 +4 +3 +2	26 Fe +3 +2	27 Co +3 +2	28 Ni +2	29 Cu +2 +1	30 Zn +2	31 Ga +3	32 Ge +4 −4	33 As +5 +3 −3	34 Se +6 +4 −2	35 Br +5 +3 +1 −1	36 Kr +4 +2
37 Rb +1	38 Sr +2	39 Y +3		40 Zr +4	41 Nb +5 +4	42 Mo +6 +4 +3	43 Tc +7 +6 +4	44 Ru +8 +6 +4 +3	45 Rh +4 +3 +2	46 Pd +4 +2	47 Ag +1	48 Cd +2	49 In +3	50 Sn +4 +2	51 Sb +5 +3 −3	52 Te +6 +4 −2	53 I +7 +5 +3 +1 −1	54 Xe +6 +4 +2
55 Cs +1	56 Ba +2	57 La +3	58 → 7 Ce Lu +3	72 Hf +4	73 Ta +5	74 W +6 +4	75 Re +7 +6 +4	76 Os +8 +4	77 Ir +4 +3	78 Pt +4 +3	79 Au +3 +1	80 Hg +2 +1	81 Tl +3 +1	82 Pb +4 +2	83 Bi +5 +3	84 Po +2	85 At −1	86 Rn

ergeben sich viele – und insbesondere die chemisch besonders stabilen – Oxidationszahlen in Tab. 1.1-2 (Beispiele: Oxidationszahl +1 bei Natrium (Na) und -1 bei Fluor (F) oder Chlor (Cl), bei diesem Element kommen aufgrund anderer Effekte noch weitere Oxidationszahlen hinzu). Für die Übergangselemente gibt es weitere erstrebenswerte Elektronenkonfigurationen bei gefüllten bzw. halbgefüllten d-Schalen.

Durch eine positive Ionisation nimmt der Atomradius ab, bei negativer Ionisation dagegen zu. Tab. 1.1-3 zeigt, daß dieser Effekt recht erheblich sein kann. Dabei muß allerdings berücksichtigt werden, daß die Ionenradien in Abhängigkeit von der chemischen Bindung zu den Nachbarionen variieren können, d.h. die angegebenen Werte sind mit einer gewissen Unsicherheit behaftet.

Tab. 1.1-3: Ionenradien der Elemente, teilweise in verschiedenen Ladungszuständen (nach [1.3]).

Atom-Nr.	Elemente	Ionen	Ionenradius, nm	Atom-Nr.	Elemente	Ionen	Ionenradius, nm	Atom-Nr.	Elemente	Ionen	Ionenradius, nm
1	H	H^-	0.15	31	Ga	Ga^{3+}	0.062	62	Sm	Sm^{3+}	0.113
2	He			32	Ge	Ge^{4+}	0.044	63	Eu	Eu^{3+}	0.113
3	Li	Li^+	0.078	33	As	As^{3+}	0.069	64	Gd	Gd^{3+}	0.111
4	Be	Be^{2+}	0.034			As^{5+}	$\sim$ 0.04	65	Tb	Tb^{3+}	0.109
5	B	B^{3+}	0.02	34	Se	Se^{2-}	0.191			Tb^{4+}	0.089
6	C	C^{4+}	< 0.02			Se^{6+}	0.03-0.04	66	Dy	Dy^{3+}	0.107
7	N	N^{5+}	0.01-0.02	35	Br	Br^-	0.196	67	Ho	Ho^{3+}	0.105
8	O	O^{2-}	0.132	36	Kr			68	Er	Er^{3+}	0.104
9	F	F^-	0.133	37	Rb	Rb^+	0.149	69	Tm	Tm^{3+}	0.104
10	Ne			38	Sr	Sr^{2+}	0.127	70	Yb	Yb^{3+}	0.100
11	Na	Na^+	0.098	39	Y	Y^{3+}	0.106	71	Lu	Lu^{3+}	0.09
12	Mg	Mg^{2+}	0.078	40	Zr	Zr^{4+}	0.087	72	Hf	Hf^{4+}	0.084
13	Al	Al^{3+}	0.057	41	Nb	Nb^{4+}	0.069	73	Ta	Ta^{5+}	0.068
14	Si	Si^{4-}	0.198	42	Mo	No^{4+}	0.068	74	W	W^{4+}	0.068
		Si^{4+}	0.039	43	Ru	Ru^{4+}	0.065			W^{6+}	0.065
15	P	P^{5+}	0.03-0.04	45	Rh	Rh^{3+}	0.068	75	Re	Re^{4+}	0.072
16	S	S^{2-}	0.174			Rh^{4+}	0.065	76	Os	Os^{4+}	0.067
		S^{6+}	0.034	46	Pd	Pd^{2+}	0.050	77	Ir	Ir^{4+}	0.066
17	Cl	Cl^-	0.181	47	Ag	Ag^+	0.113	78	Pt	Pt^{2+}	0.052
18	Ar			48	Cd	Cd^{2+}	0.103			Pt^{4+}	0.055
19	K	K^+	0.133	49	In	In^{3+}	0.092	79	Au	Au^+	0.137
20	Ca	Ca^{2+}	0.106	50	Sn	Sn^{4-}	0.215	80	Hg	Hg^{2+}	0.112
21	Sc	Sc^{2+}	0.083			Sn^{4+}	0.074	81	Tl	Tl^+	0.149
22	Ti	Ti^{2+}	0.076	51	Sb	Sb^{3+}	0.090			Tl^{3+}	0.106
23	V	V^{3+}	0.069	52	Te	Te^{2-}	0.211	82	Pb	Pb^{4-}	0.215
		V^{4+}	0.061			Te^{4+}	0.089			Pb^{2+}	0.132
		V^{5+}	$\sim$ 0.04	53	I	I^-	0.220			Pb^{4+}	0.084
24	Cr	Cr^{3+}	0.064			I^{5+}	0.094	83	Bi	Bi^+	0.120
		Cr^{6+}	0.03-0.04	54	Xe			84	Po		
25	Mn	Mn^{2+}	0.091	55	Cs	Cs^+	0.165	85	At		
		Mn^{3+}	0.070	56	Ba	Ba^{2+}	0.143	86	Rn		
26	Fe	Fe^{2+}	0.087	57	La	La^{3+}	0.122	87	Fr		
		Fe^{3+}	0.067	58	Ce	Ce^{3+}	0.118	88	Ra	Ra^+	0.152
27	Co	Co^{2+}	0.082			Ce^{4+}	0.102	89	Ac		
		Co^{3+}	0.065	59	Pr	Pr^{3+}	0.116	90	Th	Th^{4+}	0.152
28	Ni	Ni^{2+}	0.078			Pr^{4+}	0.100	91	Pa		
29	Cu	Cu^+	0.096	60	Nd	Nd^{3+}	0.115	92	U	U^{4+}	0.105
30	Zn	Zn^{2+}	0.083	61	Pm	Pm^{3+}	0.106				

Die Eigenschaft vieler Elemente, mehrere Oxidationsstufen annehmen zu können, läßt in der Regel einen größeren Spielraum für die Bildung chemischer Verbindungen zu.

Eine charakteristische Größe für die Fähigkeit eines Atoms, über eine chemische Bindung Elektronen an sich zu ziehen und sich dabei negativ aufzuladen, bezeichnet man als **Elektronegativität**, sie wird in einer Skala gemessen, die von 0 bis ca. 4 reicht.

Als Beispiel dafür haben die Elemente der 7. Gruppe – die **Halogene**, wie z.B. Chlor – eine starke Tendenz, sich negativ aufzuladen (d.h. zum Erreichen der Edelgaskonfiguration "ihre oberste Unterschale vollständig zu besetzen") und daher eine hohe Elektronegativität. Andererseits können die Elemente der 1. Gruppe – die **Alkalimetalle** – leicht positiv ionisiert werden ("um ihre oberste Unterschale vollständig zu entleeren"), sie haben daher nur eine geringe Elektronegativität von 1 oder noch weniger. Tabelle 1.1-4 zeigt die Elektronegativitäten der Elemente.

Tab. 1.1-4: Elektronegativitäten der Elemente (nach [1.4])

													H 2,1			
Li 1,0	Be 1,5											B 2,0	C 2,5	N 3,1	O 3,5	F 4,1
Na 1,0	Mg 1,3											Al 1,5	Si 1,8	P 2,1	S 2,4	Cl 2,9
K 0,9	Ca 1,1	Sc 1,2	Ti 1,3	V 1,5	Cr 1,6	Mn 1,6	Fe 1,7	Co 1,7	Ni 1,8	Cu 1,8	Zn 1,7	Ga 1,8	Ge 2,0	As 2,2	Se 2,5	Br 2,8
Rb 0,9	Sr 1,0	Y 1,1	Zr 1,2	Nb 1,3	Mo 1,3	Te 1,4	Ru 1,4	Rh 1,5	Pd 1,4	Ag 1,4	Cd 1,5	In 1,5	Sn 1,7	Sb 1,8	Te 2,0	I 2,2
Cs 0,9	Ba 0,9	La 1,1	Hf 1,2	Ta 1,4	W 1,4	Re 1,5	Os 1,5	Ir 1,6	Pt 1,5	Au 1,4	Hg 1,5	Tl 1,5	Pb 1,6	Bi 1,7	Po 1,8	At 2,0
Fr 0,9	Ra 0,9	Ac 1,0	Lanthaniden: 1,0-1,2 Actiniden: 1,0-1,2													

1.2 Chemische Bindung und Aggregatzustand

Für die gegenseitige Anziehung zwischen einzelnen Atomen kann es verschiedene Ursachen geben:

- **Physikalische Anziehungskräfte** können auch zwischen neutralen Atomen entstehen, d. h. selbst dann, wenn in den Atomen gleich viele positive und negative Ladungen enthalten sind. In ihrer Wirkung nach außen kompensieren sich diese nämlich – zumindest für kurze Zeiten – nicht immer vollständig, sodaß die Atome für ihre Nachbaratome zumindest zeitweilig elektrisch geladen erscheinen und damit eine zeitlich begrenzte Anziehungskraft entstehen kann. Eine solche relativ schwache Anziehung wird auch als **van-der-Waals-Anziehung** bezeichnet; sie tritt auf z.B. zwischen neutralen Gasatomen.

– Sehr viel stärker wirken im allgemeinen **chemische Anziehungskräfte**:

➢ die **ionische Bindung** entsteht dadurch, daß einige der beteiligten Atome (insbesondere Atome von Elementen mit *geringer* Elektronegativität) Elektronen abgeben, andere hingegen Elektronen aufnehmen (insbesondere Atome von Elementen mit *großer* Elektronegativität). Allein durch die Tatsache, daß die erste Art von Atomen durch die Elektronenabgabe positiv aufgeladen wird, die zweite hingegen negativ, entsteht eine elektrostatische Anziehungskraft, welche zu einer ionischen Bindung führt. Ein typisches Beispiel hierfür ist die Bindung zwischen Natrium (niedrige Elektronegativität 1) und Chlor (große Elektronegativität 2,9) zu Kochsalz (wissenschaftlich: Natriumchlorid) Na^+Cl^-.

➢ die **kovalente Bindung** entsteht durch die – über die Quantentheorie verständliche – Eigenschaft, daß eine Energieverminderung dadurch eintritt, wenn die äußeren Elektronen eine *gemeinsame Elektronenwolke* mit mehreren beteiligten Atomen bilden.

Ein einfaches Beispiel hierfür ist die Bildung eines Wasserstoffmoleküls H_2 aus zwei Wasserstoffatomen gemäß der Reaktionsgleichung $H^{\cdot} + H^{\cdot} \rightarrow H–H$. Dabei symbolisieren die Punkte jeweils ein Elektron in einem 1s-Atomorbital (1s-Elektronenbahn), der Querstrich beschreibt das gemeinsame Molekülorbital, das mit zwei Elektronen besetzt ist, d.h. die kovalente Bindung.

Zwei generelle Regeln für die kovalente Bindung sind: 1. Orbitale streben nach einer *vollständigen Besetzung*, d.h. *ein* Molekülorbital mit *zwei* Elektronen (mit entgegengesetztem Eigendrehimpuls, der auch als **Elektronenspin** bezeichnet wird) ist stabiler (d.h. energieärmer) als *zwei teilbesetzte* Atomorbitale (jeweils *ein* Elektron) einzelner Atome. 2. Ausgedehnte Orbitale (hier: über zwei Atome) sind energieärmer als lokalisierte (örtlich konzentrierte) Orbitale.

Die kovalente Bindung hängt damit stark von der Gestalt der Elektronenbahnen ab, welche die Elektronenwolke bilden. Häufig sind nämlich die Elektronenbahnen in geometrisch festgelegte Raumrichtungen ausgerichtet, so daß eine kovalente Bindung nur in diese Richtungen zeigen kann. Solche *gerichteten* Elektronenbahnen werden auch als **Bindungsarme** bezeichnet.

➢ bei der **metallischen Bindung** geben die Atome ihre Elektronen an einen "Elektronensee" ab (d.h. die Orbitale werden über sehr viele Atome ausgedehnt). Dieser negativ geladene "See" bindet die positiv geladenen Atomrümpfe.

Bei vielen Werkstoffen treten Mischformen zwischen allen Bindungsarten auf.

Ganz allgemein betrachtet entsteht eine Bindung von Atomen untereinander dadurch, daß die Atome im gebundenen Zustand, also bei einem relativ kleinen Abstand voneinander, insgesamt eine geringere potentielle Energie besitzen als in einem Ausgangszustand, bei dem sie weit voneinander entfernt und völlig getrennt sind.

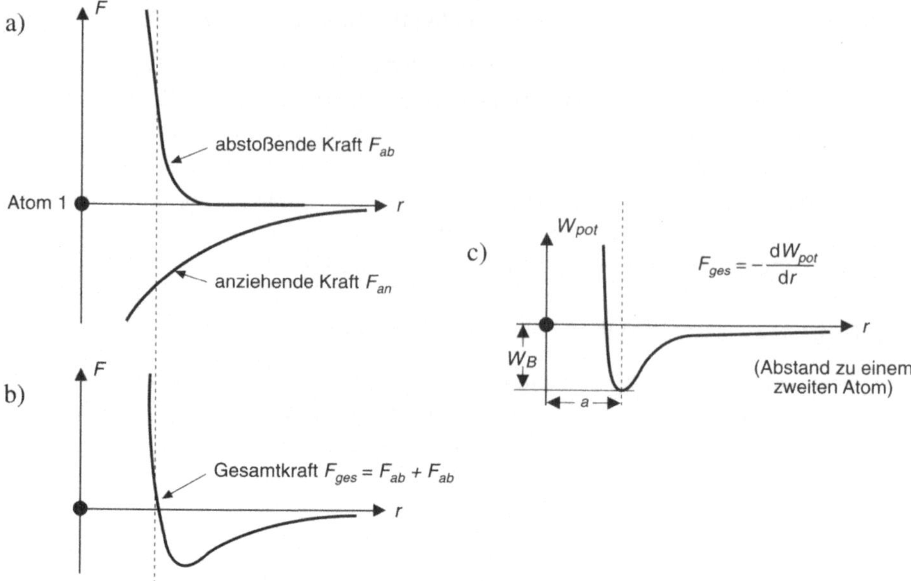

Bild 1.2-1 Wechselwirkungen zwischen zwei Atomen:

a) Ein Atom 1 möge bei $r = 0$ ortsfest sein; wir betrachten die Feldkräfte F, die auf ein Atom 2 wirken in Abhängigkeit vom Abstand r zum Atom 1. Eine **anziehende Kraft** F_{an} *ist negativ* (wirkt in negativer r-Richtung), ihr Betrag nimmt mit kleiner werdendem r zu. Die **abstoßende Kraft** F_{ab} wirkt auf Atom 2 mit einem *positiven* Vorzeichen, d.h. in positiver r-Richtung

b) Die Summe der wirkenden Feldkräfte aus a) ergibt bei $r = a$ ein Kräftegleichgewicht (die abstoßende ist gleich der anziehenden Kraft, d.h. die Gesamtkraft ist gleich Null).

c) Die Umrechnung der Feldkraft aus b) in die dazugehörige potentielle Energie nach (1.1-3) ergibt ein Minimum bei $r = a$ (Gleichgewichtsabstand zwischen den Atomen).

Die Abnahme der potentiellen Energie W_{pot} mit dem Atomabstand r beschreibt nach der Beziehung

$$F = -\frac{dW_{pot}}{dr} \qquad (1.1\text{-}3)$$

eine anziehende radial, d.h. in Richtung der Verbindungslinie zwischen beiden Atomen wirkende, Feldkraft F_{an} zwischen den Atomen. Wird der Abstand zwischen den Atomen so klein, daß sich die Elektronenhüllen berühren, dann überlagert sich der *anziehenden* eine entgegengesetzt gerichtete *abstoßende* Kraft F_{ab}, welche eine weitere Annäherung der Atome verhindert. Die abstoßende Kraft entsteht dadurch, daß eine Verformung der Elektronenwolken durch eng benachbarte Atome mit einer starken Vergrößerung der Energie verbunden ist. In vielen Fällen verhalten sich viele

Atome sogar wie "**harte Kugeln**", d.h. bei Unterschreiten eines Mindestabstandes der Atome nimmt die Abstoßungskraft sprungartig zu (Bild 1.2-1).Typisch für die Konfiguration gebundener Atome ist daher eine Anordnung in einem durch das Kräftegleichgewicht vorgegebenen Gleichgewichtsabstand a.

Um die Verbindung der Atome wieder zu lösen, muß der Betrag der (negativen) **Bindungsenergie** W_B aufgebracht werden. Einen solchen Vorgang nennt man **Dissoziation**, er kann durch Einbringen mechanischer, optischer, thermischer Energie

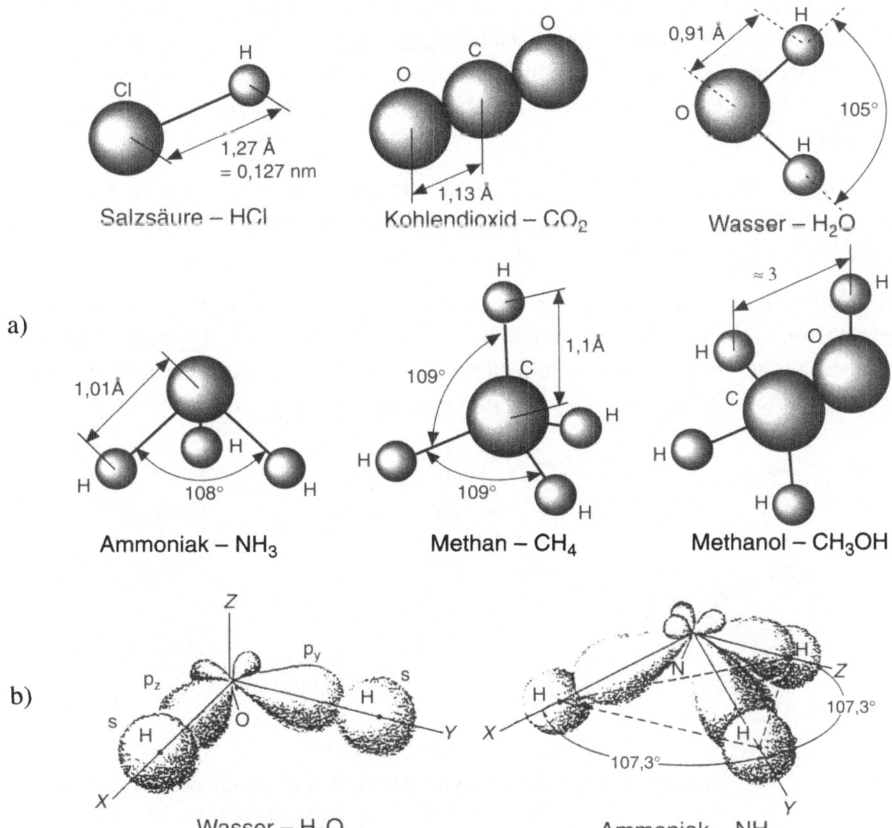

Bild 1.2-2 Aufbau von Molekülen (nach [1.1]):

a) Idealisierte geometrische Formen und Atomabstände von einigen häufig vorkommenden Molekülen. Die festgelegten Winkel zwischen den Bindungsarmen lassen auf einen hohen Anteil des kovalenten Bindungstyps schließen.

b) Die kovalente Bindung entsteht dadurch, daß die Elektronenwolken der einzelnen beteiligten Atome sich überlappen und damit Elektronenbahnen erzeugen, welche sich über das *gesamte Molekül* erstrecken. Dargestellt sind die Elektronenwolken des H_2O- und des NH_3-Moleküls.

oder einer anderen Energieform ausgelöst werden. Die *thermische* Dissoziation ist von besonderer Bedeutung, weil sie – die entsprechende Temperatur und damit thermische Energie vorausgesetzt – von selbst abläuft.

Einzelne Atome, zwischen denen eine chemische Bindung besteht, werden als **Moleküle** bezeichnet. Bild 1.2-2 zeigt den Aufbau einiger häufig vorkommender Moleküle.

Im **gasförmigen Aggregatzustand** (Bild 1.2-3a, meist typisch für relativ *hohe Temperaturen*: $T > 100$ °C für Wasserdampf, bei einigen Werkstoffen > 2000°C) bewegen sich einzelne Teilchen (Atome oder Moleküle) mit hoher Geschwindigkeit isoliert voneinander im freien Raum. Dabei kann es durchaus vorkommen, daß zwei Teilchen bei ihrer Bewegung zusammenstoßen: In diesem Fall ändern sich die Bahnen beider Teilchen, so daß beide sich anschließend in einer neuen Richtung weiterbewegen.

Bei *mittleren Temperaturen T* (Bild 1.2-3b, wie z.B. 0 °C < T < 100 °C für Wasser) lagern sich die Teilchen im **flüssigen Aggregatzustand** eng aneinander, können aber relativ leicht gegeneinander verschoben werden.

Bei relativ *tiefen Temperaturen T* (Bild 1.2-3c, z.B. $T < 0$ °C für Eis, bei einigen Werkstoffen weitaus höher) lagern sich die Teilchen im **festen Aggregatzustand** so eng aneinander – meist nach einem vorgegebenen Muster, der **Kristallstruktur** –, daß sie gegeneinander praktisch nicht mehr verschoben werden können.

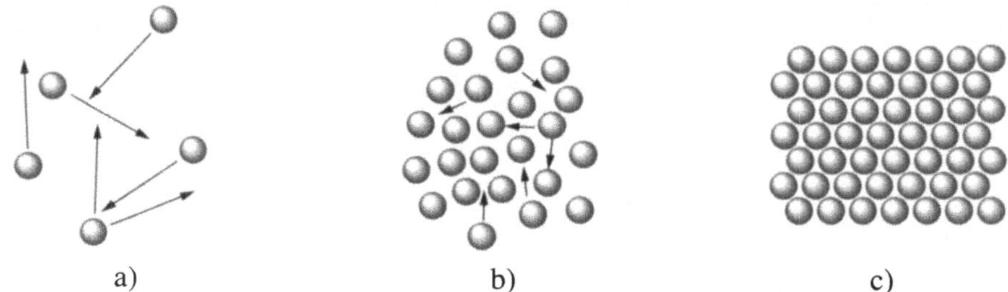

Bild 1.2-3 Werkstoffe in verschiedenen Aggregatzuständen:

a) **Gasförmiger Aggregatzustand**: Die Teilchen (Atome oder Moleküle) bewegen sich mit großer Geschwindigkeit unabhängig voneinander im freien Raum (Vakuum), sie berühren sich nur gelegentlich, wenn sie miteinander zusammenstoßen und dann ihre Bewegungsrichtung ändern. Gase haben keine feste Form, sondern passen sich der Form ihres Behälters an.

b) **Flüssiger Aggregatzustand**: Die Moleküle lagern sich eng aneinander, können aber noch leicht gegeneinander verschoben werden. In diesem Zustand haben sie ein konstantes Volumen, aber keine definierte Form.

c) **Fester Aggregatzustand (Festkörperzustand)**: Die Moleküle lagern sich eng nach einem vorgegebenen Muster (**Kristallstruktur**) aneinander, sie können praktisch nicht gegeneinander verschoben werden. In diesem Zustand haben sie ein konstantes Volumen und behalten eine vorgegebene Form bei.

Im festen Zustand liegen andere geometrische Verhältnisse (bei meist gleichbleibender Art der Bindung) vor als im gasförmigen: Die einzelnen Atome haben jetzt nicht nur einen einzigen oder einige wenige Bindungspartner, sondern sie müssen eine Vielzahl von Bindungen (bei Elementwerkstoffen bis zu 12) mit ihrer Umgebung eingehen. Diese Aussage wird deutlich am Beispiel des ionisch gebundenen Natriumchlorids (Bild 1.2-4).

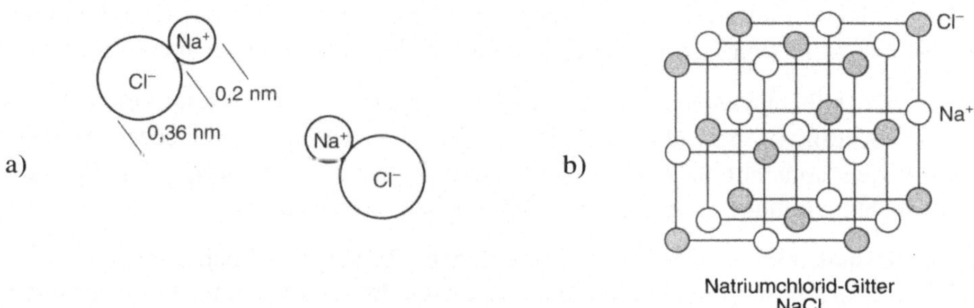

Bild 1.2-4 Ionische Bindung im gasförmigen und Festkörperzustand:

a) NaCl-*Molekül*: Jedes Ion ist nur mit einem einzigen Partner verbunden, es teilt seine Bindungsenergie mit nur einem Partner,

b) NaCl-*Kristall* mit der **Natriumchlorid**- oder **Steinsalzstruktur**: Jedes Atom ist symmetrisch mit 6 gleichwertigen Partnern in seiner Umgebung verbunden, d.h. teilt nur 1/6 seiner Bindungsenergie mit jedem einzelnen Partner.

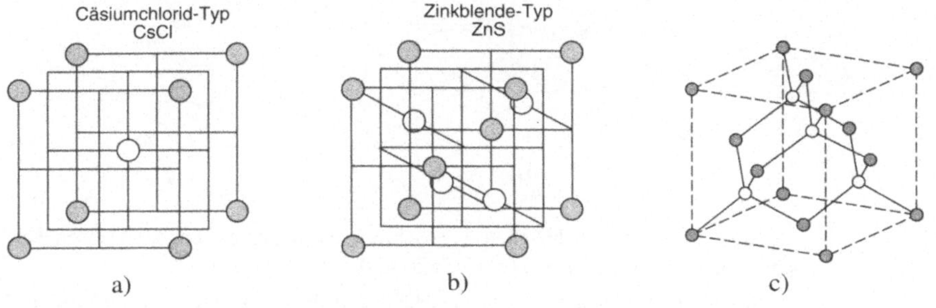

Bild 1.2-5 Ionengitter: Die Kationen sind jeweils als leere Kreise dargestellt.

a) **Cäsiumchlorid**-Gitter

b) **Zinkblende**-Gitter

c) Andere Darstellung des Zinkblende-Gitters: Jedes Ion liegt in der Mitte eines Tetraeders, in dessen Ecken die jeweils anders geladenen Nachbarionen angeordnet sind. Dieselbe Gitterstruktur kann auch bei einer *kovalenten* Gitterbindung (s.u.) angenommen werden und hat bei vielen Halbleiterwerkstoffen eine besondere Bedeutung.

Neben der beschriebenen Steinsalzstruktur des festen NaCl gibt es auch eine Anzahl anderer Strukturen für dasselbe Stöchiometrieverhältnis 1:1 (d.h. zu jedem Kation gibt es genau *ein* Anion, Bild 1.2-5). Der Grund dafür, warum verschiedene Kristallstrukturen angenommen werden können, hängt vor allem mit den Ionengrößen in Tab. 1.1.3 zusammen: Je nach Größenverhältnis der Ionen ist die eine oder andere Kristallstruktur mit einer niedrigeren Energie verbunden.

Viele ionisch gebundenen Kristalle haben ein anderes Stöchiometrieverhältnis als 1:1, d.h. die Anzahl der Ionen ist unterschiedlich. Beim Aufbau des Gitters müssen dann – wie beim Steinsalzgitter auch – die folgenden Regeln eingehalten werden:

1. Der Kristall muß *gleich viele* positive Ladungen (der positiv ionisierten Atome oder **Kationen**) wie negative (der negativ ionisierten Atome oder **Anionen**) enthalten, anderenfalls wäre er elektrostatisch geladen und würde schnell aus der Umgebung Ladungen umgekehrten Vorzeichens anziehen.
2. Im Kristall dürfen nicht gleichartig geladene Teilchen auf benachbarten Gitterplätzen sitzen. In diesem Fall würde die wegen des relativ kleinen Gitterabstandes besonders starke elektrostatische Abstoßung zu unstabilen Verhältnissen führen.

Bild 1.2-6 zeigt die entsprechenden Kristallstrukturen an mehreren Beispielen heterovalenter (d.h. die beteiligten Ionen sind unterschiedlich stark geladen) Verbindungen.

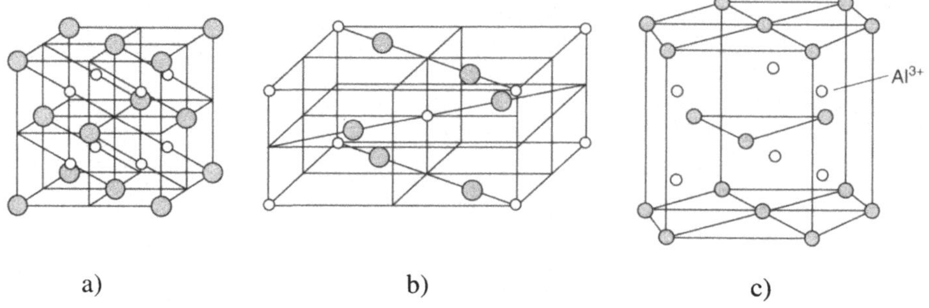

Bild 1.2-6 Ionengitter mit unterschiedlichen Stöchiometrieverhältnissen. Die leeren Kreise stellen jeweils die Kationen (positive Ionen) dar.

a) Stöchiometrieverhältnis 2:1: **Antifluoritgitter** (Na_2O, beim **Fluoritgitter** CaF_2 sind Kationen und Anionen vertauscht)

b) Stöchiometrieverhältnis 2:1: **Rutilgitter** (TiO_2)

c) Stöchiometrieverhältnis 3:2: **Korundstruktur** (Beispiel: **Saphir** mit der Zusammensetzung Al_2O_3, eine Verunreinigung des Saphirs mit dem Element Chrom führt zu einer leuchtend roten Färbung des Kristalls, der dann **Rubin** genannt wird).

Die Kristallstrukturen *kovalent* gebundener Werkstoffe müssen auch die räumliche Orientierung der *Bindungsarme* berücksichtigen. Diese sind meistens symmetrisch angeordnet und entstehen als Ergebnis der Überlagerung verschiedener Elektronenwolken: Sie werden auch als **Hybridorbitale** bezeichnet. Bild 1.2-7 zeigt typische räumliche Orientierungen von Hybridorbitalen, durch deren Anordnung die angenommene Kristallstruktur wesentlich bestimmt wird.

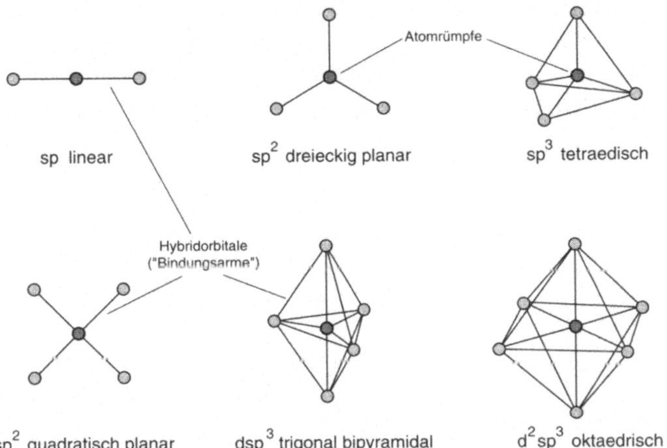

Bild 1.2-7 Ausrichtung verschiedener Hybridorbitale, die durch Überlagerung der Elektronenwolken von Valenzelektronen entstehen: Der dazugehörige Atomrumpf befindet sich jeweils im Zentrum, die Hybridorbitale zeigen zu den Eckpunkten typischer geometrischer Körper (Dreiecke, Tetraeder, Oktaeder u.a., nach [0.1]).

Eine besonders wichtige Kristallstruktur wird aus sp^3-Hybridorbitalen aufgebaut, die sich aus dem Zusammenwirken des s- und der 3 p-Orbitale eines Atoms ergeben: Die **Diamantstruktur** (Bild 1.2-8), die von typischen Elementhalbleitern wie Germanium und Silizium angenommen wird:

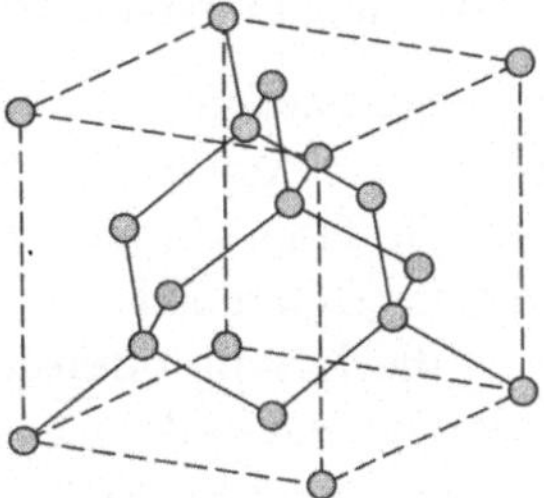

Bild 1.2-8 Aufbau des Diamantgitters aus sp^3-Hybridorbitalen: Beispiele für diese Struktur sind die Diamantkonfiguration des Kohlenstoffs, sowie die Halbleiter Germanium und Silizium.

Die Diamantstruktur kann auch von Atomen eines einzigen Elements gebildet werden. Die Atome haben dabei dieselben Gitterplätze wie bei der **Zinkblendestruktur** in Bild 1.2-5b und c, nur werden dort jeweils benachbarte Gitterplätze mit unterschiedlichen Atomen besetzt.

Wie zu Beginn des Abschnitts erwähnt, entsteht eine weitere Art der Bindung speziell bei den **Metallen**. Die Metallatome zeichnen sich unter anderem dadurch aus, daß jedes Atom eine relativ große Anzahl freier Valenzelektronen besitzt. Im Kristallgitter sind diese nur vergleichsweise schwach an ihre Atomrümpfe gebunden, so daß die quantentheoretisch erlaubten Energieniveaus durch die potentielle Energie der Valenzelektronen im Feld *aller* Atomrümpfe (Atomkerne und innere Elektronen) bestimmt werden. Die Valenzelektronen verhalten sich wie ein "**Elektronensee**" oder "**Elektronengas**", das gleichmäßig um die positiv geladenen Rümpfe (Bild 1.2-9) verteilt ist.

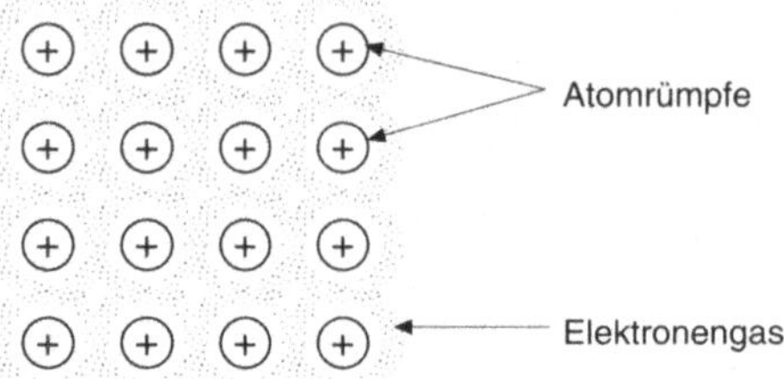

Bild 1.2-9 Metallisch gebundene Atome: Die Valenzelektronen bilden ein Elektronengas um die Atomrümpfe

Typisch für eine metallische Bindung ist die Tatsache, daß die Atomrümpfe im Kristall einen möglichst geringen Abstand zueinander annehmen, weil auf diese Weise der Gewinn an elektrostatischer Energie am größten ist, d.h. die Atome ordnen sich in einer **dichtesten Packung** an. Weiterhin ist kennzeichnend, daß die Atombindung *isotrop* (d.h. unabhängig von der Raumrichtung) ist wie bei geladenen Kugeln, es besteht also keine Präferenz der Bindung in irgendeiner Raumrichtung.

Wie sieht nun eine dichtestmögliche Packung von kugelförmigen Atomen aus? Es wurde bereits darauf hingewiesen, daß Atome sich bei starker Annäherung häufig wie harte Kugeln verhalten, d.h. die Fragestellung reduziert sich auf das Problem, wie eine Anzahl von harten Kugeln (Billardbälle) räumlich möglichst dicht gepackt werden kann. In einer *Ebene* ist die Lösung offensichtlich: Die Kugeln werden – sich berührend – nebeneinandergelegt und in der nächsten Reihe so plaziert, daß die Kugel jeweils oberhalb der Mitte zwischen zwei vorhandene Kugeln zu liegen kommt. Man erhält dann die in Bild 1.2-10 dargestellte **dichteste Kugelpackung –** ein System mit dreizähliger oder **hexagonaler Symmetrie**.

Die nächstfolgende Ebene kann auf die bereits vorhandene dichtgepackte Ebene so gelegt werden, daß die obere Kugel in die Mitte von drei sich einander berührenden vorhandenen Kugeln der unteren Schicht gelegt wird (Kreise in Bild 1.2-10). Bei der dritten Ebene tritt aber ein signifikanter Unterschied auf. Die dritte Ebene könnte in einer dichtesten Kugelpackung so gelegt werden wie die 1. Ebene, sie könnte aber

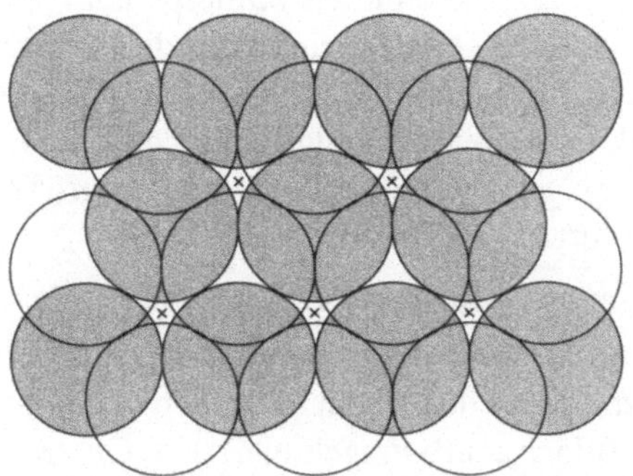

Bild 1.2-10 Dichteste Kugelpackung: Anordnung der Atome in einer dichtgepackten Ebene und deren Stapelung aufeinander.

auch auf Plätze kommen, die in Bild 1.2-10 mit × bezeichnet sind. In diesem Fall liegt die dritte Ebene weder über der ersten, noch über der zweiten. Tatsächlich treten in der Natur beide Arten von Ebenenstapelung (**Stapelfolge**) auf. Bild 1.2-11 verdeutlicht dieses in den dazugehörigen Kristallstrukturen.

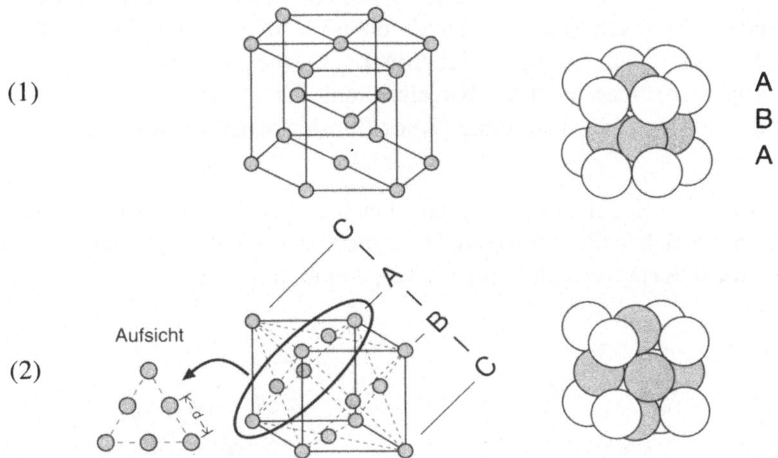

Bild 1.2-11 Hexagonale (1) und kubische (2) dichteste Kugelpackung: Die Buchstaben A, B und C kennzeichnen jeweils eine der drei möglichen Stapelungen in Bild 1.2-10 (nach [0.1].

Bezeichnen wir die Positionen der untersten Ebene in Bild 1.2-10 mit A, die der daraufliegenden Ebene mit B und die Ebene, die gebildet wird, wenn die Kugeln in den Positionen × liegen, mit C, dann läßt sich eine dreidimensionale dichteste Kugelpackung z.B. erreichen mit der Stapelung ABABA. . . (nicht aber mit AA-AA...!), d.h. die dritte Ebene liegt exakt über der ersten Ebene. In einer Darstellung, in der nur die Positionen der Kugelmitten (Gitterpunkte) eingetragen sind, erkennt man in (Bild 1.2-11a) die hexagonale Symmetrie dieser Struktur, sie heißt deshalb **hexagonal dichteste Kugelpackung**. Deutlich wird die Anisotropie (Richtungsabhängigkeit) dieser Struktur: In der Richtung senkrecht zu den dichtgepackten Ebenen (Richtung der *c*-Achse) ist die Gitterkonstante *c* größer als innerhalb einer dichtgepackten Ebene (dort hat sie den Wert *a*).

Anders liegen die Verhältnisse bei einer Stapelung ABCABCABC... (Bild 1.2-11b). Dieses ist eine *kubische* Struktur. Man erkennt die dichtgepackten Ebenen in der Darstellung der Kugelmitten in den Ebenen, die senkrecht auf den Raumdiagonalen des Würfels stehen (in Bild 1.2-11b eingekreist). Die Gitterpunkte dieser Ebene sind in Bild 1.2-11b noch einmal besonders herausgezeichnet, dort liegt die typische Symmetrie dichtgepackter Ebenen vor. Die auf diese Ebene folgende ist ebenfalls in der Gitterpunktdarstellung zu erkennen. Die kubische dichteste Kugelpackung hat eine viel höhere Isotropie (Richtungs*un*abhängigkeit) als die hexagonale: In diesem Fall sind die Gitterkonstanten *a* (im Gegensatz zu Bild 1.2-11a nicht der dichteste Atomabstand!) in den drei Raumrichtungen entlang der Würfelkanten gleich.

In der kubischen Struktur (Bild 1.2-11b) liegen die Gitter in den Ecken des Würfels und jeweils in der Mitte aller Würfelflächen – deshalb heißt diese Struktur **kubisch flächenzentriert** (englisch face centered cubic), Abkürzung **kfz** (fcc). Die hexagonale Struktur heißt **hexagonal dichtgepackt** (hexagonal closely packed), Abkürzung **hdp** (hcp). Jede dichteste Kugelpackung enthält nur 26% leeren Raum. Die Anzahl der nächsten Nachbaratome (**Koordinationszahl**) ist in beiden Strukturen 12.

Neben der dichtesten Kugelpackung kommt bei Metallen häufig noch eine andere Struktur vor, bei welcher die Atome *nicht* so dicht wie möglich gepackt sind: die **kubisch raumzentrierte** Struktur (Bild 1.2-12), Abkürzung **krz**.

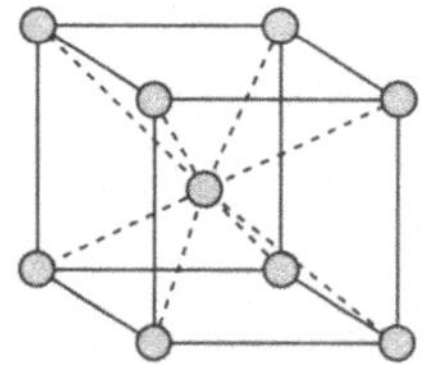

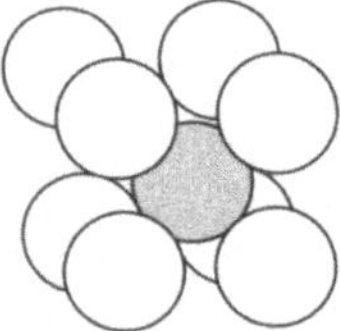

Bild 1.2-12 Kubisch raumzentrierte Struktur

Dabei ist neben den Würfelkanten auch die Volumenmitte des Würfels (Hälfte der Raumdiagonalen) mit einem Atom besetzt. Die krz-Struktur enthält 32% leeren Raum, sie hat eine Koordinationszahl 8. In der Natur kommen bei den Metallen die drei Kristallstrukturen kfz, hdp und krz etwa gleich häufig vor (Tab. 1.2-1).

Tab. 1.2-1 Kristallstruktur der Metalle (jeweils Raumtemperatur)
a) kubisch flächenzentriert b) kubisch raumzentriert c) hexagonal dichtgepackt

a)

Metall	Gitterkonstante [nm]	Atomradius [nm]
Aluminium	0,405	0,143
Kupfer	0,3615	0,128
Gold	0,408	0,144
Blei	0,495	0,175
Nickel	0,352	0,125
Platin	0,393	0,139
Silber	0,409	0,145

b)

Metall	Gitterkonstante [nm]	Atomradius [nm]
Chrom	0,289	0,125
Eisen	0,287	0,124
Molybdän	0,315	0,136
Kalium	0,533	0,231
Natrium	0,429	0,186
Tantal	0,33	0,143
Wolfram	0,316	0,137
Vanadium	0,304	0,132

c)

Metall	Gitterkonstanten [nm] a	c	Atomradius [nm]	c/a Verhältnis	%-Abweichung vom Ideal
ideal hdp				1,633	0,000
Cadmium	0,2973	0,5618	0,149	1,890	15,700
Zink	0,2665	0,4947	0,133	1,856	13,600
Magnesium	0,3209	0,5209	0,160	1,623	-0,660
Kobalt	0,2507	0,4069	0,125	1,623	-0,660
Zirkon	0,3231	0,5148	0,160	1,593	-2,450
Titan	0,295	0,4683	0,147	1,587	-2,810
Beryllium	0,2286	0,3584	0,113	1,568	-3,980

Bei den Werkstoffen ist nicht nur die Wechselwirkung (chemische Reaktion) zwischen den Atomen *innerhalb* eines Kristalls wichtig, sondern auch die mit anderen Atomen oder Molekülen an der *Oberfläche* des Kristalls (Bild 1.2-13).

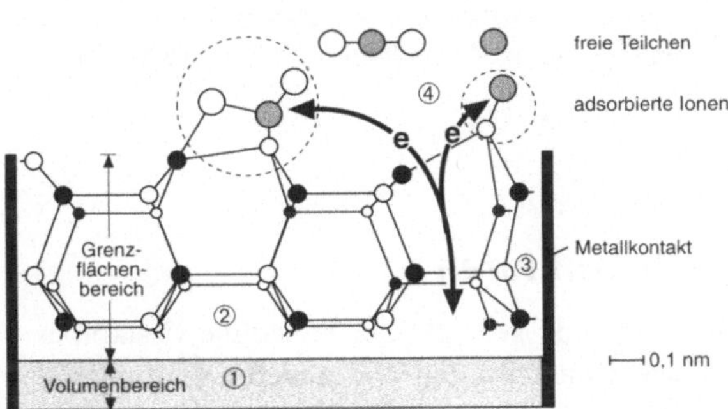

Bild 1.2-13 Schematische Darstellung der Wechselwirkung von freien Teilchen (Atomen oder Molekülen) mit einer Festkörperoberfläche unter Ausbildung von **adsorbierten Ionen**. Der Kristall hat in der Darstellung eine Zinkblendestruktur wie in Bild 1.2-8. Mögliche Wechselwirkungsprozesse sind (nach [0.3]):

(1) Volumeneinlagerung der Teilchen
(2) Grenzflächenreaktionen
(3) Dreiphasengrenzreaktionen an den Kontakten
(4) Oberflächenreaktionen

Technisch sehr wichtig ist die Wirkung von Festkörperoberflächen als **Katalysatoren**, welche den Ablauf chemischer Reaktionen stark beschleunigen können (Bild 1.2-14).

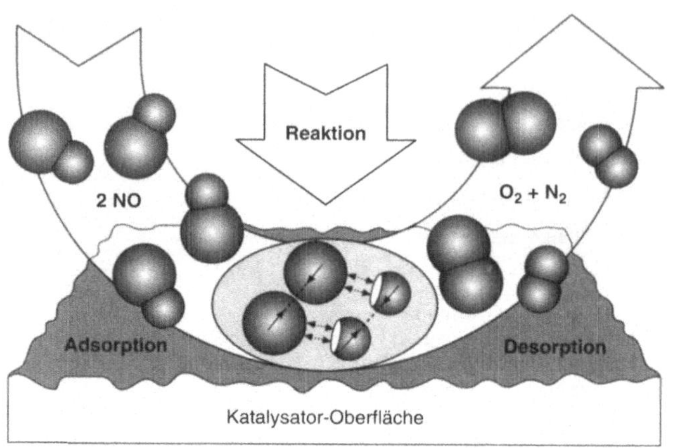

Bild 1.2-14 Chemisorption und heterogene Katalyse am Beispiel der Reaktion $2NO \rightarrow O_2 + N_2$. NO-Gasmoleküle werden an der Oberfläche des Katalysators *adsorbiert* und *nach Dissoziation (Trennung) atomar gebunden* (**chemisorbiert**). In dieser Form können die adsorbierten Teilchen an der Oberfläche Reaktionen eingehen, die in der Gasphase nicht möglich sind. So können in Oberflächenreaktionen N- und O_2-Moleküle entstehen, die nach *De*sorption (Abdampfen) in die Gasphase den heterogen katalysierten Prozeß abschließen (nach [0.3]).

1.3 Kristallstrukturen

Im Abschnitt 1.2 wurde gezeigt, daß kristalline Festkörper – in Abhängigkeit von den Atomgrößen, Bindungsarten und anderen Einflußgrößen – eine Vielzahl von Strukturen annehmen können. Es stellt sich jetzt die Aufgabe, die verschiedenen Atompositionen und Symmetrien *quantitativ* zu erfassen. Hierzu läßt sich beweisen, daß alle Raumgitter auf sieben verschiedenen Gittertypen mit insgesamt 14 Zellen zurückgeführt werden können (**Bravais-** oder **Einheitszellen**, Bild 1.3-1).

Drei der in Bild 1.3-1 dargestellten Bravaiszellen sind bereits bei den Metallen in Abschnitt 1.2 aufgetreten: die dichtgepackten Strukturen *kubisch flächenzentriert* und *hexagonal dichtgepackt*, sowie die weniger dichtgepackte Struktur *kubisch raumzentriert*.

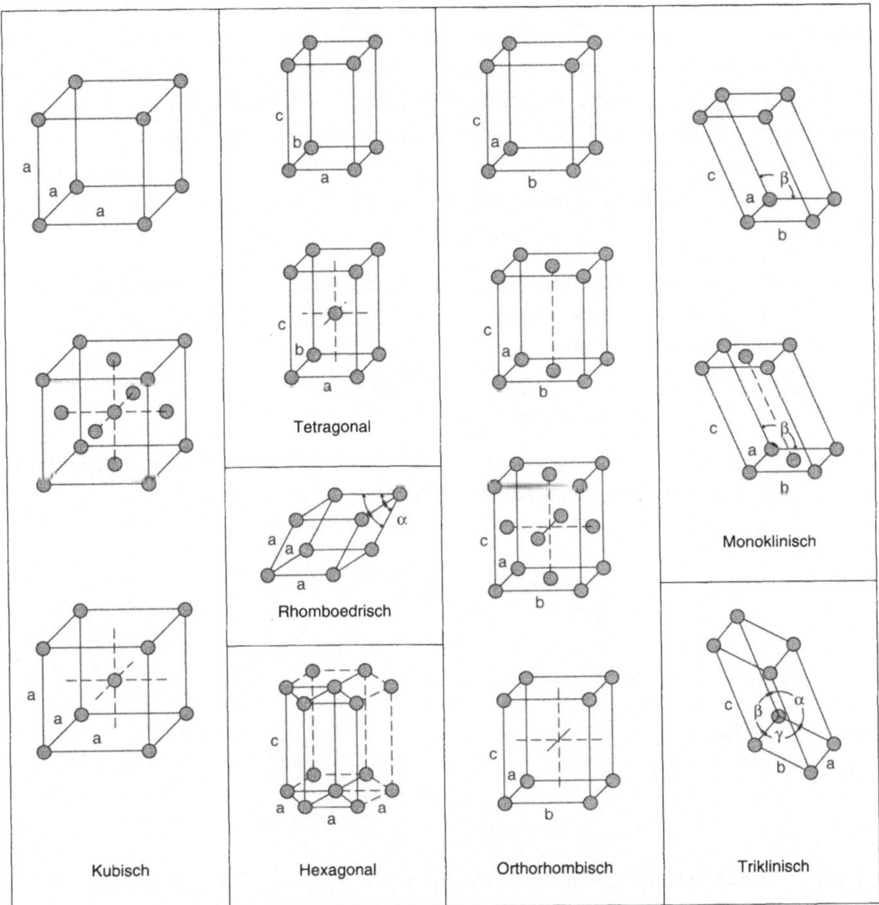

Bild 1.3-1: Die 7 Typen von Raumgittern mit 14 möglichen Einheitszellen (nach [0.1]).

Die Raumgitter in Bild 1.3-1 enthalten vier fundamentalen Strukturen, welche durch **Zellen** charakterisiert werden:

1. **primitive** Zellen, bei denen die Bravaiszelle aus einem Parallelepiped mit beliebigen Winkeln aufgebaut ist, sowie **hexagonale** Zellen
2. Zellen wie 1., aber mit einem Gitterpunkt in der Raummitte der Struktur (**raumzentrierte** Zellen)
3. Zellen wie 1., aber mit Gitterpunkten in der Mitte der Seitenflächen (**flächenzentrierte** Zellen)
4. Zellen wie 1., aber mit Gitterpunkten in der Mitte der Basisflächen (**basiszentrierte** Zellen)

Die Ionenkristalle in den Bildern 1.2-4 und -5 lassen sich durch **zusammengesetzte Zellen** beschreiben. Das NaCl-Gitter besteht z.B. aus zwei kubisch flächenzentrierten Gittern, jeweils besetzt mit den Atomsorten Na und Cl, die um eine halbe Würfelkantenlänge gegeneinander verschoben sind, d.h. zwei Kristallstrukturen sind ineinander verschachtelt. Auch das Diamant-und Zinkblendegitter läßt sich aus zwei kubisch flächenzentrierten zuammensetzen (Bilder 1.2-5c und 1.2-8), wenn auch dieser Zusammenhang in einer zweidimensionalen Darstellung nicht einfach zu ersehen ist (hilfreich ist hier ein dreidimensionales Modell).

Die mathematische Beschreibung der Kristallrichtungen und Gitterpositionen erfolgt über **Vektoren**. Bei einkristallinen Werkstoffen ist die exakte Kenntnis der Kristallorientierung häufig sehr wichtig, weil typische Kristalleigenschaften, wie z.B. die mechanische Festigkeit, die elektrische Leitfähigkeit oder piezoelektrische Konstanten davon abhängig sind (**Anisotropie** der Kristalleigenschaft).

Speziell bei kubischen Gittern fallen die drei orthogonalen Raumrichtungen *x*, *y* und *z* mit den Würfelrichtungen zusammen (Bild 1.3-2)

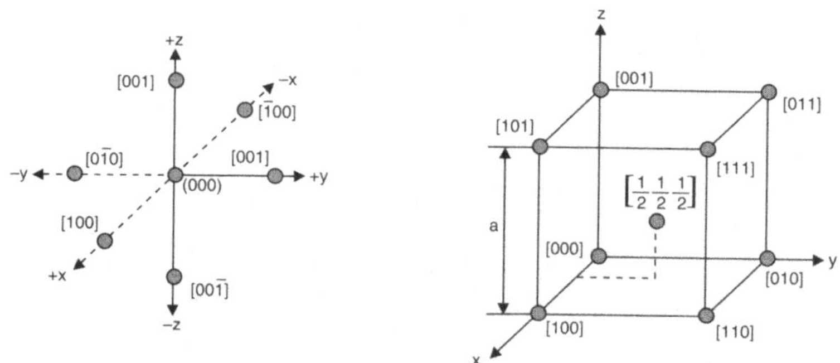

Bild 1.3-2: Kennzeichnung von Gitterrichtungen und -punkten durch Vektoren:
a) Raumrichtungen in einem kubischen Gitter
b) Gitterpunkte eines krz-Gitters

Es ist in der Kristallographie üblich, die Komponenten der Raumrichtungsvektoren nebeneinander zu setzen und mit eckigen Klammern zu kennzeichnen. Weiterhin wird ein negatives Vorzeichen nicht *vor* die Komponente, sondern *darüber* gesetzt. Beim Auftreten von Brüchen in den Komponenten werden oft alle Komponenten mit dem Hauptnenner multipliziert, so daß nur ganze Zahlen auftreten.

Die Beschreibung von hexagonalen Gittern ist etwas umständlicher, weil die Basisvektoren nicht orthogonal zueinander ausgerichtet sind. Will man die kristallographischen Richtungen als Basisvektoren beibehalten, dann müssen in der dichtgepackten Ebene drei Richtungen *x*, *y*, und *I* definiert werden, die alle jeweils einen Winkel von 120° zueinander bilden (Bild 1.3-3a). Die Beschreibung einer Kristallrichtung in dieser Ebene kann durch Angabe der Achsenabschnitte *l* entlang der *x*-und *y*-Achsen (**Millersche Notation**: zwei Indizes) oder entlang der *x*-, *y*-und *I*-Achsen (**Miller-Bravais-Notation**: drei Indizes) erfolgen. In der zuletzt genannten Notation ist die Angabe des Achsenabschnittes l_I entlang der *I*-Achse redundant, der entsprechende Wert kann nach Bild 1.3-3b aus den anderen Abschnitten l_x und l_y berechnet werden über die Beziehung l_I=- (l_x +l_y). Mit diesen drei Indizes kann die Kristall*richtung* (nicht aber die Länge des entsprechenden Vektors) durch Addition von Vektoren parallel zu den Achsenrichtungen leicht konstruiert werden (Bild 1.3-3c).

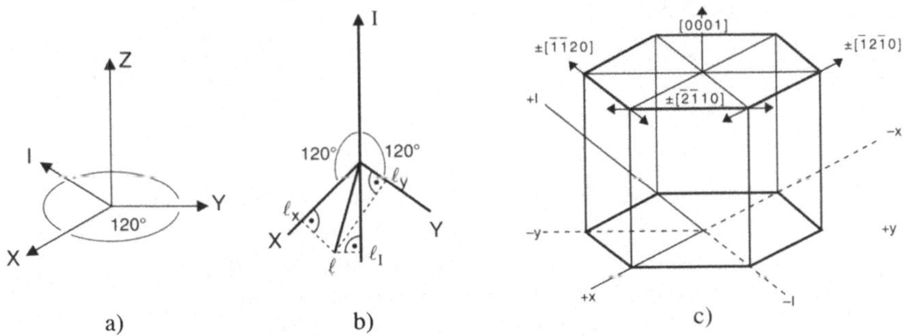

Bild 1.3-3 Kristallrichtungen in einer dichtgepackten Ebene (**Basisebene**) mit hexagonaler Symmetrie:

a) perspektivische Ansicht des Koordinatensystems mit drei zueinander symmetrischen Kristallrichtungen *x*, *y* und *I* in der Basisebene.

b) Beschreibung eines Vektors $\bar{I}$ in der durch die Achsenabschnitte l_x, l_y und l_I in der Basisebene.

c) Beispiele für die Konstruktion einer Kristallrichtung aus den Miller-Bravais-Indizes.

Neben den *Richtungen* in einer Kristallstruktur sind auch *Kristallebenen* von großer Bedeutung: Diese charakterisieren z.B. die Oberfläche eines Kristalls oder eine innere Grenzfläche. Dabei können die Oberflächeneigenschaften des Werkstoffs stark von der Orientierung der Oberfläche abhängen, was z.B. bei der Herstellung von Halbleiterbauelementen von großer Bedeutung ist.

Die Beschreibung der Gitterebenen erfolgt über **Millersche Indizes** nach einem etwas umständlich anmutendem Verfahren, das allerdings – wie in [0.1], gezeigt – ausserordentlich zweckmäßig ist. Dabei geht man nach folgendem Verfahren vor (Bild1.3-4) :

1. Wähle eine Ebene aus, auf der sich mehrere Gitteratome befinden, die alle gleichzeitig auf den Koordinatenachsen liegen. Bestimme die Achsenabschnitte l_i der Atome, durch welche die Ebene mit dem kürzesten Abstand zum Nullpunkt verläuft.
2. Bilde die reziproken Werte der Achsenabschnitte. Wenn die Ebene parallel zu einer Achse verläuft und damit keinen Schnittpunkt hat, ist der Achsenabschnitt ∞ mit dem reziproken Wert 0.
3. Multipliziere die reziproken Werte mit dem Hauptnenner.

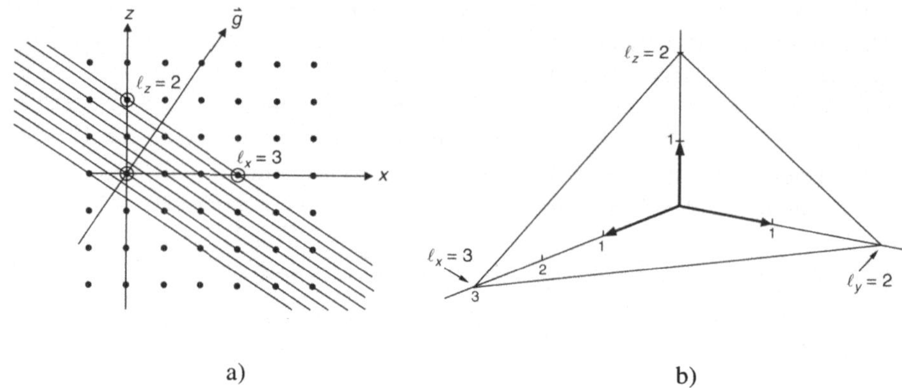

Bild 1.3-4 Beschreibung von Gitterebenen über Achsenabschnitte l_x, l_y und l_z:

a) Schar von Gitterebenen in einem kubischen (z.B. kfz- oder krz-) Gitter: Jeder Gitterpunkt liegt auf genau *einer* Ebene dieser Schar.

b) Gitterebene, bestimmt durch die Achsenabschnitte $l_x = 3$, $l_y = 2$, $l_z = 2$, mit den Millerschen Indizes (1/3 1/2 1/2)·6 = (233)

In den Bildern 1.3-5 und 6 sind Beispiele für Gitterebenen in kubischen und hexagonalen Kristallstrukturen dargestellt.

Bei der Herstellung von integrierten Schaltungen in einer MOS-Technik (n-MOS, p-MOS, CMOS) werden stets [100]-orientierte Siliziumscheiben bevorzugt, weil dann die Störungen der Oberfläche besonders gering sind, während in der Bipolartechnik [111]-orientierte Scheiben besser geeignet sind (ausführlich in [0.2]).

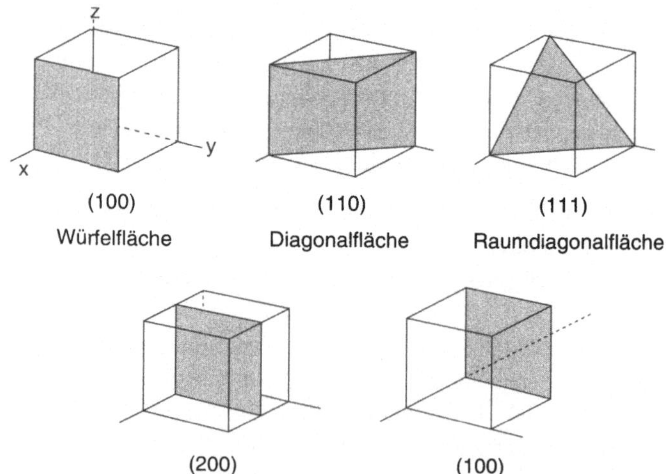

Bild 1.3-5: Verschiedene Gitterebenen eines kubischen Kristalls mit den dazugehörigen Millerschen Indizes. Gibt es keinen Achsenabschnitt, d.h. liegt dieser beim Wert Unendlich, dann ergibt sich als reziproke Zahl der Millersche Index Null.

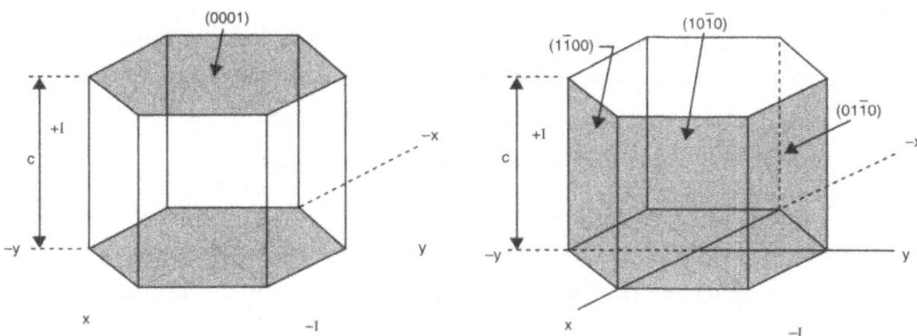

Bild 1.3-6: Gitterebenen in der hexagonalen Struktur

1.4 Mischkristalle und Phasenmischungen

1.4.1 Diffusion

In den vorangegangenen Abschnitten wurden bisher nur **chemisch reine** kristalline Werkstoffe betrachtet, welche ausschließlich aus Atomen *eines* Elements bestehen (**Elementwerkstoffe**) oder aus einer stöchiometrisch (d.h. mit festgelegten Anteilen der verschiedenen Atomsorten) zusammengesetzten chemischen Verbindung. Kennzeichnend war, daß die angenommenen Kristallstrukturen dabei sehr unterschiedlich sein können. Bedeutung haben auch technische Verfahren, bei denen die Entstehung einer **kristallinen** Phase mit einer periodischen Anordnung der Atome weitgehend unterdrückt wird: In diesem Fall sind die Atome zwar immer noch relativ dicht beeinander gepackt, jedoch in einer regellosen Anordnung (**amorphe Phase**). Speziell bei *Gläsern* tritt diese Phase sogar eher auf als die kristalline, deshalb wird der amorphe Zustand gelegentlich auch als **Glaszustand** bezeichnet.

In der Praxis haben chemisch reine Werkstoffe nur eine relativ geringe Bedeutung, in weit stärkerem Maße werden Werkstoffe eingesetzt, bei denen zu den reinen Ausgangsstoffen eine vorgegebene Menge anderer Elemente oder Verbindungen hinzugefügt worden ist: die **Werkstofflegierungen**. Legierungen können z.B. dadurch erzeugt werden, daß in die **Schmelze** (d.h. oberhalb der **Schmelztemperatur**) des reinen Werkstoffes weitere Stoffe hinzugegeben werden. Dort können sie z.B. durch Rühren homogen verteilt werden. Senkt man jetzt die Temperatur ab, so daß die Schmelze erstarrt, dann entsteht eine **Legierung**, deren Aufbau und Zusammensetzung stark von der Art und dem Mengenverhältnis der Legierungsbestandteile abhängt. In den meisten Fällen lassen sich in Legierungen Werkstoffeigenschaften einstellen, die denen der *reinen* Werkstoffe überlegen sind.

Eine andere Form der Legierungsbildung entsteht durch den Prozeß der **Diffusion**: Bringt man nämlich zwei verschiedene reine Werkstoffe in engen Kontakt miteinander, indem man sie z.B. zusammenpreßt oder -schweißt, dann reagieren diese miteinander: Atome können von dem einen Werkstoff in den anderen überwechseln und dort in das Kristallgitter eingebaut werden. Als Ergebnis "verunreinigen" sich beide ursprünglich reinen Werkstoffe gegeneinander.

Befinden sich nur relativ wenige Atome einer sonst nicht vorhandenen Sorte in einem homogenen Werkstoff, dann spricht man von **Fremdatomen** in einem **Wirtsgitter** (bzw. einer **Matrix** oder **Matrixphase**). Sind die Fremdatome weiterhin dort gleichmäßig verteilt – was keineswegs zwingend ist – dann bezeichnet man die Legierung als **Mischkristall** oder **feste Lösung**.

Prozesse der Festkörperdiffusion können nach verschiedenen – teilweise komplizierten – Mechanismen ablaufen. Im einfachsten Fall erfolgen sie über Gitter-**Leerstellen**, bei denen ein bestimmter Gitterplatz in Abweichung von der regelmäßigen Anordnung nicht mit dem dort hingehörenden Atom besetzt ist. Solche Gitterfehler können auf verschiedene Weise gebildet werden (Bild 1.4-1); man kann zeigen [0.1], daß sie – wenn auch in geringer Konzentration – in jedem Kristall vorhanden sind.

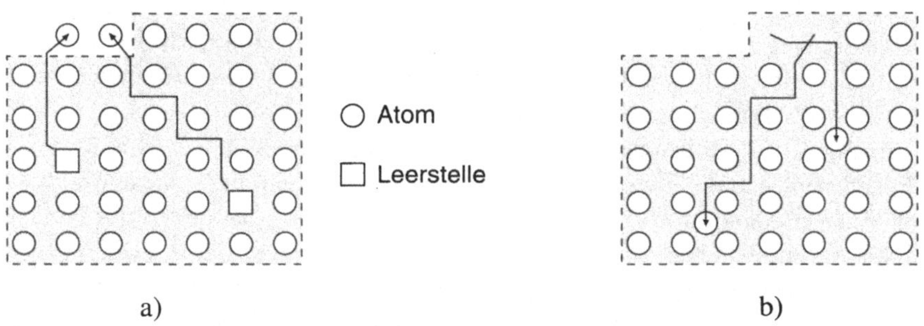

Bild 1.4-1 Mechanismen zur Bildung von Leerstellen:

a) **Schottky-Defekt**: Das Gitteratom wandert von einem inneren Gitterplatz an die Oberfläche des Kristalls

b) **Frenkel-Defekt**: Das Gitteratom geht von einem regulären Gitterplatz auf einen **Zwischengitterplatz** .

Mit Hilfe von Leerstellen können Gitteratome relativ einfach auf einen Nachbarplatz überwechseln (Bild 1.4-2a).

Ein alternativer Diffusionsprozeß entsteht über eine Wanderung auf **Zwischengitterplätzen** (Bild 1.4-2b). Zwischengitteratome sind Eigen- oder Fremdatome, die – in Abweichung von der regelmäßigen Anordnung – nicht auf einem regulären Gitterplatz eingebaut werden, sondern dazwischen eingelagert werden. Solche Atome können relativ einfach auf einen benachbarten Zwischengitterplatz überwechseln.

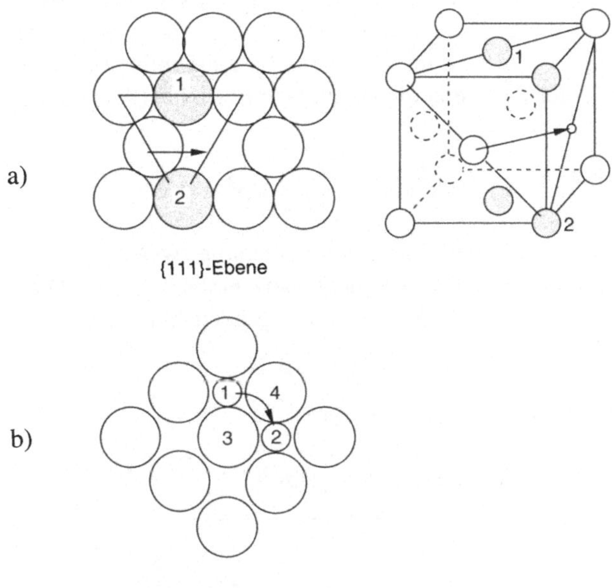

Bild 1.4-2 Diffusionsmechanismen in kubisch flächenzentrierten Kristallen (nach [0.1],[1.6])
a) Leerstellendiffusion
b) Zwischengitterdiffusion

Die Menge der in einen Festkörper eindiffundierenden Fremdatome wird durch die **Teilchenstromdichte** j^T definiert, welche die Anzahl der pro Flächeneinheit (z.B. m^2) und Zeiteinheit (z.B. pro Sekunde s) durch eine vorgegebene Fläche beschreibt (Anhang C2). Damit ergibt sich als Dimension der Teilchenstromdichte $1/(m^2 \cdot s)$. Bei einer Eindiffusion des Fremdatoms A in einen reinen Werkstoff ist die Teilchenstromdichte für den Fluß der Atomsorte A proportional zu dem örtlichen Abfall (negativen Gradienten) der Dichte ρ_A (Einheit $1/m^3$) der bereits vorhandenen A-Fremdatome [0.1]:

1. Ficksches Gesetz $$j_A^T = -D \cdot \frac{d\rho_A}{dx} \qquad (1.4\text{-}1)$$

wobei die Diffusion in Richtung der x-Achse betrachtet wird. Die Proportionalitätskonstante D wird als **Diffusionskoeffizient** bezeichnet mit der Einheit m^2/s. Die Gleichung (1.4-1) sagt aus, daß die Diffusionsstromdichte um so größer wird, je steiler die Fremdatomdichte abnimmt. Bei Eindiffusion von Fremdatomen in einen völlig reinen Werkstoff ist dieser Gradient anfänglich sogar unendlich groß, d.h. die Eindiffusion erfolgt außerordentlich schnell, so daß ein reiner Werkstoff bald verunreinigt wird, wenn er mit anderen in Verbindung gebracht wird.

Ein typisches Merkmal bei der Diffusion ist die **Teilchenerhaltung**. Beim Diffusionsprozeß werden weder neue Fremdatome erzeugt, noch vorhandene vernichtet. Mathematisch ausgedrückt wird die Teilchenerhaltung durch eine **Kontinuitätsgleichung**, die im Falle der Diffusion die allgemeine Form hat (Anhang C3):

2. Ficksches Gesetz

$$D \cdot \frac{\partial^2 \rho_A}{\partial x^2} = -\frac{\partial \rho_A}{\partial t} = -\dot{\rho}_A \qquad (1.4\text{-}2)$$

Die Integration dieser partiellen Differentialgleichung (wegen der *zwei* voneinander unabhängigen Variablen x und t) ist nicht ganz einfach [0.11]. Die Lösungen für drei wichtige Spezialfälle sind deshalb in den folgenden Abbildungen wiedergegeben.

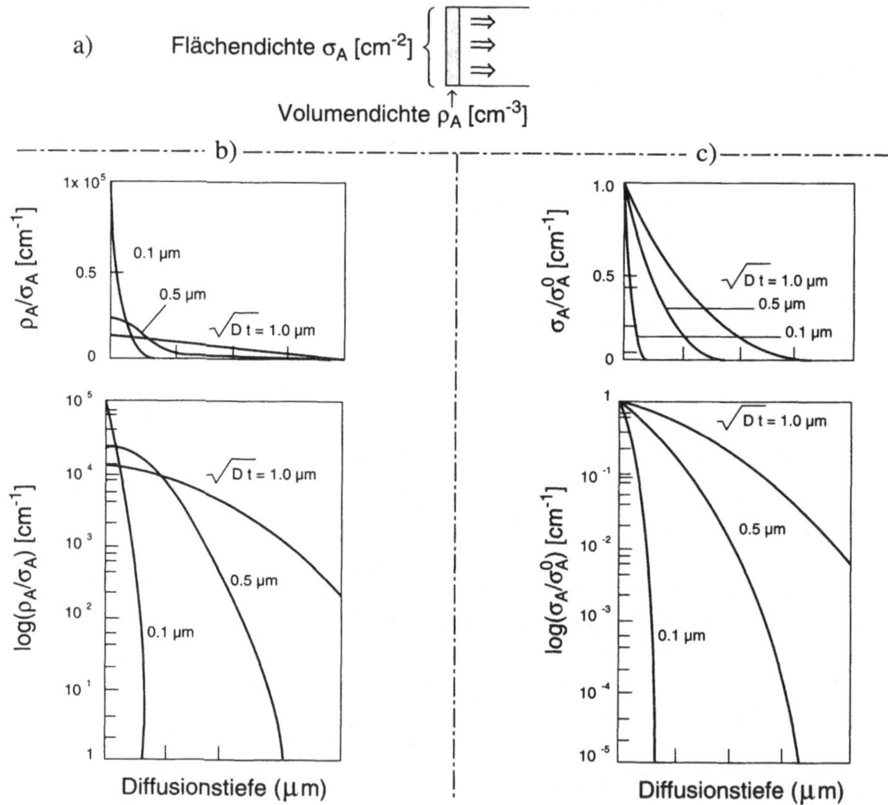

Bild 1.4-3 Lösungen der Diffusionsgleichung für die spezielle Randbedingung, daß die Fremdatome aus einer Oberflächenschicht in den Wirtskristall eindiffundieren. Diese Voraussetzungen liegt z.B. bei der Herstellung von Halbleiterbauelementen vor (Bild 4.3-5b) und hat große praktische Bedeutung. Die hier dargestellten Kurven können auch als Ausgangspunkt für die Lösung konkreter Probleme verwendet werden, wenn die entsprechenden Größen σ_A, D und t eingesetzt werden.

a) Die Oberfläche eines reinen Kristalls wird von einer Schicht mit Fremdatomen mit einer hohen *Flächen*konzentration (Anzahl pro m^2)σ_A bedeckt.

b) Nach der Diffusion in das reine Material nimmt die *Volumen*konzentration der Fremdatome mit dem Ort ab, weil sich die Fremdatome auf ein größeres Volumen verteilen (**begrenzte Quelle**). Eingezeichnet ist – in einem linearen und einem halblogarithmischen Koordinatensystem – der Konzentrationsverlauf $\rho_A(x)$ für verschiedene Werte der zeitabhängigen **Diffusions-** oder **Eindringtiefe** $\sqrt{Dt}$ als Parameter. Der Konzentrationsverlauf entspricht einer Gaußschen Glockenkurve. Die Flächenkonzentration σ_A bleibt als Integral über die Volumenkonzentration der Fremdatome konstant, s. [0.2]:

$$\rho_A(x,t) = \frac{\sigma_A}{\sqrt{\pi D t}} \exp\left(-\frac{x^2}{4Dt}\right) \qquad (1.4\text{-}3a)$$

Typisch für die Diffusion mit *begrenzter* Quelle ist die Tatsache, daß das Profil im Laufe der Zeit immer flacher wird, wobei die Oberflächenkonzentration immer kleiner wird.

c) **Unbegrenzte Quelle**: Der Anteil der eindiffundierenden Fremdatome ist so klein, daß die vorher aufgebrachte Oberflächenkonzentration $\sigma_A{}^o$ praktisch unverändert bleibt. Der Konzentrationsverlauf (Darstellung analog zu b)) entspricht dem Komplement der Gaußschen Fehlerfunktion, die in mathematischen Tabellenwerken aufgelistet ist:

$$\sigma_A(x,t) = \sigma_A^o \operatorname{erfc}\left(\frac{x}{2\sqrt{Dt}}\right) \qquad (1.4\text{-}3b)$$

Bei der Diffusion mit *begrenzter* Quelle bleibt die ursprüngliche Konzentration an der Oberfläche voraussetzungsgemäß erhalten, der Abfall der Kurve wird aber immer flacher.

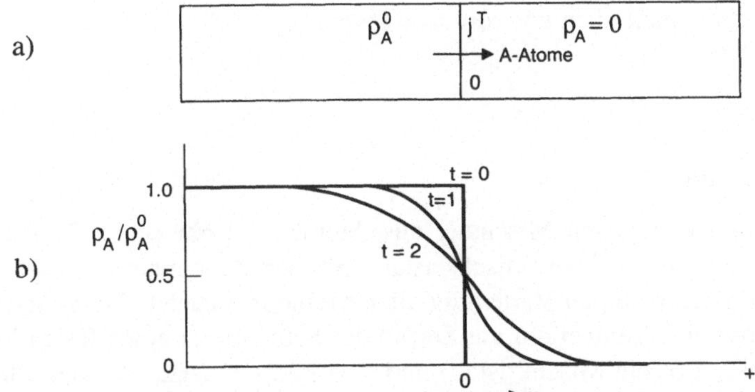

Bild 1.4-4 Lösung der Diffusionsgleichung für die Randbedingung, daß ein Stab mit der Fremdatomkonzentration $\rho_A{}^o$ mit einem anderen reinen Stab (ρ_A = 0) fest verbunden wird (a). In diesem Fall diffundieren A-Atome in das reine Material, (b) zeigt das entsprechende Volumenkonzentrationsprofil für verschiedene Zeiten t. Die Orts- und Zeitabhängigkeit des Profils wird durch die Funktion beschrieben:

$$\sigma_A(x,t) = \frac{\sigma_A^o}{2}\left[1 - \frac{2}{\sqrt{\pi}} \int_0^{x/(2\sqrt{Dt})} \exp\left(-y^2\right) dy\right] \tag{1.4-4a}$$

$$=: \frac{\sigma_A^o}{2}\left[1 - \operatorname{erf}\left(\frac{x}{2\sqrt{Dt}}\right)\right] =: \frac{\sigma_A^o}{2} \operatorname{erfc}\left(\frac{x}{2\sqrt{Dt}}\right) \tag{1.4-4b}$$

(erf = Gauß'sche Fehlerfunktion, erfc = Komplement der Gauß'schen Fehlerfunktion).

Festkörper, in welche Fremdatome wie in den Bildern 1.4-3 und -4 eindiffundiert sind, bezeichnet man als **Mischkristalle mit ortsabhängiger Fremdatomkonzentration**.

Die Diffusionsgeschwindigkeit wird stark beeinflußt durch die Größe des Diffusionskoeffizienten D in (1.4-1). In der Praxis ergibt sich häufig eine exponentielle Abhängigkeit des Diffusionskoeffizienten von der inversen Temperatur T (gemessen in Kelvin, k ist die Boltzmann-Konstante, s. Anhang B):

$$D(T) = D_o \exp\left(-\frac{W_{diff}}{\mathrm{k}T}\right) \tag{1.4-5}$$

mit der charakteristischen **Aktivierungsenergie** W_{diff} für den Diffusionsprozeß. Mit steigender Temperatur nimmt daher der Diffusionskoeffizient stark zu (Beispiele in den Abschnitten 4 und 5).

Diffusionsprozesse sind in der Werkstofftechnik von außergewöhnlich großer Bedeutung, zumal sie sich bei hohen Temperaturen (und entsprechend großen Diffusionskoeffizienten) prinzipiell nicht unterdrücken lassen.

1.4.2 Zustandsdiagramme

Beim Abkühlen einer homogenen Mischung aus Atomen verschiedener Elemente entsteht durchaus nicht immer ein Mischkristall mit der Zusammensetzung der Schmelze und einer gleichmäßigen Verteilung aller Atome ineinander. Typischer ist unterhalb einer bestimmten Temperatur ein Zerfall der Schmelze in einen festen Bestandteil (**feste Phase**, z.B. ein Mischkristall) und eine Restschmelze (**flüssige Phase**), wobei in beiden Phasen die Konzentrationen der Atome unterschiedlich sind im Vergleich zu der ursprünglichen in der homogenen Schmelze. Bei einer weiteren Absenkung der Temperatur können sich die Konzentrationen in beiden Phasen ändern, weiterhin kann die Restschmelze ebenfalls in den festen Zustand übergehen, so daß nebeneinander zwei feste Phasen mit unterschiedlichen Konzentrationen auftreten.

a)

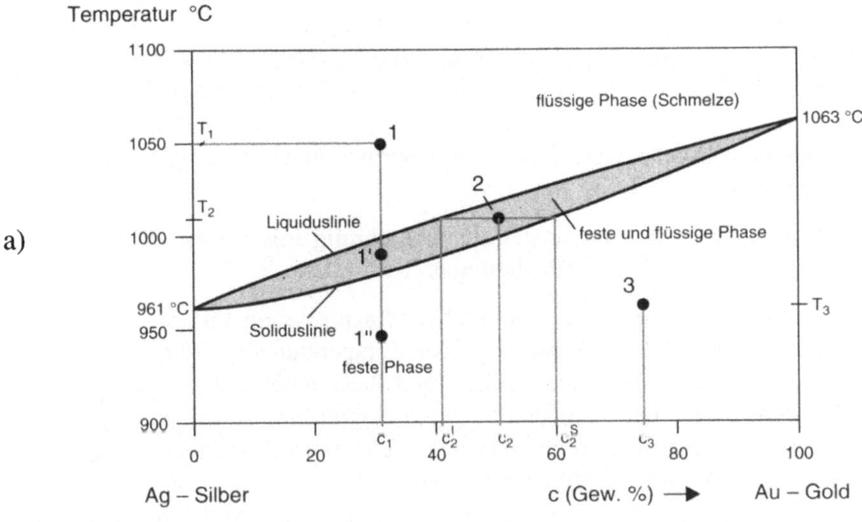

b)

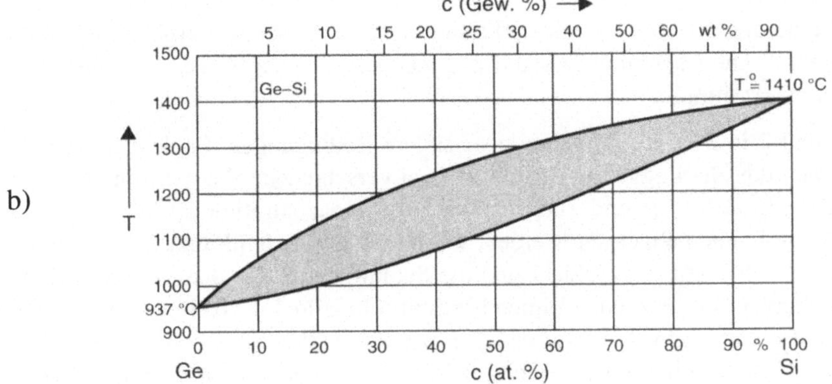

Bild 1.4-5 Zustandsdiagramme vollständig mischbarer Systeme:
a) Silber-Gold
b) Germanium-Silizium

Es ist aber auch möglich, daß in der Endphase wieder ein Mischkristall als homogene Phase gebildet wird. Man erkennt, daß das Verhalten von Legierungen in Abhängigkeit von der Temperatur durchaus kompliziert sein kann.

Eine sehr einfache graphische Darstellung, aus welcher der Ablauf der oben beschriebenen Vorgänge – und die dazugehörigen Konzentrationen in den einzelnen Phasen – abgelesen werden können, wird durch das **Gleichgewichts-**, **Phasen-** oder **Zustandsdiagramm** gegeben. Mit Hilfe solcher Diagramme kann das Legierungsverhalten im gesamten Temperaturbereich quantitativ beschrieben werden. Die Entstehung der in den Zustandsdiagrammen auftretenden Kurven wird in [0.1] ausführlich beschrieben. An dieser Stelle soll dem Leser nur das praktische Arbeiten mit Zustandsdiagrammen erläutert werden. Hierzu gehen wir zunächst von Zweistoff- oder **binären Legierungen** aus.

Als einfachstmöglichen Fall betrachten wir **vollständig mischbare** (dieser Begriff wird gleich klar werden) Zweistofflegierungen (Bild 1.4-5).

Binäre Zustandsdiagramme werden in ein Koordinatensystem mit der Legierungskonzentration als Abszisse (x-Achse) und der Temperatur als Ordinate (y-Achse) eingetragen. Die Linien eines Zustandsdiagramms bestimmen Flächenbereiche, welche den Konzentrations- und Temperaturbereich eingrenzen, in dem eine bestimmte Phase thermisch stabil ist (d.h. im thermischen Gleichgewicht gebildet wird und sich dann nicht mehr verändert). In Bild 1.4-5a werden diese Phasen als *feste* und *flüssige Phase* bezeichnet, gleichzeitig ist durch Schraffur ein Gebiet hervorgehoben, in dem nebeneinander feste und flüssige Phasen vorkommen. An der durch den Punkt 1 beschriebenen Stelle – d.h. bei der Konzentration c_1 und der Temperatur T_1 – besteht die Legierung also nur aus *einer* flüssigen Phase. Ähnliche Verhältnisse gelten für den Punkt 3: Die Legierung ist stabil in genau *einer* festen Phase, dem Mischkristall mit der Konzentration c_3.

Für den Punkt 2 in Bild 1.4-5a gelten aber andere Bedingungen. Er liegt im schraffierten Gebiet, d.h. die Legierung zerfällt in zwei verschiedene Phasen: Eine flüssige mit der Konzentration c_2^L und eine feste mit der Konzentration c_2^S. Die entsprechenden Werte können abgelesen werden, wenn man durch den Punkt 2 eine Gerade parallel zur c-Achse (Abszisse) zieht und die Schnittpunkte mit den das schraffierte Zweiphasengebiet eingrenzenden Linien bestimmt. In Bild 1.4-5b sind die einzelnen Gebiete nicht mehr beschriftet. Dieses ist in der Praxis häufig üblich, da beim Anwender des Zustandsdiagramms eine gewisse Übung in der Interpretation stillschweigend vorausgesetzt wird. Aus diesem Grund sollte sich der Leser die typischen Formen von Zustandsdiagrammen gut einprägen.

Die meisten Legierungssysteme sind *nicht* vollständig mischbar, so daß das Zustandsdiagramm eine andere Form hat als in Bild 1.4-5. Häufiger kommen **eutektische Zustandsdiagramme** wie in Bild 1.4-6 vor.

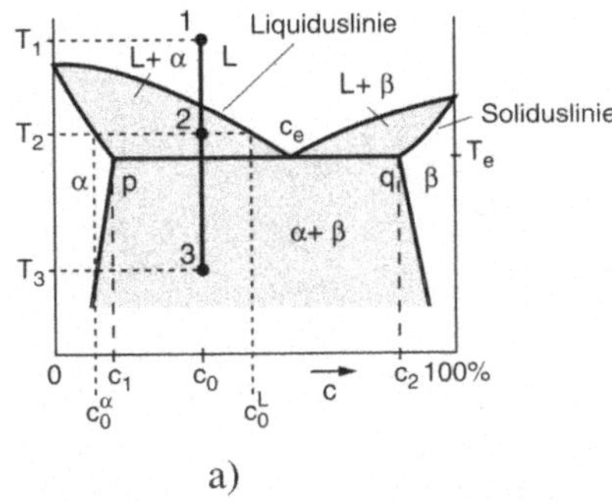

a)

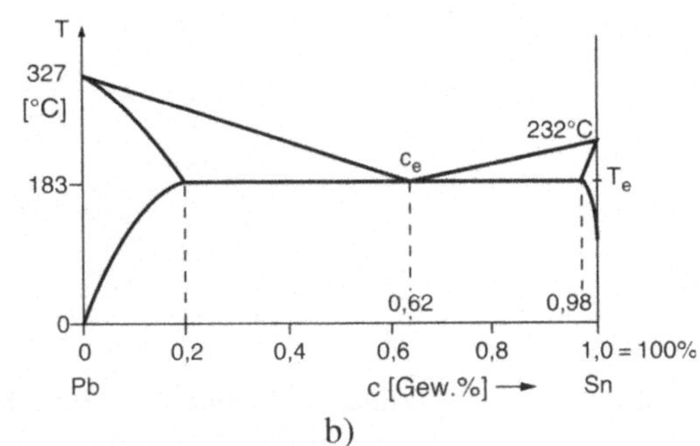

b)

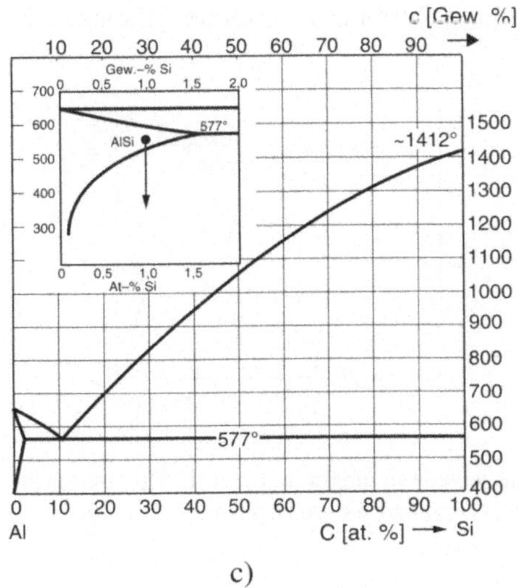

c)

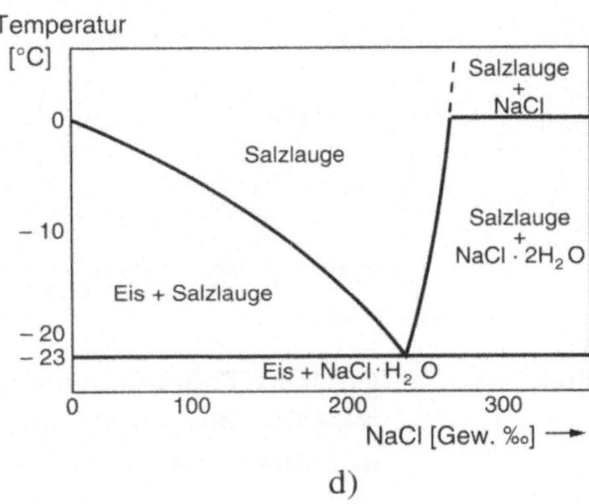

d)

Bild 1.4-6 **Eutektisches Zustandsdiagramm**
(c_e = **eutektische Konzentration**, T_e = **eutektische Temperatur**)

a) Prototyp: Die festen Phasen werden mit α und β bezeichnet, die flüssige mit *L*. Mit dem +-Zeichen werden Zweiphasengebiete gekennzeichnet: z.B. besteht die Legierung im Bereich α+*L* aus der festen Phase α und der flüssigen Phase *L*. Typisch für eutektische Zustandsdiagramme ist, daß unterhalb der eutektischen Temperatur keine feste Phase mehr vorkommt.

Praktische Beispiele:

b) Blei-Zinn

c) Aluminium-Silizium

d) Eis-Salzlauge

In Bild 1.4-7 ist eine weitere Form, das **peritektische Zustandsdiagramm**, dargestellt.

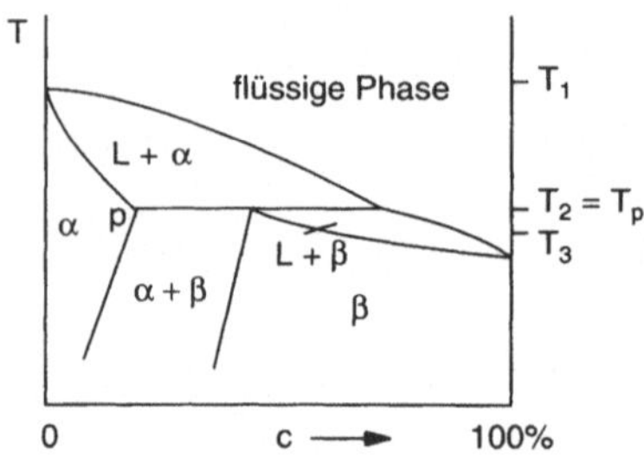

Bild 1.4-7 Peritektisches Zustandsdiagramm: Kennzeichnend für dieses Legierungssystem ist der große Unterschied in den Schmelztemperaturen der beiden reinen Werkstoffe bei $c = 0$ und $c = 100$ %. Eine flüssige Phase kommt auch bei Temperaturen unterhalb der peritektischen Temperatur T_p vor.

Viele Legierungssysteme sind durch kombinierte Zustandsdiagramme gekennzeichnet (Bild 1.4-8).

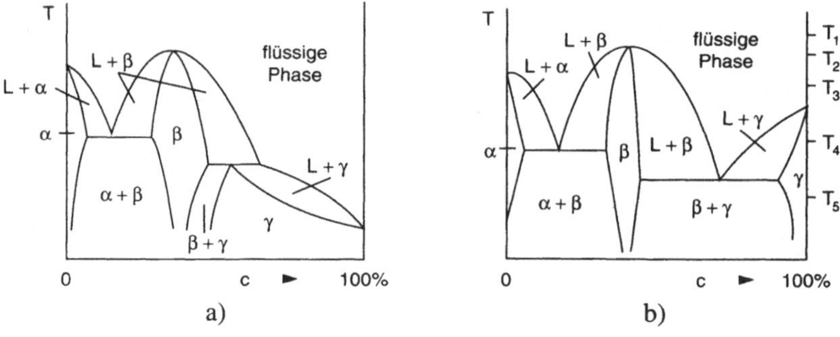

Bild 1.4-8 Gemischte Zustandsdiagramme: Die jeweils in einem mittleren Konzentrationsbereich auftretende Phase β wird als **intermediäre Phase** bezeichnet.

a) Eutektoid-eutektoides Zustandsdiagramm

b) Eutektoid-peritektoides Zustandsdiagramm

Die in der Praxis vielverwendete binäre Metallegierung **Messing** enthält eine Vielzahl peritektoider und eutektoider Systeme (Bild 1.4-9).

Auch beim Gebrauch komplizierterer Zustandsdiagramme wie in Bild 1.4-9 darf sich der Leser nicht entmutigen lassen. Die Interpretation verläuft genau nach demselben Schema wie in Bild 1.4-5a. So beschreibt der Punkt 1 in Bild 1.4-9 eine einphasige Legierung mit der Konzentration c_1, deren Kristallstruktur und physikalische Eigenschaften durch die β-Messingphase gekennzeichnet wird. Wird eine Legierung mit der Zusammensetzung c_2 aus der (homogenen) Schmelze abgekühlt auf die Temperatur T_2, dann zerfällt sie dort in zwei Phasen aus γ- und ε-Messing mit den Konzentrationen c_2^{γ} und c_2^{ε}.

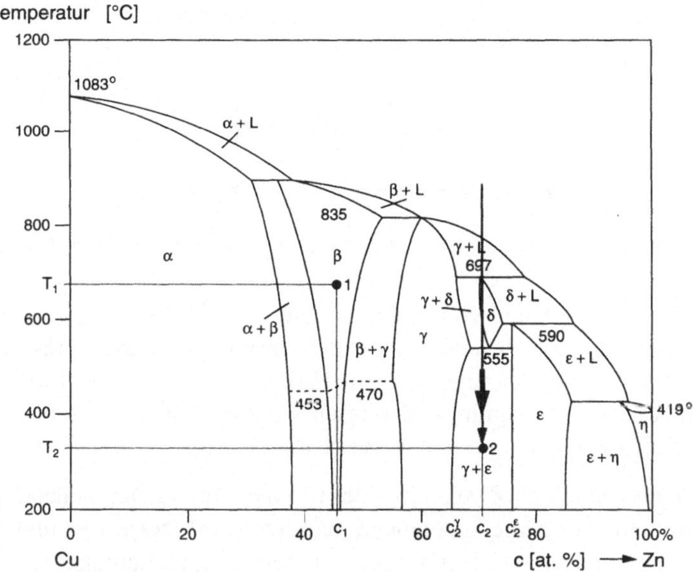

Bild 1.4-9 Zustandsdiagramm von Kupfer-Zink (Messing)

Aus den Konzentrationen c_2 (angegeben in Atomprozent, d.h. der Anzahl der Atome *eines* Legierungspartners geteilt durch die *Gesamtzahl* der Atome in der Legierung), c_2^γ und c_2^ε kann in einfacher Weise bestimmt werden, wie groß der Anteil der Atome ist, die im Punkt 2 des Zustandsdiagramms in Bild 1.4-9 durch γ- und durch ε-Messing gebildet wird.

Die Berechnung erfolgt über das **Hebelgesetz**. Wir gehen in einer Verallgemeinerung aus von einer Legierung mit N Atomen, in der insgesamt (d.h. bei Berücksichtigung aller Phasen) die Konzentration von A-Atomen $c_A = c$ beträgt. Die Legierung möge zusammengesetzt sein aus zwei Phasen mit den Konzentrationen c_l und c_2; x sei der Anteil (in Atomprozent) der N Atome, der sich in der Phase mit c_l befindet, $(1 - x)$ der Anteil in der Phase mit c_2. Dann gilt die Beziehung:

$$N \cdot c \quad = \quad N \cdot c_1 \cdot x \quad + \quad N \cdot c_2 \cdot (1-x) \qquad (1.4\text{-}6)$$

Anzahl A - Atome insgesamt; A - Atome in Phase 1; A - Atome in Phase 2

$$\Rightarrow \left. \begin{aligned} x &= \frac{c_2 - c}{c_2 - c_1} =: \frac{m}{l} \\ 1 - x &= 1 - \frac{m}{l} =: \frac{n}{l} \end{aligned} \right\} \qquad (1.4\text{-}7)$$

Die Buchstaben *l*, *m* und *n* beziehen sich auf die Abstände in der Konzentrationsskala, welche durch Bild 1.4-10 definiert werden.

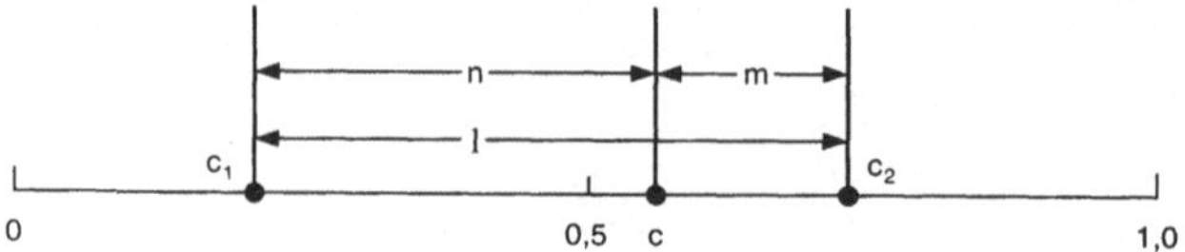

Bild 1.4-10 Schema zur graphischen Ermittlung von Konzentrationsunterschieden

Wie erwartet, nimmt der Anteil von c_1 zu, je näher c an c_1 liegt. Die graphische Ermittlung von Konzentrationsdifferenzen ist deshalb von besonderer praktischer Bedeutung, weil diese Längen unmittelbar (mit Hilfe eines Lineals mit Millimetereinteilung) in einem Zustandsdiagramm abgelesen werden können, ohne daß die Konzentrationen selbst zahlenmäßig erfaßt zu werden brauchen.

Bisher wurden ausschließlich Zweistoff- oder **binäre** Legierungen behandelt. In der Anwendung werden aber heute zunehmend auch Dreistoff (**ternäre**)- und Vierstoff (**quaternäre**)-Legierungen eingesetzt. Bei den ternären Legierungen ist das Zustandsdiagramm nur noch dreidimensional darstellbar. Zunächst muß eine Vorschrift gefunden werden, über die man die Konzentrationen der Einzelbestandteile einer ternären Legierung zweidimensional so darstellen kann, daß die Summe der drei Konzentrationen immer 100% ergibt. Die Vorschrift wird in Bild 1.4-11 erläutert.

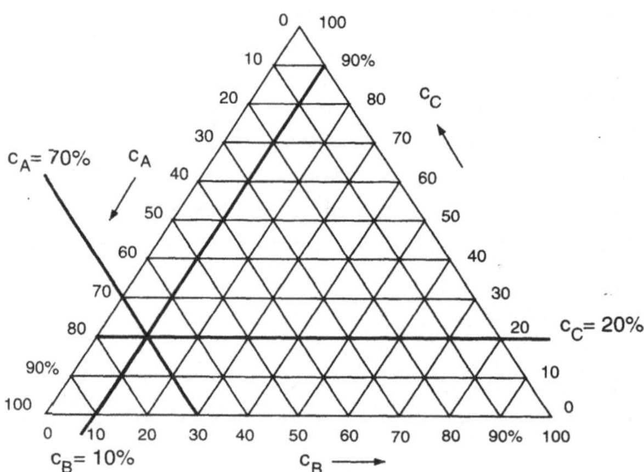

Bild 1.4-11 Beschreibung der Zusammensetzung eines ternären Legierungssystems: Jeder Punkt P innerhalb des Dreiecks entspricht einer ternären Legierung mit vorgegebener Zusammensetzung. Durch den Punkt werden Konzentrationslinien parallel zu den eingezeichneten errichtet. Die Konzentrationen der drei Legierungsbestandteile A, B und C kann dann am Rand abgelesen werden, die Summe aller Konzentrationen entspricht dabei immer 100%. Obiges Beispiel: c_A = 70%, c_B = 10%, c_c = 20%.

Dieses Darstellungsverfahren ist für sich allein bereits nützlich, weil man die Konzentrationsbereiche bestimmter ternärer Legierungen mit charakteristischen Eigenschaften graphisch darstellen kann (s. Bild 8.5-1).

Perspektivisch gezeichnete ternäre Zustandsdiagramme haben z.B. die in Bild 1.4-12 dargestellte Form.

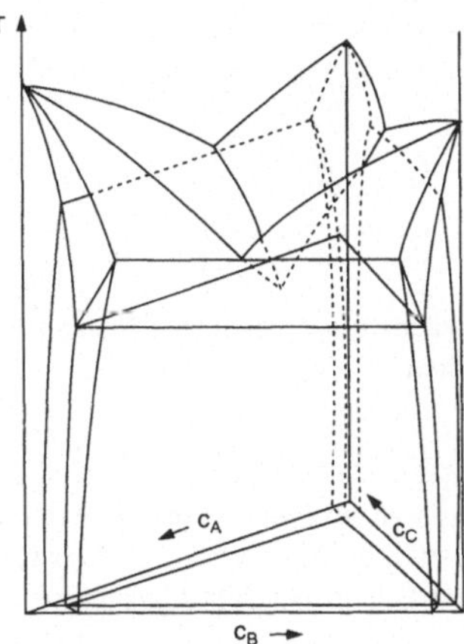

Bild 1.4-12 Ternäres eutektisches Zustandsdiagramm (nach [1.6]).

1.4.3 Ausscheidungen und Korngrenzen

Wir wollen im folgenden die Prozesse, die bei der Abkühlung einer Legierungsschmelze auftreten, ausführlicher betrachten. Ohne Beschränkung der Allgemeinheit gehen wir aus von einer Konzentration c_o in dem eutektischen Zustandsdiagramm in Bild 1.4-6a.

Der erste Schritt ist die Herstellung einer homogenen flüssigen Phase (Schmelzphase) der Legierung: Hierzu werden die Legierungsbestandteile in dem gewünschten Mengenverhältnis ausgewogen und auf eine Temperatur T_l oberhalb der Liquidustemperatur (d.h. oberhalb der Liquiduslinie in Bild 1.4-6a) erhitzt. Eine Homogenisierung der Schmelze mit einer gleichmäßigen Verteilung der Legierungsbestandteile wird durch mechanische Bewegung – z.B. Rühren mit einem Keramikstab – erreicht (Zustand 1 in Bild 1.4-6a).

Wird jetzt die Schmelze langsam abgekühlt, dann nimmt die Legierung nacheinander die Zustände entlang der Linie 1-2-3 in Bild 1.4-6a an. Zwischen den Punkten 1 und 2 liegt eine Temperatur, bei welcher die Liquiduslinie gerade berührt wird: Dort bilden sich die ersten Bestandteile einer festen Phase des α-Mischkristalls (Bild 1.4-13a).

Bei diesem Prozeß bilden sich zunächst kleine **Keime** der festen Phase, die sich bei einer weiteren Abkühlung immer weiter vergrößern (**Keimbildung und -wachstum**).

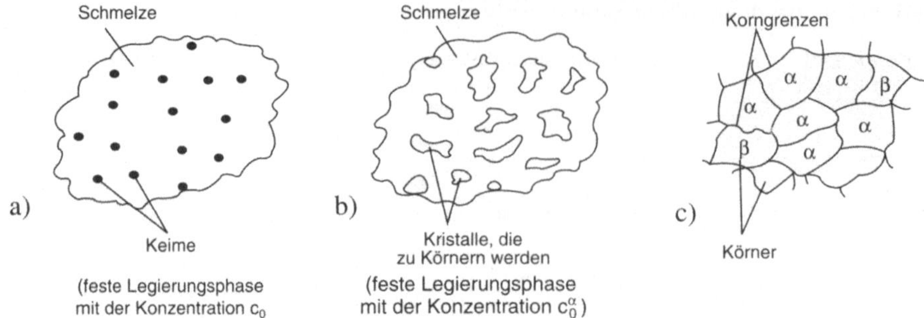

Bild 1.4-13 Keimbildung und -wachstum einer festen Phase in einer Schmelze in drei aufeinanderfolgenden Stadien:

a) Keimbildung

b) Keimwachstum

c) die Keime wachsen zusammen; da ihre Kristallorientierung willkürlich verteilt ist, entstehen Kristallkörner unterschiedlicher Orientierung. Ein Festkörper mit dieser Struktur wird als **Polykristall** bezeichnet.

Im Punkt 2 in Bild 1.4-6a besteht die Legierung aus einer *festen* Phase der Konzentration c_o^α und einer *flüssigen* Phase der Konzentration c_o^L. Die Mengenverhältnisse beider Phasen können aus dem Hebelgesetz in Gleichung (1.4-7) bestimmt werden. Die Zusammensetzung der Legierung entspricht etwa den in Bild 1.4-13b dargestellten Verhältnissen. Das Umrühren mit einem Keramikstab wird jetzt beschwerlicher: Meist wirkt sich die Anwesenheit einer festen Phase so aus, daß die Legierung einen zähflüssigen Zustand annimmt.

Wird bei einer weiteren Abkühlung schließlich die eutektische Temperatur T_e erreicht, dann verschwinden die letzten Anteile einer flüssigen Phase: Die Legierung besteht jetzt im Prinzip aus zwei festen Mischkristallphasen α und β (Bild 1.4-13c, auf das spezielle eutektische Gefüge wird weiter unten eingegangen), d.h. der Keramikstab läßt sich überhaupt nicht mehr bewegen, er ist "eingefroren".

Die Kristallorientierung der einzelnen Körner in Bild 1.4-13c ist jeweils unterschiedlich, da bei der Keimbildung keinerlei Korrelation zwischen den einzelnen Keimen besteht. In den Grenzflächen zwischen zwei nebeneinanderliegenden Körnern muß also ein Übergang von der einen zu einer anderen Kristallorientierung stattfinden, d.h. dort ist die Gitterperiodizität gestört. Solche Grenzflächen, deren Dicke in der Praxis meist nur wenige Atomlagen beträgt, heißen **Korngrenzen**. Diese kennzeichnen den Übergang kristallographisch unterschiedlich orientierter Bereiche sowohl zwischen Körnern der gleichen Phase (α/α), wie zwischen Körnern von unterschiedlichen Phasen (α/β, die Grenzflächen werden auch als **Phasengrenzen** bezeichnet).

Die in Bild 1.4-13 dargestellten Gefüge sind in einem hohen Maße vereinfacht. In der Praxis treten häufig – in Abhängigkeit von dem Legierungssystem und der Abkühlungsgeschwindigkeit – große Abweichungen davon auf. Man erkennt z.B. in Bild 1.4-6a, daß sich bei einer Abkühlung entlang der Linie 1-2-3 die Konzentration im α-Mischkristall ständig ändert. Sie nimmt erst auf einen Maximalwert zu und danach wieder ab. Eine Änderung in der Fremdatomkonzentration der festen α-Phase kann nur über einen Diffusionsvorgang (Abschnitt 1.4.1) erfolgen. Hierfür ist meist eine erhebliche Zeitdauer erforderlich. Bei einer schnellen Abkühlung erfolgt der Konzentrationsausgleich nur unvollständig mit dem Ergebnis, daß die Konzentration in Innern der ausgeschiedenen Phase anders ist als in den Randbereichen (**Seigerung**).

Typisch für den beschriebenen Prozeß ist, daß der Zerfall der Legierung aus einer homogenen *flüssigen* Phase (Schmelze) erfolgte. Es gibt bei den Werkstoffen viele Beispiele für einen solchen Zerfall auch aus der *festen* Phase. In den Zustandsdiagrammen in Bild 1.4-9 ist ein solcher Übergang durch einen nach unten gerichteten Pfeil markiert. Typisch für diese Prozesse ist, daß eine ursprünglich homogene Phase im festen Zustand in zwei neue feste Phasen unterschiedlicher Konzentration zerfällt. Auch dieser Vorgang – die Bildung oder **Ausscheidung** neuer Phasen – ist nur mit Hilfe einer Festkörperdiffusion zu erreichen. Die ausgeschiedenen Bereiche können sowohl wie in Bild 1.4-13a homogen im Volumen verteilt sein (**homogene Ausscheidung**), wie auch – zur Einsparung von Bildungsenergie – bevorzugt an Inhomogenitäten wie Korngrenzen erfolgen (**heterogene Ausscheidung**), s. Bild 1.4-14.

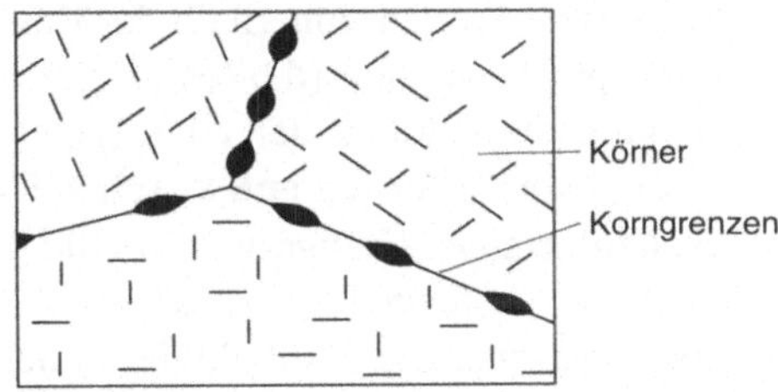

Bild 1.4-14 Nebeneinander von homogener (innerhalb der Körner) und heterogener (an den Korngrenzen) Ausscheidung in einer übersättigten Matrix. Es energetischen Gründen haben die Ausscheidungen manchmal eine Nadel- bzw. Linsenform (nach [0.1]).

Die Form und Verteilung von Ausscheidungsteilchen kann sehr vielfältig sein; in vielen Fällen führt die Forderung nach einer minimalen Bildungsenergie zu einer kristallographischen Relation zwischen Ausscheidungsteilchen und der umgebenden Matrix (d.h. der Phase, innerhalb welcher die Ausscheidung erfolgt). Die Grenzflächenenergie zwischen beiden Phasen wird verkleinert, wenn die Phasengrenze **kohärent** ist (Bild 1.4-15).

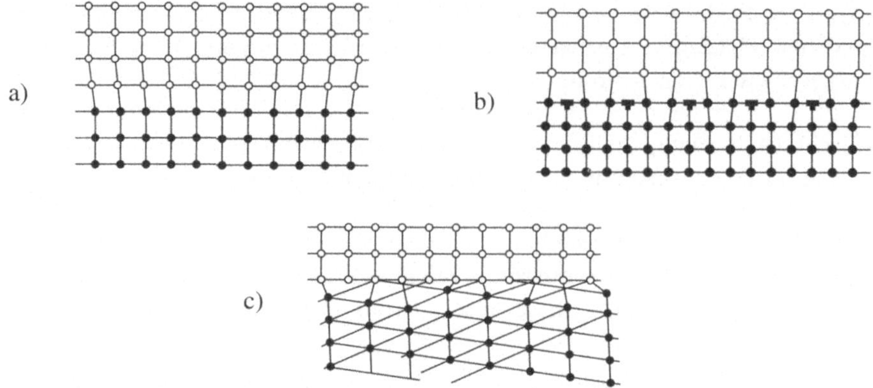

Bild 1.4-15 Aufbau von Grenzflächen zwischen zwei Phasen (nach [0.1])

a) **kohärent**: beide Phasen haben dieselbe Kristallstruktur und -orientierung, aber eine unterschiedliche Gitterkonstante.

b) **teil**- oder **semikohärent**: Voraussetzungen wie (a), jedoch unterscheiden sich die Gitterkonstanten so stark, daß nicht alle Kristallebenen fortgesetzt werden können.

c) **inkohärent**: benachbarte Phasen unterscheiden sich in Kristallstruktur und -orientierung. Die Grenzflächenenergie nimmt von a) bis c) zu.

Die Abhängigkeit der Verteilung und Größe von Ausscheidungsteilchen wird besonders deutlich bei der Abkühlung von Legierungen mit einer *eutektischen Zusammensetzung* (c_e in Bild 1.4-6a und b). In diesem Fall zerfällt die Legierung bei Unterschreiten der eutektischen Temperatur T_e direkt aus einer homogenen Schmelzphase in zwei unterschiedliche feste Phasen. Innerhalb der flüssigen Phase sind die einzelnen Atome noch relativ gut beweglich (d.h. es erfolgt eine *schnelle* Diffusion), so daß bei der Ausscheidung die Bildung der Gleichgewichtsphasen α und β relativ ungestört erfolgen kann. Typisch für ein **eutektisches Gefüge** oder **Eutektikum** ist ein lamellen- oder plattenförmiges Gefüge wie in Bild 1.4-16. Je schneller die Abkühlung durchgeführt wird, desto *mehr*, aber *kleine* Ausscheidungsteilchen bilden sich (**feine Dispersion**), bei langsamer Abkühlung bilden sich *weniger*, aber *größere* Teilchen (**grobe Dispersion**). Die verschiedenen geometrischen Formen der Ausscheidungen führen zu unterschiedlichen Gefügen (Bild 1.4-16).

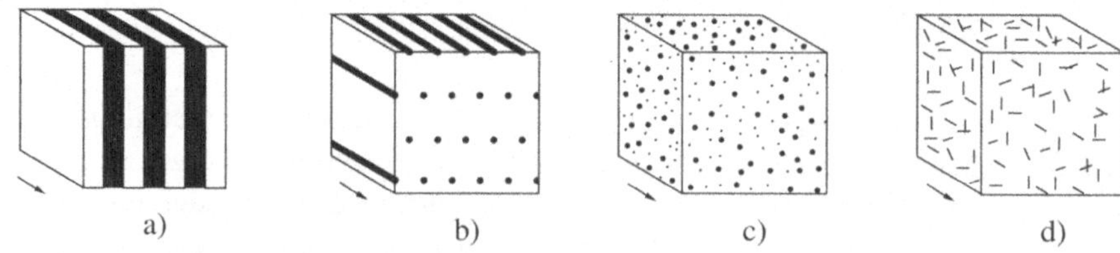

Bild 1.4-16 Unterschiedliche Gefüge von Ausscheidungen (dunkle Bereiche) in einer Matrix (heller Untergrund, nach [0.1])

a) Lamellen b) Stäbe c) punktförmige Dispersion d) nadelförmige Dispersion

2 Werkstoffeigenschaften

2.1 Mechanische Eigenschaften

2.1.1 Elastische Verformung

In den vorangegangenen Abschnitten wurde der Aufbau und der Zustand von Festkörpern beschrieben in *Ab*wesenheit von äußeren Kräften. Bei der praktischen Anwendung kommt es aber gerade darauf an, wie sich die Werkstoffe bei Wirkung einer äußeren Beanspruchung verhalten. diese kann mechanischer, elektrischer, thermischer, chemischer oder magnetischer Natur sein. Im folgenden wollen wir uns zunächst mit dem Verhalten der Werkstoffe gegenüber einer *mechanischen Belastung* beschäftigen. Eine mechanische Kraft entsteht z.B. dadurch, daß der Werkstoff dem Feld der Erdanziehungskraft ausgesetzt ist, sie kann aber auch durch Gewichte, gespannte Federn, gebogene Stäbe etc. erzeugt werden.

Die Wirkung einer mechanischen Kraft ist, daß zu den anziehenden oder abstoßenden interatomaren Kräften in Bild 1.2-1 weitere hinzutreten. Wird die *abstoßende* Kraft zwischen den Atomen durch Anlegen einer mechanischen Zugspannung erhöht, dann vergrößert sich auch der Gleichgewichtsabstand zwischen den Atomen (genauere Betrachtung in [0.1]); bei Verstärkung der *anziehenden* Kraft (mechanische Druckspannung) hingegen verkleinert sich der Gleichgewichtsabstand. Unter diesen Voraussetzungen verändert das Werkstück seine ursprüngliche Form, allerdings mit einer wichtigen Randbedingung: Wird nämlich die äußere Kraft entfernt, dann geht das Werkstück "von selber" wieder in seine ursprüngliche Gestalt zurück. Diese Eigenschaft ist – im Gegensatz zur *plastischen* Verformung in Abschnitt 2.1.2 – ein typisches Kennzeichen der **elastischen Verformung**. Weiterhin ist es kennzeichnend für alle anorganische und die meisten organischen Werkstoffe (nicht aber für Elastomere, wie z.B. Gummi, s. Abschnitt 6), daß bei *elastischer* Verformung die relativen Änderungen der mechanischen Abmessungen gering sind und selten über 0,1% liegen.

Läßt man eine mechanische Kraft F auf die Stirnfläche eines zylindrischen Festkörperstabes (Querschnitt A) einwirken, dann hängt die Reaktion des Festkörpers ab von dem Verhältnis

$$\sigma = \frac{F}{A} \tag{2.1 - 1}$$

mit der **mechanischen Spannung** σ. Ein grundsätzlicher Unterschied besteht zwischen **Normalspannungen** und **Scherspannungen** – je nachdem, ob die Kraft normal (d.h. parallel zur Oberflächennormalen) oder tangential (d.h. senkrecht zur Oberflächennormalen) wirkt (Bild 2.1-2).

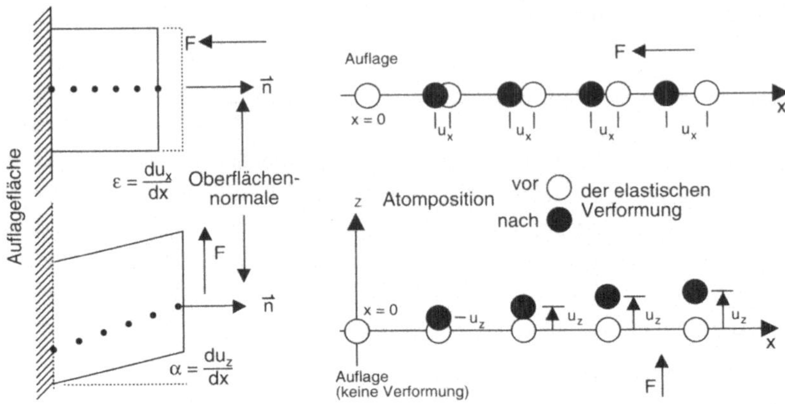

Bild 2.1-1 Normal- und Scherspannungen auf der freien Oberfläche eines einseitig eingespannten elastisch verformten Körpers.

a) **Normalspannung**: Die Kraft wirkt *in* Richtung der Oberflächennormalen $\vec{n}$ entlang der x-Achse. Eingezeichnet ist eine Kraft, welche eine Kompressionsspannung erzeugt: Die Breite des verformten Körpers wird verringert. Die Verschiebungen u_x der einzelnen Atome des Körpers in x-Richtung sind ebenfalls eingezeichnet, sie nehmen mit dem Abstand von der Auflagefläche zu.

b) **Tangential**- oder **Scherspannung**: Die Kraft wirkt senkrecht zur Oberflächennormalen $\vec{n}$ in z-Richtung, d.h. tangential zu der belasteten Fläche. Entsprechend erfolgt eine Verschiebung u_z der Kristallatome in z-Richtung senkrecht zur Normalen, auch diese nimmt mit dem Abstand von der Auflagefläche zu. Charakteristisch für die Wirkung solcher Spannungen ist der **Scherwinkel** α.

Alle Normal- und Scherspannungen, die auf einen Würfel wirken können, sind in Bild 2.1-2 dargestellt.

Die Wirkung der mechanischen Spannungen auf einen elastisch deformierten Körper ist, daß **elastische Verzerrungen** ε_{ik} entstehen, die mit Hilfe der in Bild 2.1-1 eingeführten Verschiebungen u_i definiert werden über die Beziehung:

$$\varepsilon_{ik} = \frac{1}{2}\left(\frac{\partial u_i}{\partial x_k} + \frac{\partial u_k}{\partial x_i}\right) \quad \text{für alle } i,k = 1\ (x\text{-Achse}), 2\ (y\text{-Achse}), 3\ (z\text{-Achse}) \qquad (2.1\text{-}3)$$

Der Vorteil dieser etwas aufwendigen Definition ist, daß die Verzerrung ε_{ik} bei einer linearen Ortsabhängigkeit der Verschiebungen u_i (x) wie in Bild 2.1-1 eine *Konstante* – und damit im Gegensatz zu den Verschiebungen *nicht* ortsabhängig – ist.

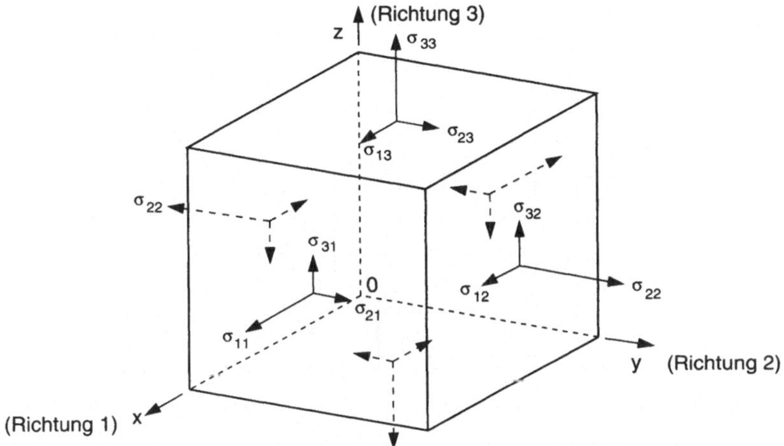

Bild 2.1-2: Zusammenstellung aller Normal- und Scherspannungen σ_{ik}, die auf einen Würfel wirken können. Zur einfacheren Beschreibung werden die x-, y- und z-Achse durch die Indizes 1, 2 und 3 ersetzt. Der erste Index der σ_{ik} gibt jeweils die Richtung der wirkenden Kraft an, der zweite die Normalenrichtung der betrachteten Ebene. Normalspannungen haben damit stets gleiche Indizes, Scherspannungen stets unterschiedliche.

Wenn wir fordern, daß der Würfel keine Translations-(Verschiebungs-)bewegungen durchführt, dann folgt, daß die Normalspannungen auf gegenüberliegenden Flächen des Würfels jeweils entgegengesetzt gleich sein müssen. Weiterhin ergeben sich bei Abwesenheit von Drehmomenten (d.h. der Körper führt keine Rotationsbewegung durch) die Beziehungen

$$\sigma_{ik} = \sigma_{ki}\,; \quad \text{für alle } i,k = 1\ (x\text{ - Achse}), 2\ (y\text{ - Achse}), 3\ (z\text{ - Achse}) \qquad (2.1-2)$$

d.h. insgesamt gibt nur *sechs* voneinander unabhängige Spannungen: *Drei* Normal- und *drei* Scherspannungen.

Der Zusammenhang zwischen mechanischen Kräften und elastischen Formänderungen (ausgedrückt durch die elastischen Verzerrungen) ist in der Praxis fast immer *linear*, ähnlich wie bei einer mechanischen Feder. Die dabei auftretenden Proportionalitätskonstanten werden als die **elastischen Konstanten** oder **elastischen Moduln** (**Moduli**) bezeichnet. Bei größeren mechanischen Kräften kann auch eine Abweichung von der Linearität auftreten, die als **anharmonische Verzerrung** bezeichnet wird.

Im folgenden werden wir uns auf den einfachstmöglichen Fall der **isotropen** (d.h. von den Kristallrichtungen unabhängigen) **Elastizitätstheorie** beschränken. Eine ausführliche Diskussion erfolgt in [0.1].

Ein besonders einfaches Beispiel für eine elastische Verformung ist die einachsige Kompression eines Quaders mit nur *einer* Normalspannung (Bild 2.1-3).

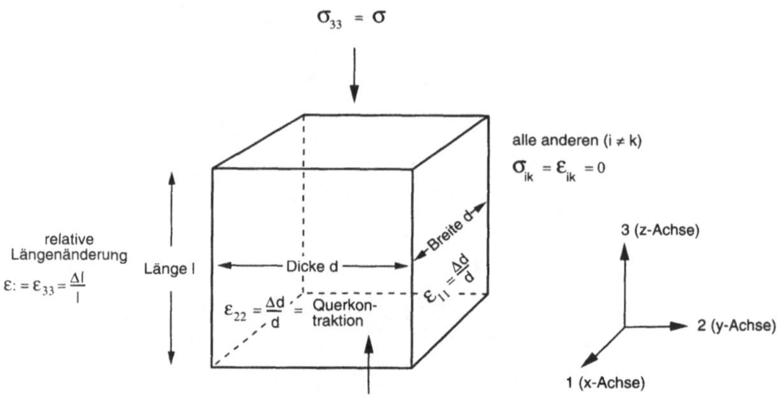

Bild 2.1-3 Elastische Verformung eines Quaders durch einachsige Kompression. Eingezeichnet sind die Elemente der Spannungs- und Verzerrungstensoren und deren Interpretation.

Die Proportionalitätskonstante zwischen der Normalspannung σ und der Normaldehnung ε ist der **Elastizitätsmodul** E , der durch die folgende Beziehung definiert wird:

$$\sigma_{33} = \sigma = E \cdot \varepsilon = E \cdot \varepsilon_{33} \text{ (\textbf{isotropes Hookesches Gesetz})} \qquad (2.1\text{-}4)$$

Der Elastizitätsmodul hat damit dieselbe Dimension wie die mechanische Spannung (Pa). In Tab. 2.1-1 sind die Werte von E für verschiedene Werkstoffe zusammengestellt.

Als weitere elastische Konstante ergibt sich die **Poissonsche Zahl** durch das Verhältnis von Querkontraktion (s. Bild 2.1-3) und relativer Längenänderung:

$$-\frac{\varepsilon_{11}}{\varepsilon_{33}} = -\frac{\Delta d / d}{\Delta l / l} = -\frac{\Delta b / b}{\Delta l / l} = \nu \text{ (\textbf{Poissonsche Zahl})} \qquad (2.1\text{-}5)$$

Die Poissonsche Zahl kann auf einfache Weise mit der Änderung ΔV des Quadervolumens V bei der elastischen Verformung korreliert werden:

$$\frac{\Delta V}{V} = \frac{(l + \Delta l)(b + \Delta b)(d + \Delta d)}{l \cdot b \cdot d} - 1 \approx \frac{\Delta l}{l} + \frac{\Delta b}{b} + \frac{\Delta d}{d}$$

$$\underset{\substack{\text{Bild 2.1-3} \\ (2.1\text{-}5)}}{=} \varepsilon_{11} + \varepsilon_{22} + \varepsilon_{33} = \varepsilon(1 - 2\nu) \qquad (2.1\text{-}6)$$

d.h. bei Volumenerhaltung ($\Delta V = 0$) gilt $\nu = 0{,}5$. In der Praxis ergeben sich meist niedrigere Werte (Tab. 2.1-2).

Tab. 2.1-1 Vergleich der Elastizitätsmoduln verschiedener Werkstoffgruppen (nach [3.3]

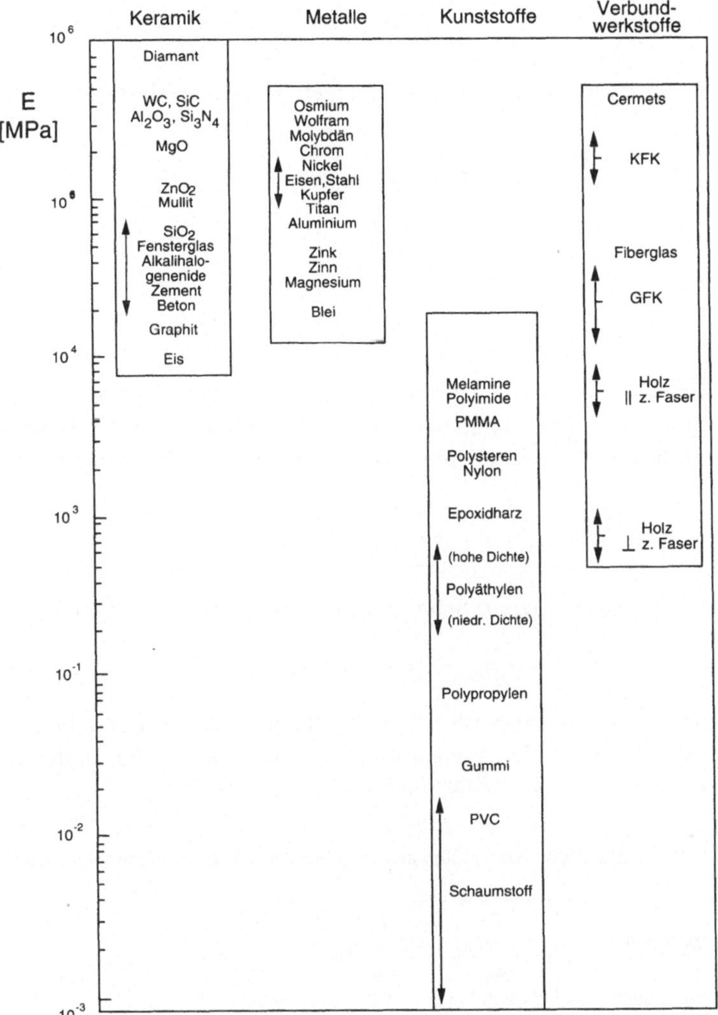

Wirkt anstelle der einachsigen eine **hydrostatische Kompression** (gleich große Normalspannung von allen Seiten mit dem **hydrostatischen Druck** p:

$$-3p = \sigma_{11} + \sigma_{22} + \sigma_{33} \tag{2.1-7}$$

dann ergibt sich als elastische Konstante der **Kompressionsmodul** K, der das Verhältnis von wirkendem Druck p zur relativen Volumenveränderung $\Delta V/V$ beschreibt:

$$K = -\frac{p}{\frac{\Delta V}{V}} = \frac{E}{3(1-2\nu)} \tag{2.1-8}$$

Bei Wirkung reiner Scher- oder Schubspannungen gelten die elastischen Gleichungen

$$\left.\begin{aligned} \sigma_{23} &= 2G\varepsilon_{23} \\ \sigma_{31} &= 2G\varepsilon_{31} \\ \sigma_{12} &= 2G\varepsilon_{12} \end{aligned}\right\} \tag{2.1-9}$$

mit dem **Schubmodul** G, der wie der Elastizitätsmodul die Dimension der mechanischen Spannung (Pa) hat. Der Schubmodul läßt sich leicht mit Hilfe der Darstellung in Bild 2.1-1b anschaulich interpretieren: Dort gilt nämlich die Beziehung

$$\varepsilon_{zx} = \varepsilon_{12} = \frac{1}{2}\frac{\partial U_z}{\partial x} = \frac{1}{2}\alpha \tag{2.1-10}$$

mit dem (als klein vorausgesetzten) Scherwinkel α. Eingesetzt in (2.1-9) folgt damit

$$\sigma_{12} = \sigma_{zx} = 2G\varepsilon_{zx} = G \cdot \alpha \tag{2.1-11}$$

Der Schubmodul ist also die Proportionalitätskonstante zwischen der Scherspannung und dem Scherwinkel. Bei vielen Werkstoffen liegt der Schubmodul in der Größenordnung von 1/4 bis 1/2 des Elastizitätsmoduls (Tab. 2.1-2).

Tab. 2.1-2 Isotrope elastische Konstanten aus verschiedenen Werkstoffgruppen (nach [2.2]).

Werkstoff	E [10^3 MPa]	G [10^3 MPa]	ν
W	360	130	0,35
α-Fe, Stahl	215	82	0,33
Ni	200	80	0,31
Cu	125	46	0,35
Al	72	26	0,34
Pb	16	5,5	0,44
Porzellan	58	24	0,23
Kieselglas	76	23	0,17
Flintglas	60	25	0,22
Plexiglas	4	1,5	0,35
Polystyrol	3,5	1,3	0,32
Hartgummi	5	2,4	0,20
Gummi	0,1	0,03	0,42

2.1.2 Plastische Verformung

Die Eigenschaft vieler Werkstoffe, sich bei Anwendung einer mechanischen Kraft *bleibend* zu verformen (d.h. nach Wegnahme der Kraft bleibt die Verformung – im Gegensatz zur elastischen – erhalten), bezeichnet man als **Plastizität**. Beispiele aus dem Alltag dafür sind das Biegen eines Kupferdrahtes, das Krummschlagen eines Nagels an der Wand, die Biegung eines Metallbleches in eine gewünschte Form oder das Dünnziehen einer Plastikfolie. Nicht alle Materialien können *plastisch* verformt werden: Eine Glasscheibe geht bei einer starken Verbiegung bei Raumtemperatur direkt von einem Zustand der *elastischen* Verformung in den Sprödbruch über, dasselbe gilt für ein Keramikröhrchen und eine Zuckerstange. Häufig werden Materialien erst bei hohen Temperaturen plastisch, wie der Glasbläser am Beispiel des bei niedrigen Temperaturen spröden Glases beweist.

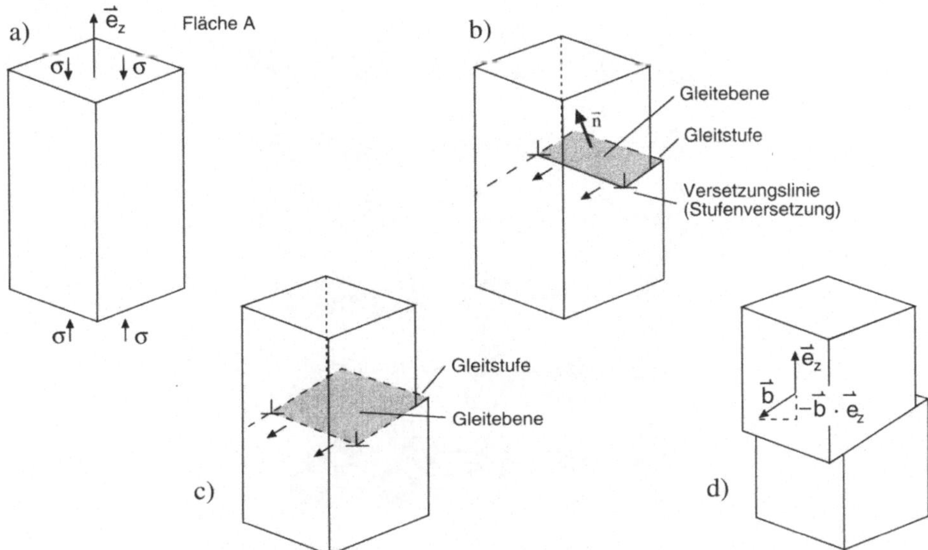

Bild 2.1-4 Plastische Verformung eines Quaders unter dem Einfluß einer einachsigen Kompression (vgl. Bild 2.1-3):

a) Ausgangszustand

b) Entstehung einer Abgleitung mit Gleitstufe, Gleitebene und Versetzungslinie

c) Vergrößerung des abgeglittenen Gebiets durch Verschiebung der Versetzung

d) die Versetzung ist durch den gesamten Kristall gelaufen und erzeugt bei ihrem Austritt aus dem Kristall eine zweite Gleitstufe.

Die angelegte mechanische Spannung σ (Normalspannung in Richtung $\vec{e}_z$, welche auf die Querschnittsfläche A wirkt) erzeugt auf einer Gleitebene mit der Normalen $\vec{n}$ eine Schub- oder Scherspannung, aufgrund welcher beide Kristallhälften oberhalb und unterhalb der Gleitebene gegeneinander um den Vektor $\vec{b}$ (**Burgersvektor**) verschoben werden.

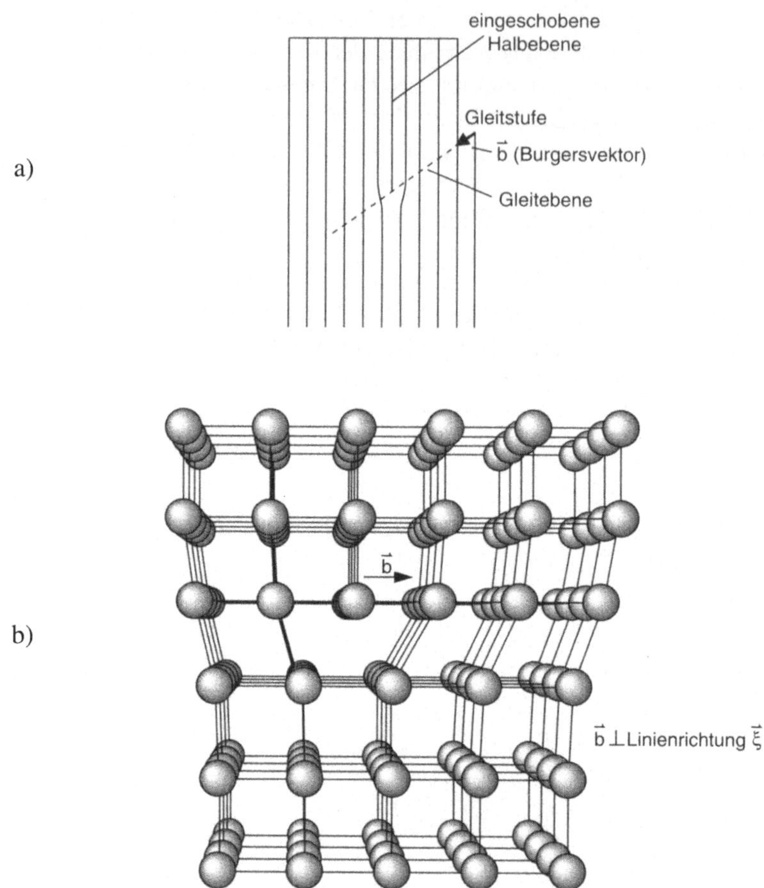

Bild 2.1-5 Struktur einer Stufenversetzung mit "eingeschobener Halbebene".

a) Schematische Darstellung, die aus der Seitenansicht des Bildes 3.2.1-1b mit Kennzeichnung von senkrecht verlaufenden Gitterebenen entsteht: Am Ort der Gleitstufe ist eine Gitterebene aus dem Kristall herausgetreten

b) Anordnung der Atome (Atomstruktur) um eine Stufenversetzung (nach [2.5]).

Die plastische Verformung von Festkörpern kann nach sehr unterschiedlichen Mechanismen ablaufen, die spezifisch sind für die verschiedenen Werkstoffe, deren Kristall- und Gefügestruktur, sowie für die Verformungstemperatur.

Bei den meisten kristallinen Werkstoffen ist die mechanische Abgleitung von Werkstückteilen entlang kristallographisch definierter Ebenen – der **Gleitebenen** – von großer Bedeutung (Bild 2.1-4).

Der Begrenzungslinie zwischen dem abgeglittenen und dem nicht abgeglittenen Gebiet kommt eine besondere Bedeutung zu, sie wird als **Versetzungslinie** oder **Versetzung** bezeichnet. Die Versetzung ist ein **linienförmiger (eindimensionaler) Gitterfehler**, da die Kristallbindungen nur entlang der Versetzungslinie (und in deren unmittelbarer Umgebung) gestört sind. Am Ort der Gleitstufe ist in Bild 2.1-4b und Bild 2.1-5a eine mit Atomen besetzte senkrecht verlaufende Kristallebene aus dem Quader herausgetreten, diese fehlt nun unterhalb der Gleitebene, d.h. *n* Gitterebenen *oberhalb* stehen nur *n*-1 Ebenen *unterhalb* der Gleitebene gegenüber. Oberhalb der Gleitebene muß also eine "**eingeschobene** (zusätzliche) **Halbebene**" vorhanden sein, wie in Bild 2.1-5 dargestellt. Es gibt aber noch weitere Typen von Versetzungen: die Zwischenphasen in Bild 2.1-4b und c waren nämlich willkürlich gewählt. Dasselbe Ergebnis mit dem gleichen Anfangs- und Endzustand in Bild 2.1-4a und d läßt sich auch auf eine andere Weise erreichen (Bild 2.1-6)

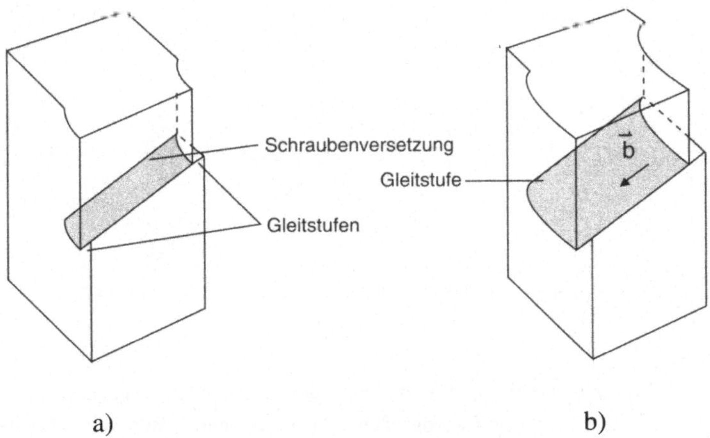

Bild 2.1-6 Prozeß der Abscherung mit einer **Schraubenversetzung**

a) Entstehung der Schraubenversetzung: Gleitstufen entstehen gleichzeitig an gegenüberliegenden Seiten.

b) Ausbreitung der Schraubenversetzung

Die beiden Bilder a) und b) können anstelle der Bilder 2.1-4b und c treten, sie verursachen die gleiche Abgleitung wie in Bild 2.1-4d.

Das elastische und plastische Verhalten der Metalle und anderer Werkstoffe kann über eine Vielzahl von Testverfahren (s. Abschnitt 2.1.4) beurteilt werden. Eine besondere Bedeutung haben die **Verformungskurven**, insbesondere für den **Zug-** oder **Druckversuch** (Bild 2.1-7).

a)

F

A_0

l_0

d

l

x

d

F

b)

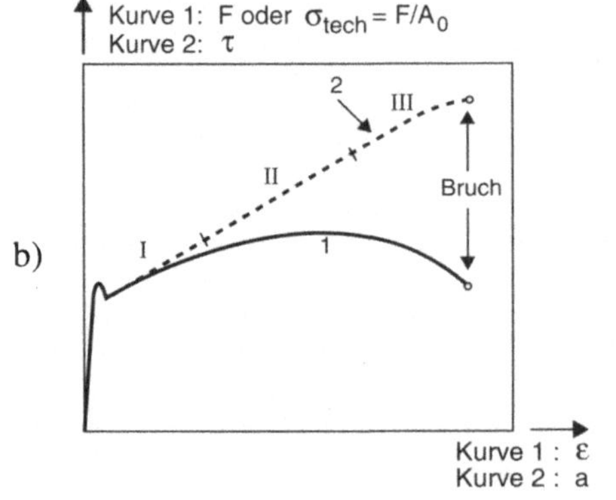

c)

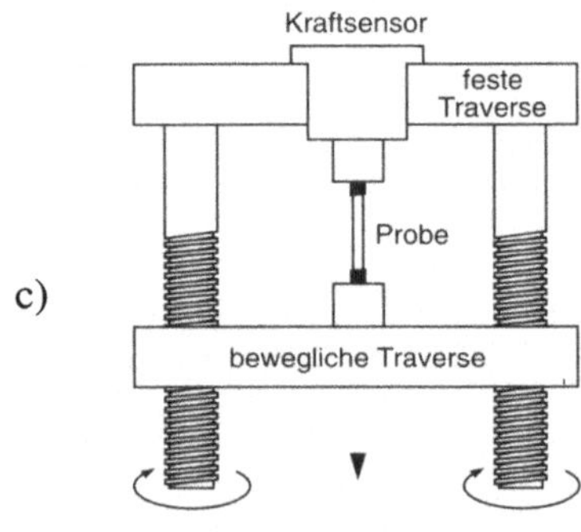

Bild 2.1-7 Zugversuch (beim Druckversuch ist die Kraft F negativ, nach [2.5]):

a) Definition der Grundgrößen von Verformungskurven im Zugversuch: Eine langgestreckte Verformungsprobe wird durch eine Zugspannung F belastet. Die Größe der Verformung kann auf zwei Arten gemessen werden:

1. **Relative Längenänderung** oder **Dehnung** gemäß Bild 2.1-3

$$\varepsilon = \frac{\Delta l}{l} = \frac{l - l_o}{l_o} \tag{2.1-12}$$

2. Relative Abscherung oder **Abgleitung**

$$a = \frac{\Delta x}{d} \tag{2.1-13}$$

b) **Kraft-Dehnungs-Kurve** (Kurve 1): Für jede Dehnung ε wird (bei konstanter Temperatur) die hierfür erforderliche Kraft F gemessen und über der Dehnung aufgetragen. Teilt man F durch den *Anfangs*querschnitt A_o der Zugprobe, dann erhält man eine (fiktive) **technische Spannung** σ_{tech}, die dazugehörige Verformungskurve heißt **technische Spannungs-Dehnungskurve**. Die technische Spannung entspricht nicht der wirklichen, da sich mit zunehmender Verformung der Querschnitt der Zugprobe verkleinert (s. Bild a)). Technische Spannungs-Dehnungskurven werden in der Praxis am häufigsten angegeben.

Schubspannungs-Abgleitungs-Kurve (Kurve 2, ausführliche Behandlung in [0.1]): Es wird die Schubspannung in der für die plastische Verformung wichtigsten **Hauptgleitebene** berechnet (die Orientierungen der Ebenen und Burgersvektoren ändern sich während der Verformung, s. Bild a). Nach der Definition in (2.1-13) ergibt sich die dazugehörige Abgleitung a. Diese Kurven sind physikalisch besser interpretierbar als Kraft-Dehnungs-Diagramme und werden daher bei Grundlagenuntersuchungen am meisten angewendet. Die Kurven werden meistens mit konstanter **Abgleitgeschwindigkeit** $\partial\varepsilon/\partial t$ aufgenommen.

c) Zugmaschine zur Aufnahme von Verformungskurven nach b): Die Dehnung wird über ein Querhaupt erzeugt, das durch eine Spindel angetrieben wird. Meistens wird die Verformungskurve mit konstanter zeitlicher Änderung von Dehnung oder Abgleitung (konstante Dehnungs- oder Abgleitgeschwindigkeit) aufgenommen.

Zur quantitativen Charakterisierung werden in den Verformungskurven Kenngrößen definiert (Bild 2.1-8).

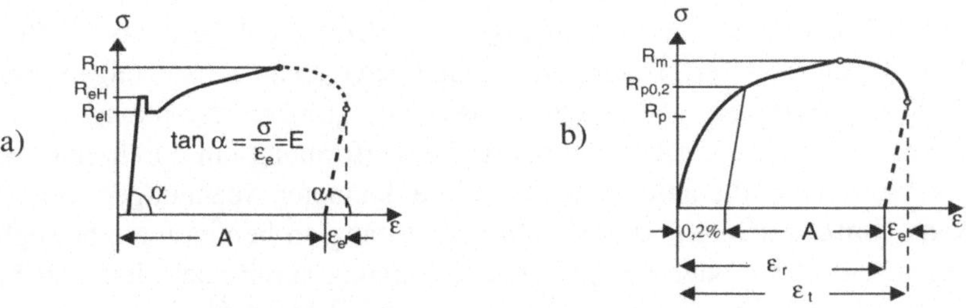

Bild 2.1-8 Kenndaten technischer Spannungs-Dehnungs-Kurven

a) mit **Streckgrenzenüberhöhung**,

b) mit **Dehngrenze**:

Typische Kenngrößen sind: Die **Zugfestigkeit** R_m, die **Fließgrenze** R_p, die **Streckgrenze** R_e (bei einer **Streckgrenzenüberhöhung** unterscheidet man zwischen der **oberen Streckgrenze** R_{eh} und der **unteren Streckgrenze** R_{el}) und die **0,2-Dehngrenze** $R_{p0,\ 2}$. Die maximale Spannung R_m, oberhalb der sich das Werkstück bis zum Bruch weiterverformt, wird als **Zugfestigkeit** definiert. Sie ist mit der Bildung einer Einschnürung (s. Abschnitt 2.1.3) verbunden, in der sich beim Zugversuch der Probenquerschnitt verkleinert, so daß der Bruch der Probe eingeleitet wird. Die **Bruchdehnung** A (nicht zu verwechseln mit dem Probenquerschnitt!) ist die auf die Anfangsmeßlänge bezogene bleibende Längenänderung nach dem Bruch der Probe. Da die Verformungskurven häufig von der Probengeometrie abhängen, werden weitere Definitionen eingeführt: Die Bruchdehnung A_5 bezieht sich auf Zugproben, bei denen die Ausgangslänge l_o der Probe das fünffache des Anfangsdurchmessers beträgt, bei der Bruchdehnung A_{l0} beträgt sie das zehnfache.

Der Beginn der plastischen Verformung ist bei den Werkstoffen durch eine charakteristische Spannung, der **Fließgrenze** R_p, definiert, häufig auch durch die Spannung $R_{0,2}$ bei einer Dehnung von 0,2% (Bild 2.1-8b) . In vielen Fällen setzt die plastische Verformung bei einer scharf definierten Spannung, der **Streckgrenze** R_e, ein (Bild 2.1-8a), manchmal sogar mit einer Streckgrenzenüberhöhung, so daß ein oberer und ein unterer Wert der Streckgrenze (R_{eh} und R_{el}) definiert werden kann. In Tab. 2.1-3 sind typische Werte für die Fließgrenze und die Zugfestigkeit für eine Vielzahl von Werkstoffen zusammengestellt.

Die physikalischen Vorgänge bei der plastischen Verformung lassen sich am deutlichsten anhand der Schubspannungs-Abgleitungskurve in Bild 2.1-7b (gestrichelt) erklären. Bei sehr kleinen Dehnungen ist zunächst die *elastische* Verformung nach dem Hooke'schen Gesetz vorherrschend, d.h. die Spannung nimmt zunächst linear zu und erreicht hohe Werte. Möglicherweise schließt sich an den linearen *elastischen* Bereich noch ein *anelastischer* an (mit einer elastischen Verformung, bei der das Hooke'sche Gesetz nicht mehr gilt), bevor die plastische Verformung einsetzt.

Oberhalb des elastischen Bereichs kann die Form der Verformungskurve durch die Erzeugung, Bewegung und schließlich gegenseitige Behinderung (**Verfestigung**) einer großen Anzahl (Dichte) von Versetzungen erklärt werden (ausführliche Diskussion in [0.1]). Die Entstehung einer Streckgrenze (Bild 2.1-8a) ist typisch für den Fall, daß zu Beginn der Verformung nur wenige bewegliche Versetzungen vorhanden sind. Diese entstehen erst durch Einwirkung größerer Spannungen (**obere Streckgrenze**). Erst danach setzt eine plastische Verformung ein durch eine Bewegung der Versetzungen, die anschließend auch bei kleineren Spannungen fortgesetzt werden kann (**untere Streckgrenze**). Sind von Anfang an bereits viele bewegliche Versetzungen vorhanden oder erfolgt deren Entstehung bereits bei kleineren Spannungen, dann tritt eine Streckgrenze gar nicht erst auf (Bild 2.1-8b).

In *reinen Metallen* wird die Plastizität begrenzt durch die Wechselwirkung der Versetzungen untereinander, d.h. die Versetzungen behindern sich gegenseitig in ihrer Bewegung (**work hardening**). Zur Charakterisierung der Prozesse wird die Schubspannungs-Abgleitungs-Kurve in Bild 2.1-7b (gestrichelt), in die Bereiche I, II und III unterteilt. Im Bereich I können sich die Versetzungen relativ leicht bewegen (**easy glide**), so daß nur relativ niedrige Spannungen für eine plastische Verformung erforderlich sind. Im Bereich II (**Verfestigung**) stauen sich Versetzungen vor Hindernissen auf, nur bei einer Vergrößerung der Spannung können sie die Hindernisse teilweise überwinden. Im Bereich III schließlich tritt bei noch höheren Spannungen eine gewisse **Entfestigung** auf. Dieser mit der Verfestigung konkurrierende Prozeß führt zu einer kontinuierlichen Verminderung der **Verfestigungsrate** (Steigung der Schubspannungs-Abgleitungs-Kurve). Typische Prozesse in diesem Stadium sind die (dynamische) **Erholung** (Umordnung der Versetzungen, Verringerung der Versetzungsdichte) und besondere Versetzungsreaktionen (z.B. **Quergleiten**), über welche Versetzungen Hindernisse umgehen können und sich dann teilweise annihilieren.

Tab. 2.1-3 Typische mechanische Eigenschaften verschiedener Werkstoffe. Die Definition der Kenndaten Fließgrenze R_p, Zugfestigkeit R_m und Bruchdehnung A erfolgt in Bild 2.1-8. Die angegebenen Größen stellen nur Richtwerte dar. Bei einer genaueren Betrachtung hängen sie von einer Vielzahl weiterer Parameter ab, wie Kristallaufbau (mono- oder polykristallin), Kristallorientierung, mechanische Vorbehandlung etc. (nach [2.1]).

Werkstoff	R_p [MPa]	R_m [MPa]	A
Diamant	50000	—	0
Siliziumkarbid, SiC	10000	—	0
Siliziumnitrit, Si_3N_4	8000	—	0
Quarzglas	7200	—	0
Wolframkarbid, WC	6000	—	0
Niobkarbid, NbC	6000	—	0
Aluminiumoxid, Al_2O_3	5000	—	0
Berylliumkarbid	4000	—	0
Mullit	4000	—	0
Titankarbid, TiC	4000	—	0
Zirkonkarbid, ZrC	4000	—	0
Tantalkarbid, TaC	4000	—	0
Zirkonoxid, ZrO	4000	—	0
Fensterglas	3600	—	0
Magnesiumoxid, MgO	3000	—	0
Kobalt und Legierungen	180...2000	500...2500	0,01...6
Niedrig legierter Stahl (abgeschreckt in H_2O und angelassen)	500...1980	680...2400	0,02...0,3
Druckbehälterstahl	1500...1900	1500...2000	0,3...0,6
Rostfreier Stahl, austenitisch	286...500	760...1280	0,45...0,65
Bor/Epoxyd-Verbundwerkstoffe (Zug-Druck)	—	725...1730	—
Nickellegierungen	200...1600	400...2000	0,01...0,6
Nickel	70	400	0,65
Wolfram	1000	1510	0,01...0,6
Molybdän und Legierungen	560...1450	665...1650	0,01...0,36
Titan und Legierungen	180...1320	300...1400	0,06...0,3
Kohlenstoffstahl (abgeschreckt in H_2O und angelassen)	260...1300	500...1880	0,2...0,3
Tantal und Legierungen	330...1090	400...1100	0,01...0,4
Gußeisen	220...1030	400...1200	0...0,18
Kupferlegierungen	60...960	250...1000	0,01...0,55
Kupfer	60	400	0,55
Kobalt/Wolframkarbid Cermets	400...900	900	0,02
KFK (Zug und Druck)	—	640...670	—
Messing und Bronze	70...640	230...890	0,01...0,7
Aluminiumlegierungen	100...627	300...700	0,05...0,3
Aluminium	40	200	0,5
Rostfreier Stahl, ferritisch	240...400	500...800	0,15...0,25
Zinklegierungen	160...421	200...500	0,1...1,0
Beton, stahlarmiert (Zug oder Druck)	—	410	0,02
Alkalihalogenide	200...350	—	0
Zirkon und Legierungen	100...365	240...440	0,24...0,37
Baustahl	220	430	0,18...0,25
Eisen	50	200	0,3
Magnesiumlegierungen	80...300	125...380	0,06...0,20
GFK	—	100...300	
Beryllium und Legierungen	34...276	380...620	0,02...0,10
Gold	40	220	0,5
PMMA	60...110	110	—
Epoxidharze	30...100	30...120	—
Polyimide	52...90	—	—
Nylon	49...87	100	—
Eis	85	—	0
Duktile Reinmetalle	20...80	200...400	0,5...1,5
Polystyren	34...70	40...70	—
Silber	55	300	0,6
ABS/Polykarbonat	55	60	—
Holz (Druck ⊥ zur Faser)	—	35...55	—
Blei und Legierungen	11...55	14	0,2...0,8
Acryl/PVC	45...48	—	—
Zinn und Legierungen	7...45	14...60	0,3...0,7
Polypropylen	19...36	33...36	—
Polyurethan	26...31	—	—
Polyäthylen, Hochdruck	20...30	37	—
Beton, nicht armiert	20...30	—	0
Naturkautschuk	—	30	5
Polyäthylen, Niederdruck	6 20	20	—
Holz (Druck, ⊥ zur Faser)	—	4...10	—
Hochreine kfz-Metalle	1...10	200...400	1...2
Aufgeschäumte Kunststoffe, steif	0,2...10	0,2...10	0,1...1
Aufgeschäumtes Polyurethan	1	1	0,1...1

Bei *polykristallinen Metallen* kommen zusätzliche Effekte durch die Wirkung von Korngrenzen hinzu. Eine Unterbrechung der Kristallperiodizität ist in der Regel ein starkes Hindernis für die Versetzungsbewegung, so daß sich Gruppen von Versetzungen an den Korngrenzen aufstauen. Dadurch können in einem benachbarten Korn so große mechanische Spannungen induziert werden, daß dort die Bildung und Ausbreitung neuer Versetzungen initiiert wird. In einer anderen Theorie geht man davon aus, daß die Versetzungen von der Korngrenze aufgenommen und in das benachbarte Korn "umgeleitet" werden.

In *Mischkristallen* können einzelne gelöste Fremdatome die Versetzungsbewegung verlangsamen (**Reibungseffekte**). Sind sie im Kern der Versetzung angelagert, dann können sie dort die Versetzung teilweise oder vollständig festhalten (**pinnen**), z.B. aufgrund einer Wechselwirkung der elastischen Verzerrungsfelder oder von örtlichen elektrischen Ladungen. Schließlich besteht die Möglichkeit, daß die Fremdatome die Kristalleigenschaften insgesamt ändern und damit auch die Versetzungsstruktur (**Versetzungsaufspaltung**), wodurch Versetzungseigenschaften erheblich beeinflußt werden können.

Bei *mehrphasigen Legierungen* (z.B. wie in Bild 1.4-14) muß unterschieden werden, ob die Versetzungen die Bereiche der zweiten Phase durchlaufen (schneiden) können (**Ausscheidungshärtung**, meistens handelt es sich dabei um *kohärente* Ausscheidungen, s. Bild 1.4-13) oder ob die Bereiche nur durch die Versetzung umgangen werden können (**Dispersionshärtung**, meist *inkohärente* Ausscheidungen). In jedem Fall muß die Versetzung eine Verteilung von Hindernissen unterschiedlicher

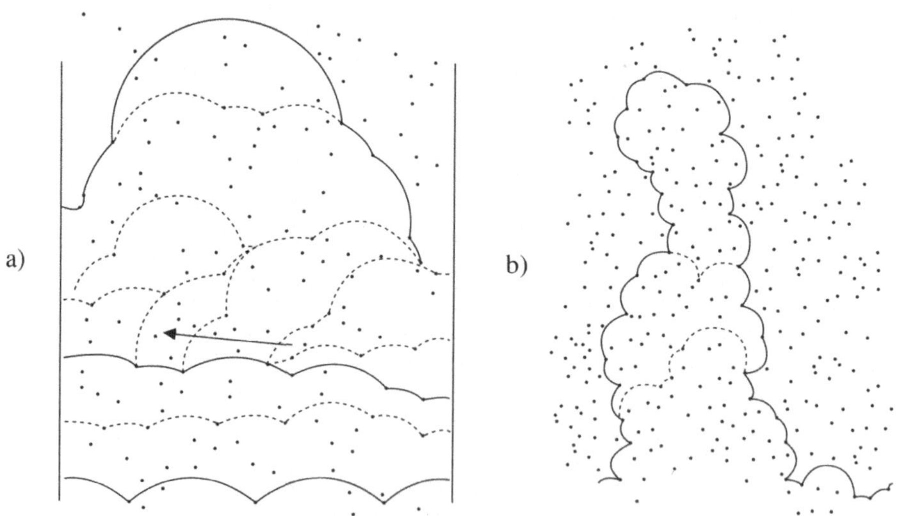

Bild 2.1-9 Verlauf einer Versetzungslinie bei der Bewegung durch eine Verteilung von regellos verteilten schwachen (a) und starken (b) Hindernissen unter Einwirkung einer Schubspannung (nach [0.1]).

Stärke überwinden (Bild 2.1-9), wobei die Wechselwirkung zwischen den Ausscheidungen und Versetzungen – wie bei einzelnen Fremdatomen – elastischer oder elektrischer Natur sein kann. Die durch Versetzungen bewirkte Plastizität ist vor allem typisch für metallische Werkstoffe, sie führt zu Verformungskurven wie in Bild 2.1-10a und b. Bei Keramiken und Halbleiterwerkstoffen ist die Versetzungsbeweglichkeit bei niedrigen Temperaturen sehr klein, allenfalls bei hohen Temperaturen in der Umgebung des Schmelzpunktes steigt sie auf Werte an, die mit denen von Metallen vergleichbar sind. Bei niedrigen Temperaturen folgt in der Verformungskurve auf die elastische Dehnung praktisch unmittelbar der **Sprödbruch**.

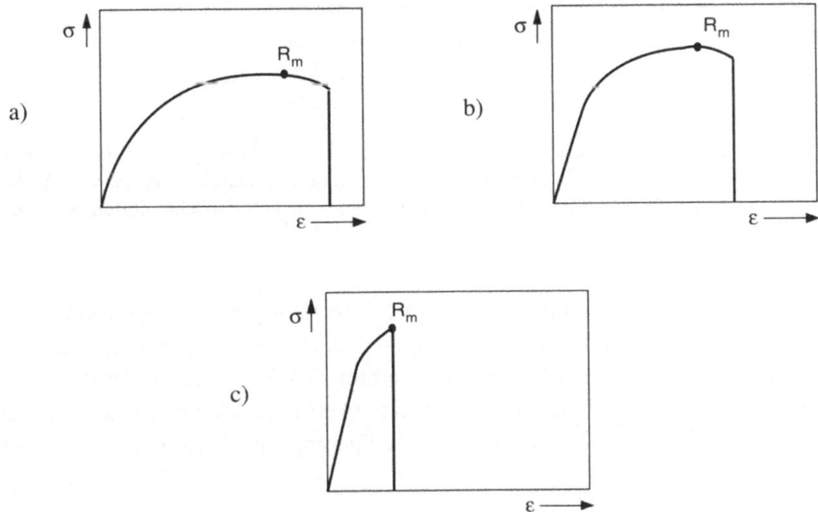

Bild 2.1-10 Technische Spannungs-Dehnungs-Diagramme verschiedener Werkstofftypen (nach [2.4])

a) Plastisch leicht verformbarer (**duktiler**) Werkstoff: Bereits bei sehr kleinen Spannungen tritt eine plastische Verformung auf, welche die elastische Verformung reduziert.

b) Mittelharter Werkstoff: Eine plastische Verformung tritt erst bei höheren Spannungen nach Durchlaufen eines elastischen Bereichs auf.

c) Spröder Werkstoff: Im Anschluß an eine elastische Dehnung tritt nur ein kurzer Bereich (wenn überhaupt) mit plastischer Verformung auf.

Eine bleibende Veränderung einer Werkstückform läßt sich auch über das **Werkstoffkriechen** herbeiführen. Beim **Kriechversuch** wird das mechanische Verhalten des Werkstoffes über längere Zeit bei konstanter Last und Temperatur gemessen. Die Dehnung steigt zunächst relativ stark an (**primäres** oder **Übergangskriechen**), geht dann in einen Bereich mit konstanter Kriechrate (lineare Zunahme der Dehnung mit der Zeit, **sekundäres** oder **stationäres Kriechen**) über und nimmt schließlich wieder rapide zu (**tertiäres Kriechen**) bis zum Bruch der Probe (Bild 2.1-11).

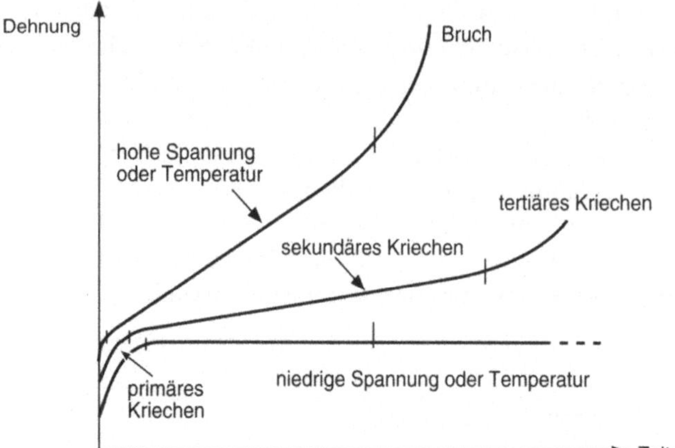

Bild 2.1-11 Kriechversuch bei einem metallischen Werkstoff. Aufgetragen ist die Dehnung in Abhängigkeit von der Zeit für drei verschiedene konstante Temperaturen oder Spannungen. Die Kriechkurve kann in drei charakteristische Stufen aufgeteilt werden (nach [2.1]).

Auch das Kriechen kann in Metallen durch eine Versetzungsbewegung erklärt werden. Bei sehr kleinen mechanischen Spannungen (und hinreichend hohen Temperaturen – etwa oberhalb der halben Schmelztemperatur T_m) führt das Versetzungskriechen zu sehr kleinen Werten. In diesem Fall setzt ein anderer Mechanismus, das **Diffusionskriechen**, ein (Bild 2.1-12), der vollständig ohne die Wirkung von Versetzungen abläuft.

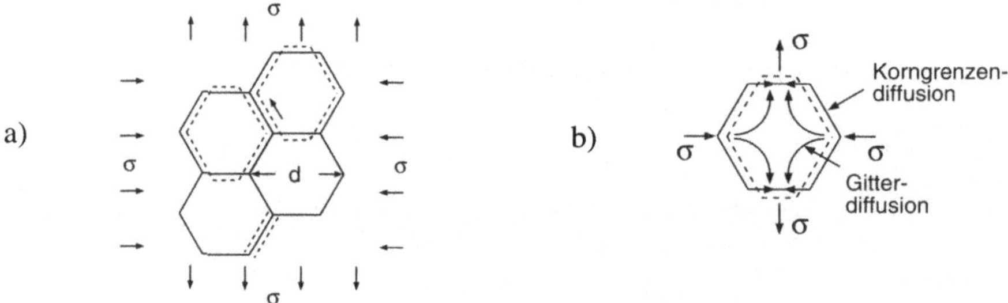

Bild 2.1-12 Diffusionskriechen: Unter dem Einfluß einer äußeren Spannung verlängern sich das Werkstück in Richtung der Zugspannung dadurch, daß in den Körnern von polykristallinen Werkstoffen Atome von den Seitenflächen zu den Stirnflächen diffundieren (nach [3.1]).

a) Diffusionskriechen in einem Polykristall

b) Diffusion in einem einzelnen Korn

Bestimmend für diesen Vorgang sind Diffusionsprozesse, so daß der Größe des Diffusionskoeffizienten der Atome eine entscheidende Bedeutung zukommt. Bei niedrigeren Temperaturen ist dabei die energetisch begünstigte *Diffusion entlang der Korngrenzen* (**Coble-Kriechen**), bei höheren dagegen die *Diffusion durch das Korn* selber (**Nabarro-Herring-Kriechen**) ausgeprägter.

Das Diffusionskriechen kann auch der vorherrschende Kriechprozeß sein in Werkstoffen mit einer geringen Versetzungsbeweglichkeit. Einen Überblick über die verschiedenen Kriechmechanismen ergeben die **Verformungskarten**, bei denen die vorherrschenden Prozesse in Abhängigkeit von der mechanischen Spannung und der Temperatur dargestellt werden (Bild 2.1-13).

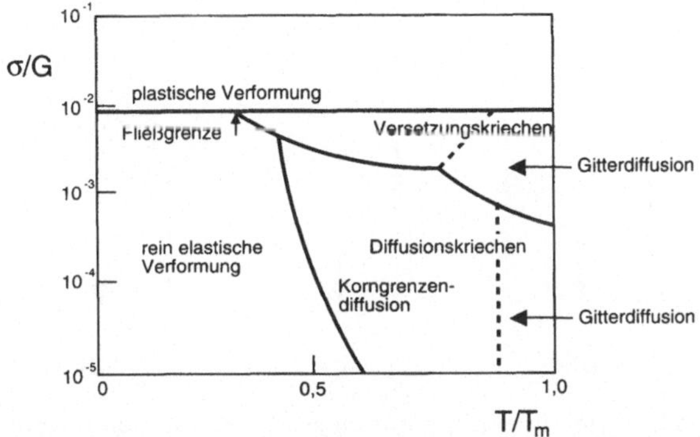

Bild 2.1-13 Verformungskarte (nach [3.1]): In einer Darstellung der mechanischen Spannung über der Temperatur lassen sich Bereiche definieren, in denen jeweils einer der Kriechmechanismen vorherrscht.

Die plastische Verformung von Gläsern und Polymeren wird durch ein viskoses Fließen charakterisiert und in den speziellen Abschnitten 5 und 6 behandelt.

2.1.3 Rißbildung und Bruch

Alle im vorangegangenen Abschnitt beschriebenen Verformungskurven enden schließlich mit einem Bruch der untersuchten Probe. Das Bruchverhalten selbst kann stark von der plastischen Verformbarkeit des Materials abhängen.

In einem **duktilen** (plastisch leicht verformbaren) Material treten in einem fortgeschrittenen Stadium der plastischen Verformung **Einschnürungen** auf: Ist an bestimmten Stellen der Zugprobe die Verformung etwas stärker ausgeprägt als in den übrigen Bereichen, dann nimmt dort der Probenquerschnitt lokal stärker ab als an den anderen Stellen der Zugprobe, d.h. die Zugspannung vergrößert sich am Ort der Einschnürung. Dieses führt zwar zu einer örtlich stärkeren Verfestigung, die aber meist in ihrer Wirkung die Querschnittsverkleinerung nicht aufwiegt, d.h. die Probe wird insgesamt mechanisch instabil und verformt sich im weiteren bevorzugt am Ort der Einschnürung. Dort entstehen bei fortgesetzter plastischer Verformung schließlich örtlich so hohe Versetzungsdichten, daß es energetisch günstiger ist, wenn an dieser Stelle die Bindung zwischen benachbarten Atomen aufgebrochen wird: Es entstehen dort **Poren** oder **Mikrorisse** (Bild 2.1-14).

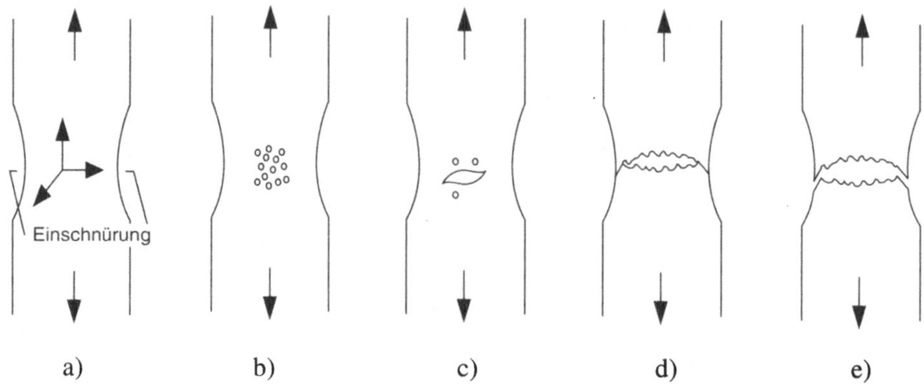

Bild 2.1-14 Bruchvorgang in einem plastisch stark verformbaren (duktilen) Werkstoff (nach [2.3]):

a) Eine örtlich auftretende Einschnürung erzeugt dort eine höhere Spannung und damit eine höhere Verfestigung (Versetzungsdichte).

b) Die durch die hohe Versetzungsdichte entstandene große elastische Verspannung wird durch Bildung von **Poren** (**Mikrorissen**) abgebaut.

c) Mehrere Mikrorisse vereinigen sich zu einem makroskopischen Riß.

d), e) Der Riß breitet sich bis an den Rand der Probe aus und führt zu einem Bruch.

Am Rande von Rissen entsteht geometriebedingt eine örtliche Vergrößerung der mechanischen Spannung. Bei duktilen Materialien tritt daher gerade dort eine zusätzliche plastische Verformung auf, welche versucht, die Spannungsüberhöhung abzubauen. Deshalb verläuft die Rißausbreitung in plastisch verformbaren Materialien auch langsamer als in spröden Materialien, eine Tatsache, die insbesondere bei Verbundwerkstoffen (Abschnitt 7) ausgenutzt wird.

Hat sich ein Riß bereits gebildet, dann hängt seine *Ausbreitung* (Vergrößerung der Länge l um dl) davon ab, ob die im äußeren elastischen Spannungsfeld (durch Rißbildung werden elastische Verzerrungen abgebaut) gewonnene Energie dW_{el}/dl größer ist als die mit der Rißvergrößerung verbundene Zunahme der Oberflächenenergie

dW_{ob}/dl. Als Maß für die Oberflächenenergie wird meistens die **Energiefreisetzungsrate** (andere Bezeichnungen: **spezielle Bruchenergie**, **Rißausbreitungsenergie**, **Zähigkeit**) G_c verwendet, sie ist definiert als die pro Einheitsfläche des Risses (und nicht pro Einheitsfläche der neuen Oberfläche) aufzubringende Energie. Tab. 2.1-4 gibt die Werte für verschiedene Materialgruppen an.

Tab. 2.1-4 Energiefreisetzungsrate G_c und Bruchzähigkeit K_c für verschiedene Werkstoffgruppen (nach [2.1])

Werkstoff	G_c/MNm^{-2}	K_c/MNm$^{-3/2}$
Duktile Reinmetalle (z.B. Cu, Ni, Ag, Al)	100...1000	100...350
Rotor-Stähle (A533, Discalloy)	220...240	204...214
Druckbehälter-Stähle (HY130)	150	170
Hochfeste Stähle (HSS)	15...118	50...154
Baustahl	100	140
Titanlegierungen (Ti6Al4V)	26...114	55...115
GFK	10...100	20...0
Fiberglas (Glasfaser Epoxid)	40...100	42...60
Aluminiumlegierungen (hohe/niedrige Festigkeit)	8...30	23...45
KFK	5...30	32...45
Holz, Riss ⊥ zur Faser	8...20	11...13
Borfaser Epoxid	17	46
Stahl mit mittlerem Kohlenstoffgehalt	13	51
Polypropylen	8	3
Polyäthylen niedriger Dichte	6...7	
Polyäthylen hoher Dichte	6...7	2
ABS/Polystyren	5	4
Nylon	2...4	3
Stahlarmierter Zement	0,2...4	10...15
Gußeisen	0,2...3	6...20
Polystyren	2	2
Holz ⊥ zur Faser	0,5...2	0,5...1
Polykarbonat	0,4...1	1,0...2,6
Kobalt/Wolframkarbid Cermets	0,3...0.5	14...16
PMMA	0,3...0.4	0,9...1.4
Epoxidharze	0,1...0.3	0,3...0.5
Granit	0,1	3
Polyester	0,1	0,5
Siliziumnitrid, Si_3N_4	0,1	4...5
Beryllium	0,08	4
Siliziumkarbid, SiC	0,05	3
Magnesiumoxid, MgO	0,04	3
Zement/Beton, unverstärkt	0,03	0,2
Marmor, Sandstein	0,02	0,9
Aluminiumoxid, Al_2O_3	0,02	3...5
Ölschiefer	0,02	0,6
Fensterglas	0,01	0.7...0.8
Isolationskeramik	0,01	
Eis	0,003	0,2 *

schwache ↑ Bruchanfälligkeit ↓ starke

Die **Energiefreisetzungsrate** G_c allein ist noch kein ausreichendes Maß zur Charakterisierung des Rißverhaltens in einem Werkstoff. Eine relevantere Größe ist die **kritische Rißlänge** l_{cr}. Berücksichtigt man nämlich auch die bei der Rißausbreitung freiwerdende elastische Energie, dann zeigt sich, daß sich ein Riß erst oberhalb dieses Wertes mit Energiegewinn ausbreiten kann. Die kritische Rißlänge hängt von der

Energiefreisetzungsrate G_c, dem Elastizitätsmodul E und der angelegten mechanischen Spannung σ nach dem folgenden Gesetz ab:

$$l_c = \frac{G_c E}{\pi\sigma^2} =: \frac{1}{\pi}\left(\frac{K_c}{\sigma}\right)^2 \qquad (2.1\text{-}14)$$

$$\text{mit der }\textbf{Bruchzähigkeit}\ K_c = \sqrt{G_c E} \qquad (2.1\text{-}15)$$

Diese Größe sollte zur Herabsetzung der Bruchanfälligkeit besonders groß sein, die entsprechenden Werte sind für verschiedene Werkstoffe in Tab. 2.1-4 angegeben.

2.1.4 Mechanische Werkstoffprüfverfahren

Bild 2.1-15 gibt einen Überblick über die Verfahren zur Werkstoffprüfung. Bei den **zerstörenden Prüfungsverfahren** können nur die mechanischen Eigenschaften eines Werkstoffes im allgemeinen untersucht werden, die Meßprobe wird dabei zerstört. Zu diesen Verfahren gehört auch die in Abschnitt 2.1.2 ausführlich diskutierte Aufnahme der Spannungs-Dehnungs-Kurve.

Große praktische Bedeutung (z.B. bei der Werkstoffprüfung von Motorenteilen) haben Prüfverfahren, bei denen *periodisch* ein Wechsel zwischen Zug- und Druckbelastung vorgenommen wird. In diesem Fall kann ein Bruch des Werkstücks bei weit geringeren Spannungen als der in Bild 2.1-8 definierten Zugfestigkeit auftreten. Dieser Effekt wird als **Materialermüdung** bezeichnet, er ist eine häufig auftretende Ursache für das mechanische Versagen vieler Gebrauchsgegenstände im täglichen Leben. Bild 2.1-16 zeigt die Kenngrößen bei einer Versuchsführung zur Ermittlung des Ermüdungsverhaltens.

Die Anzahl N der Zyklen wird als **Lastspielzahl** N bezeichnet; die für einen Bruch im Durchschnitt erforderliche Lastspielzahl heißt **Bruchlastspielzahl** N_B. Zwischen der **Schwingbreite** $\Delta\sigma$ (s. Bild 2.1-16) und der Bruchlastspielzahl gelten im Bereich des Dauerschwingverhaltens empirisch gefundene Zusammenhänge wie die **Basquin-Beziehung**:

$$\Delta\sigma \cdot (N_B)^a = C_1 \qquad (2.1\text{-}16)$$

(Mittelspannung Null, der Exponent a und C_1 sind experimentell bestimmte Konstanten).

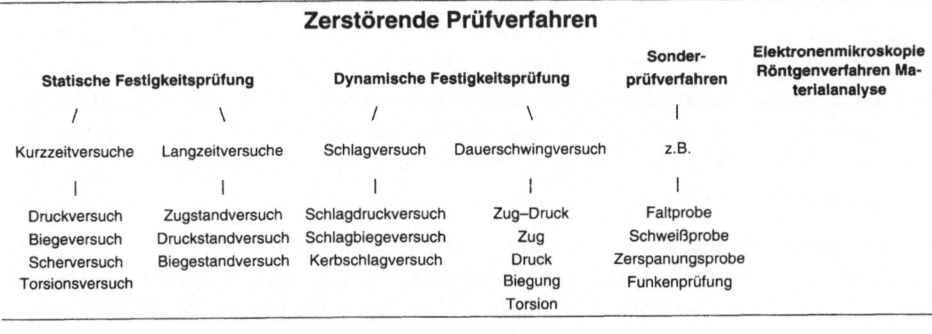

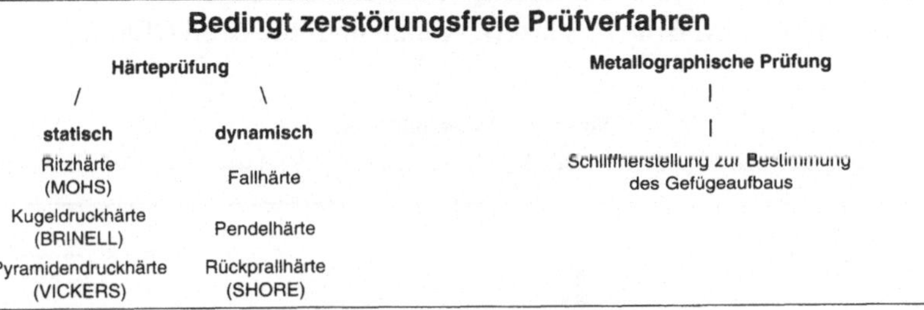

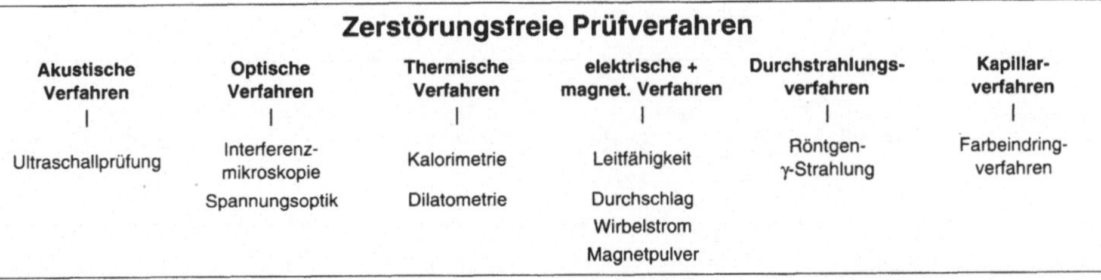

Bild 2.1-15 Überblick über die Verfahren zur Werkstoffprüfung (nach [2.4])

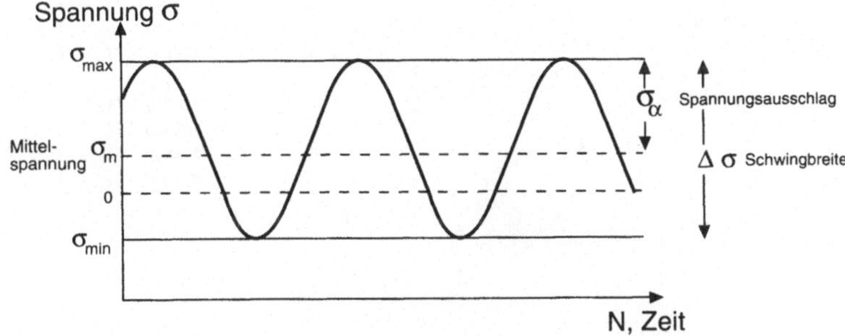

Bild 2.1-16 Spannungsverlauf und Kenngrößen beim Ermüdungsversuch.

Solche und ähnliche Beziehungen gelten immer unter der Voraussetzung, daß das untersuchte Werkstück nicht bereits *Risse* enthält. Bei großen Bauteilen wie Brükken, Druckbehältern etc. treten jedoch im allgemeinen unbeabsichtigt Risse auf, die sich unter Ermüdungsbedingungen – zumindest während der Zugphase – ausbreiten (**Ermüdungsriß**). In diesem Fall wird das Ermüdungsverhalten durch die von der Spannungsintensität an der Rißspitze abhängigen Rißgeschwindigkeit bestimmt und folgt anderen Gesetzen.

Ein besonders einfaches Verfahren zur Beurteilung der Härte eines Werkstückes ist das Eindrücken eines im Vergleich zum Werkstück sehr viel härteren Probekörpers vorgegebener Form unter einer definierten Last. Die Größe (z. B. der Durchmesser) des **Härteeindrucks** ist dann ein direktes Maß für die Härte. Gebräuchlich ist eine Messung der Härte nach Brinell, Vickers, Knoop und Rockwell (Bild 2.1-17).

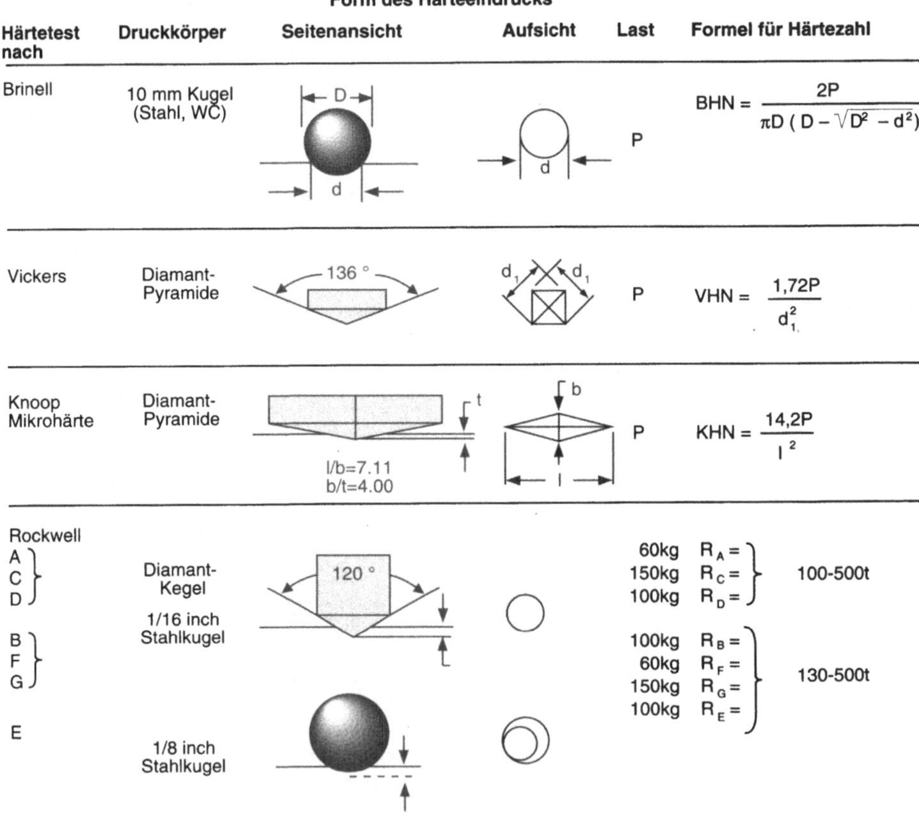

Bild 2.1-17 Verfahren zur Härtemessung (Kraft *F* in kp, nach [2.3])

Bild 2.1-18 gibt die Härte verschiedener Materialien nach den unterschiedlichen Härteskalen an (die Mohs-Härte wird nach einem Ritzverfahren ermittelt).

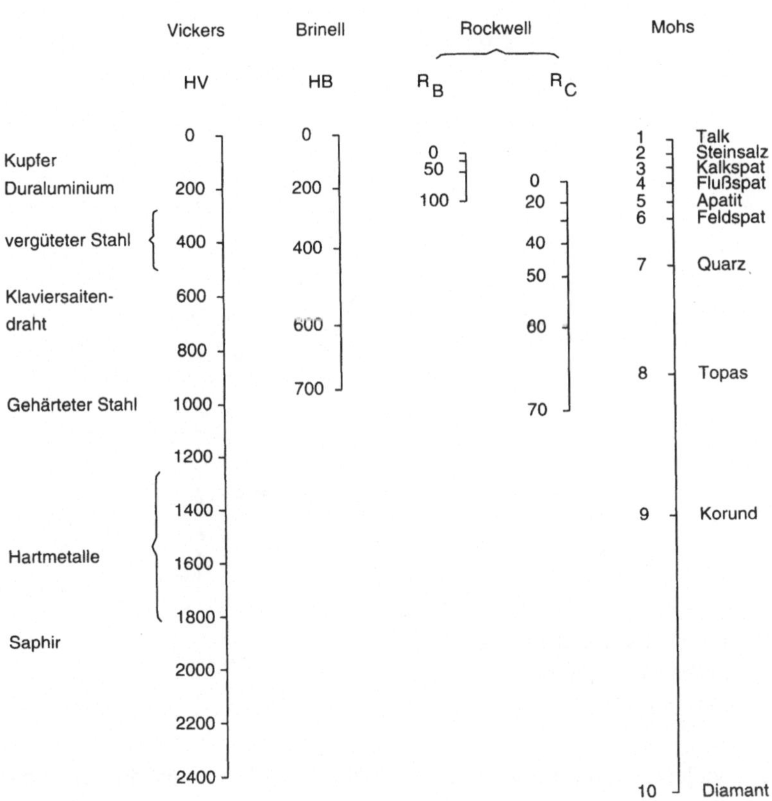

Bild 2.1-18 Härte verschiedener Werkstoffe nach unterschiedlichen Härteskalen (nach [2.4]).

Über die **Schlagfestigkeit** wird die Energie ermittelt, die ein genormtes Werkstück aufnehmen kann, bis es zerbricht. Das Werkstück hat dabei eine Sollbruchstelle in Form einer Kerbe. Die aufgewendete Schlagenergie läßt sich leicht bestimmen, wenn der Schlag durch den Fall eines Hammers erzeugt wird (Bild 2.1-19).

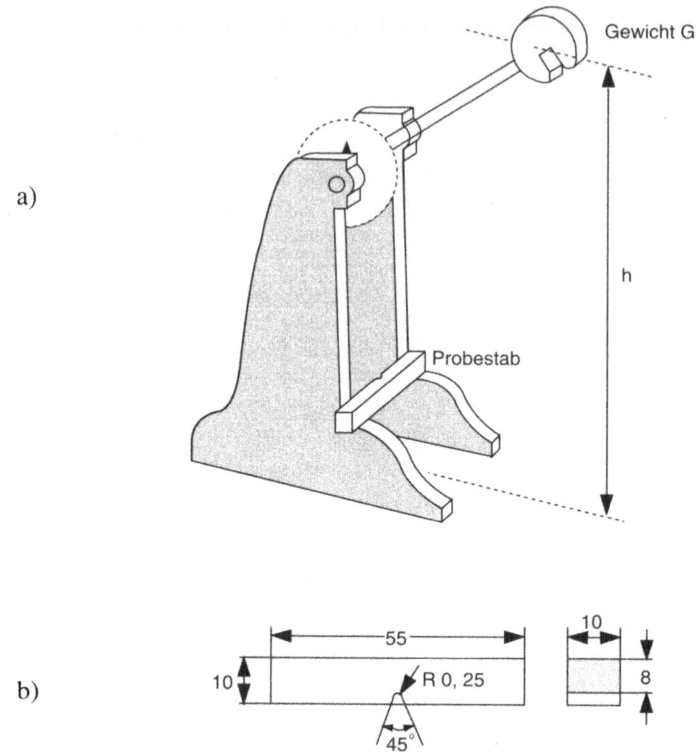

Bild 2.1-19 Kerbschlagversuch (nach [2.4]):
a) Pendelschlagwerk
b) Normprobe

Bezüglich der vielen anderen Prüfverfahren in Bild 2.1-15 muß auf die sehr umfangreiche Spezialliteratur verwiesen werden.

2.2 Thermische Eigenschaften

Jeder Werkstoff ist seiner Umgebungstemperatur ausgesetzt und nimmt "von sich aus" einen Zustand an, der durch die Umgebungstemperatur festgelegt ist. Ein typischer temperaturabhängiger Effekt ist die Aufnahme von **Wärmeenergie**: Die Atome eines Festkörpers führen thermisch angeregte Schwingungen um ihre Ruhelage aus und nehmen dabei sowohl *kinetische* (Bewegungs-)Energie auf, wie auch *po-*

tentielle Energie (durch eine Auslenkung aus der Gleichgewichtslage im Zustand minimaler potentieller Energie). Bei nicht zu niedrigen Temperaturen (s. ausführliche Behandlung in Band [0.1]) beträgt die gemittelte (angedeutet durch spitze Klammern) thermische Energie jedes Atoms

$$< W_{at}(T) >= 3kT \tag{2.2-1}$$

Dabei ist k die **Boltzmann-Konstante** (s. Anhang B) und T die absolute Temperatur, gemessen in Kelvin (s. Anhang A). Auch *frei bewegliche* Ladungsträger im Festkörper – wie z. B. Valenzelektronen in Metallen – können eine von der Temperatur abhängige kinetische Energie aufnehmen, die zu einer freien Bewegung im Festkörper führt. Da solche Elektronen nicht gebunden sind, tritt keine potentielle Energie hinzu, so daß die thermische Energie nur halb so groß ist wie (2.2-1):

$$< W_{el}(T) >= \frac{3}{2}kT \tag{2.2-2}$$

Nach den Aussagen der Quantentheorie kann aber nur ein Teil der Elektronen thermisch angeregt werden (s. [0.1]), so daß der Beitrag (2.2-1) zur Wärmeenergie in der Regel wichtiger ist als der aus (2.2-2).

Wird jetzt einem Körper mit N Atomen bei einer Umgebungstemperatur T_u von aussen her (z. B. durch eine optische Bestrahlung oder einen elektrischen Stromfluß) die Wärmeenergie ΔQ zugeführt, dann führt das bei Anregung von Atomschwingungen zu einer Temperaturerhöhung um den Wert ΔT (auf die Temperatur T) gemäß:

$$W_{at}(T) = W_{at}(T_u) + \Delta Q \underset{(2.2\text{-}1)}{=} 3Nk \cdot T_u + \Delta Q = 3Nk \cdot (T_u + \Delta T) \tag{2.2-3}$$

$$\Rightarrow \Delta Q = 3Nk \cdot \Delta T =: c_{th}^N \cdot \Delta T \tag{2.2-4}$$

d.h. die Temperaturerhöhung ΔT ist proportional zu der zugeführten Wärme ΔQ. Die Proportionalitätskonstante bezeichnen wir als **Wärmekapazität** $c_{th}{}^N$. Um von der Anzahl N der Gitteratome unabhängig zu werden, kann man $N = L$ (**Loschmidtsche Zahl**) setzen und erhält damit die Wärmekapazität für 1 Mol eines Stoffes, die **Molwärme** (bei Festkörpern gilt in der vorangegangenen Rechnung implizit die Randbedingung des konstanten Volumens):

$$c_{th}\big|_{Vol.\,=\,const} =: c_v = 3kL =: 3R \approx 25\frac{J}{Mol \cdot K} \tag{2.2-5}$$

Das Produkt $k \cdot L$ wird auch als **allgemeine Gaskonstante** R bezeichnet. Diese Beziehung gilt bei hohen Temperaturen für sehr viele Werkstoffe. Auf Abweichungen davon wird in [0,1] eingegangen.

Bezieht man die Wärmekapazität auf die *Masse M* eines Stoffes, der aus *N* Atomen mit der Atommasse m_{at} besteht, dann kann man eine spezifische Wärme c_{sp} definieren durch

$$c_{sp} = \frac{\Delta Q}{M \cdot \Delta T} = \frac{\Delta Q}{m_{at} \cdot N \cdot \Delta T} \underset{(2.2\text{-}4)}{=} \frac{3k}{m_{at}}$$

$$= \frac{3k \cdot L}{m_{at} \cdot L} \underset{(2.2\text{-}5)}{=} \frac{c_v}{m_{at} \cdot L} = \frac{c_v}{\text{Atomgew.}} \qquad (2.2\text{-}6)$$

Die spezifische Wärme ist werkstoffabhängig und variiert etwa innerhalb einer Größenordnung (Tab. 2.2-1).

Tab. 2.2-1 Spezifische Wärmen einiger Werkstoffe bei 27°C (nach [2.6])

Werkstoff	spezif. Wärme $[\text{kJ}\,(\text{kg}\cdot\text{K})^{-1}]$
Al	0,90
Cu	0,39
B	1,03
Fe	0,44
Pb	0,16
Mg	1,02
Ni	0,44
Si	0, 70
Ti	0,52
W	0,13
Zn	0,39
Wasser	4,19
He	5,20
N	1,04
Polymere	0,84...1,47
Diamant	0,52

Unter **Wärmeleitung** versteht man den Transport von thermischer Anregungsenergie durch einen Festkörper unter dem Einfluß eines Temperaturgradienten. Dabei kann es sich um eine thermische Anregung von Gitteratomen (Gitterschwingungen oder isolierte Schwingungen einzelner Gitteratome) und die von Elektronen (und Löchern in Halbleitern) handeln. Es zeigt sich, daß die Wärmeenergie in einem Temperaturgradienten durch Elektronen immer schnell transportiert werden kann, nur in wenigen Werkstoffen wie Diamant und den Halbleiterelementen Germanium und Silizium ergeben sich vergleichbare Werte (s. Bild 2.2-1) für die Wärmeleitung durch Gitterschwingungen (**Phononen**). Bei guten elektrischen Leitern (z. B. bei Metallen) ist die Wärmeleitung durch Elektronen immer der dominierende Prozeß.

Die **Wärmestromdichte** $j^{\Delta Q}$ (Wärmeenergie, die pro Zeiteinheit durch eine vorgegebene Fläche strömt) ergibt sich durch die Beziehung:

$$j^{\Delta Q} = -\lambda \frac{\partial T}{\partial x}, \quad [\lambda] = \frac{\mathrm{J}}{\mathrm{s \cdot m \cdot K}} = \frac{\mathrm{W}}{\mathrm{m \cdot K}} \tag{2.2-7}$$

mit der **Wärmeleitfähigkeit** λ. Da bei Elektronenleitern die beweglichen Elektronen gleichermaßen für den *elektrischen* und den *Wärme*transport verantwortlich sind, liegt es nahe, daß das Verhältnis von Wärmeleitfähigkeit zur elektrischer Leitfähigkeit σ_{sp} (s. Abschnitt 2.3) etwa einen konstanten Wert ergibt. Eine einfache Rechnung führt auf das **Wiedemann-Franz-Lorenz**-Gesetz:

$$\frac{\lambda}{\sigma_{\mathrm{sp}}} = \frac{\pi^2}{3} \frac{k^2}{|q|^2} \cdot T \tag{2.2-8}$$

Bild 2.2-1 zeigt einen Überblick über die Wärmeleitfähigkeiten der verschiedenen Werkstoffgruppen.

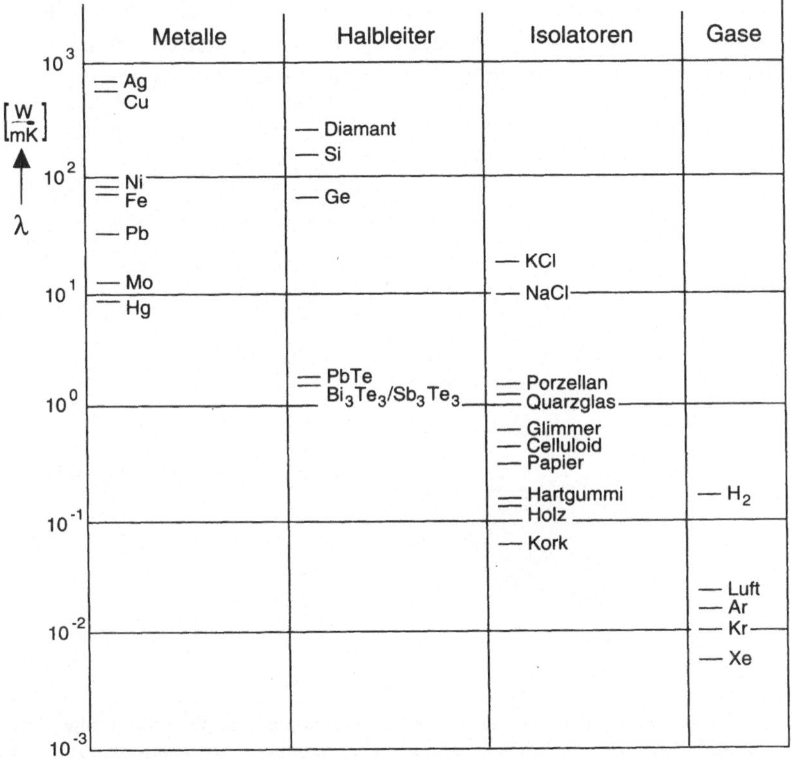

Bild 2.2-1: Wärmeleitfähigkeit verschiedener Stoffe (nach [2.7])

Werden nur bestimmte Stellen in einem Festkörper erwärmt (punkt- oder flächenförmigen Wärmequellen), dann verteilt sich die Wärme nach einiger Zeit über den gesamten Festkörper. Der Temperaturverlauf folgt ähnlichen Gesetzen wie die Fremdatomkonzentration bei der Diffusion (Abschnitt 1.4.1), wenn man anstelle des Diffusionskoeffizienten einen **thermischen Diffusionskoeffizienten** einsetzt, der auch als **Temperaturleitzahl** bezeichnet wird [0.1]:

$$D_{th} := \frac{\lambda}{c_{sp}\rho_m} \tag{2.2-9}$$

Die Gitterkonstante im Festkörper vergrößert sich im allgemeinen mit der Temperatur. Dieses ist auf einen *unsymmetrischen Verlauf* der für den Werkstoff charakteristischen Energie-Abstands-Kurve *F*(*x*) (Bild 1.2-1) zurückzuführen: Bei einer Temperaturerhöhung nimmt die kinetische und potentielle Energie der Gitteratome zu (s.o.), d.h. im Energie-Abstands-Diagramm werden die höher liegenden Energieniveaus besetzt. Die Bewegung des Gitteratoms erfolgt stets innerhalb der durch das Energie-Abstands-Diagramm festgelegten Grenzen, wobei der örtliche Mittelwert dieser Bewegung die Gitterkonstante festlegt. Wie in Bild 2.2-2 zu ersehen, verschiebt sich der Mittelwert bei dem gezeichneten unsymmetrischen (anharmonischen) Verlauf der Kurve mit steigender Temperatur zu höheren Werten hin.

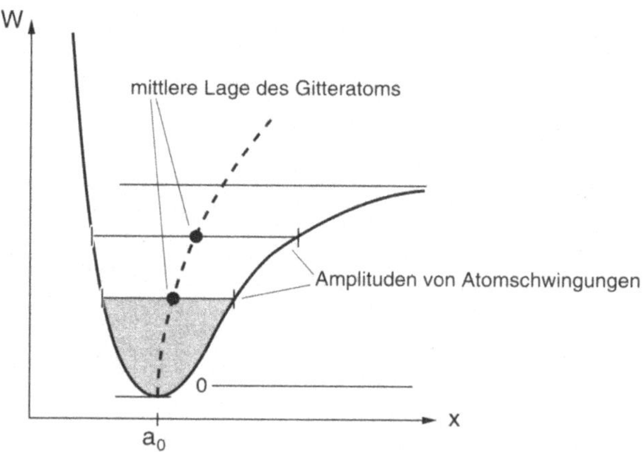

Bild 2.2-2 Energie-Abstands-Diagramm zweier Gitteratome: Die Gitterkonstante (örtlicher Mittelwert der gebundenen Bahn des Gitteratoms im Wechselwirkungsfeld seiner Nachbarn) steigt bei einem unsymmetrischen (anharmonischen) Verlauf der Kurve mit der Temperatur.

Die thermische Ausdehnung eines Körpers der Länge l läßt sich meistens näherungsweise durch eine lineare Beziehung beschreiben:

$$l(T) = l_o\left(1 + \alpha_T^l T\right); \quad [T] \text{ in } ^\circ\text{C}; \quad \left[\alpha_T^l\right] \text{ in } ^\circ\text{C}^{-1} \qquad (2.2\text{-}10)$$

$$\Leftrightarrow \alpha_T^l = \frac{1}{T}\left(\frac{l(T)}{l_o} - 1\right) = \frac{1}{T}\frac{l(T) - l_o}{l_o} = \frac{1}{T}\frac{\Delta l(T)}{l_o} \qquad (2.2\text{-}11)$$

In Bild 2.2-3 sind typische Werte des **thermischen Ausdehnungskoeffizienten** α_T^l für verschiedene Werkstoffe zusammengestellt.

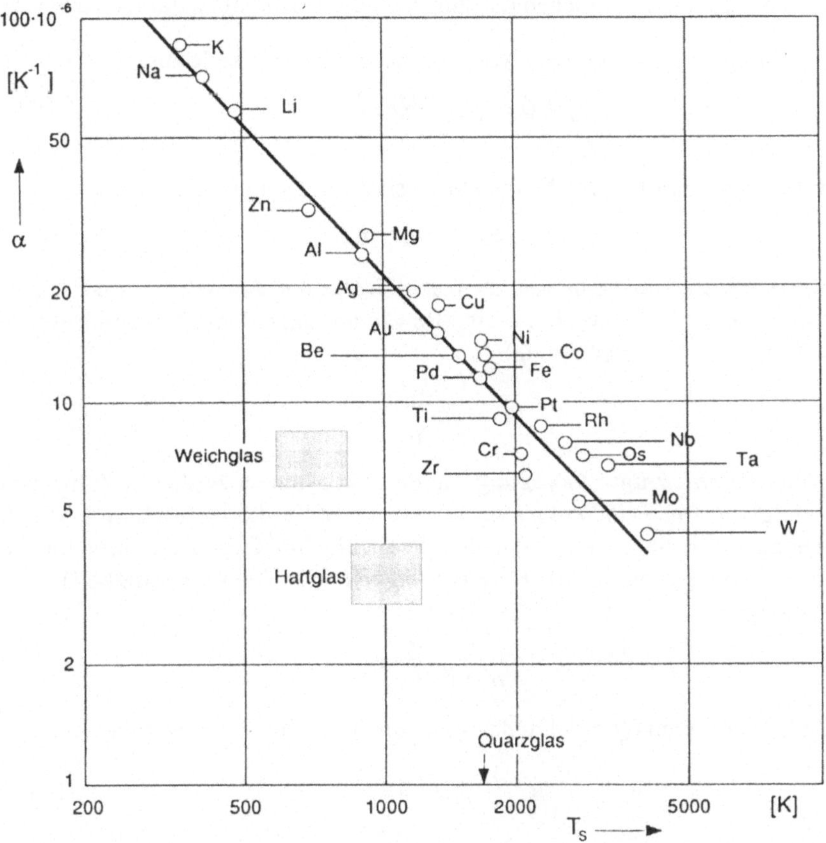

Bild 2.2-3 Thermische Ausdehnungskoeffizienten einiger Werkstoffe in Abhängigkeit von der jeweiligen Schmelztemperatur (nach [2.4]).

2.3 Elektrische Eigenschaften

2.3.1 Ionen- und Elektronenleitung

Beim Fluß *elektrisch geladener Teilchen* (**Stromfluß**) findet gleichzeitig mit dem **Teilchen**transport auch ein **Ladungs**transport statt, d.h. eine ursprünglich vorgegebene Ladungsverteilung wird durch die Teilchenbewegung verändert. Als treibende Kraft für die Bewegung elektrisch geladener Teilchen, die zu einer Teilchenstromdichte $\vec{j}^T$ (s. Abschnitt 1.4.1) führt, kann neben einem Konzentrationsgradienten (wie im 1. Fickschen Gesetz, Gleichung (1.4-1)) auch ein elektrisches Feld $\vec{E}_a$ wirken, da auf ein geladenes Teilchen (Ladung $\pm Q$) die **Feldkraft** wirkt (Anhang C1):

positive Ladung, Kraft – und Feldvektoren haben die gleiche Richtung:

$$\vec{F}_a = Q \cdot \vec{E}_a = +|Q| \cdot \vec{E}_a \qquad (2.3\text{-}1)$$

negative Ladung, Kraft – und Feldvektoren sind entgegengesetzt gerichtet:

$$\vec{F}_a = Q \cdot \vec{E}_a = -|Q| \cdot \vec{E}_a \qquad (2.3\text{-}2)$$

Diese Kraft bewirkt aber nur für bei ***freien isolierten Ladungen*** – wie einzelne Elektronen in einer Vakuumröhre – eine Bewegung nach dem Newtonschen Gesetz (Kraft = Masse m · Beschleunigung)

$$\vec{F}_a = m \frac{\mathrm{d}\vec{v}}{\mathrm{d}t} \qquad (2.3\text{-}3)$$

d.h. zu einer ***beschleunigte Bewegung*** mit einer konstanten zeitlichen Zunahme der Geschwindigkeit. Bei ***Teilchensystemen*** – wie sie in Festkörpern z.B. in Form eines Elektronengases vorliegen – erfolgt die Bewegung im Gegensatz dazu mit einer ***konstanten*** (unbeschleunigten) ***Geschwindigkeit*** (**Driftgeschwindigkeit**) gemäß der Beziehung

$$\vec{v}_D = B \cdot \vec{F}_a \qquad (2.3\text{-}4)$$

Speziell für Elektronen ($Q = -|q|$, Index n) ist die Schreibweise eingeführt:

$$\vec{v}_D \underset{(2.3\text{-}2)}{=} B_n \cdot \left(-|q| \vec{E}_a\right) = -\mu_n \cdot \vec{E}_a \qquad (2.3\text{-}5a)$$

mit der **Ladungsträgerbeweglichkeit für Elektronen:**

$$\mu_n = B_n \cdot |q| \qquad (2.3\text{-}5b)$$

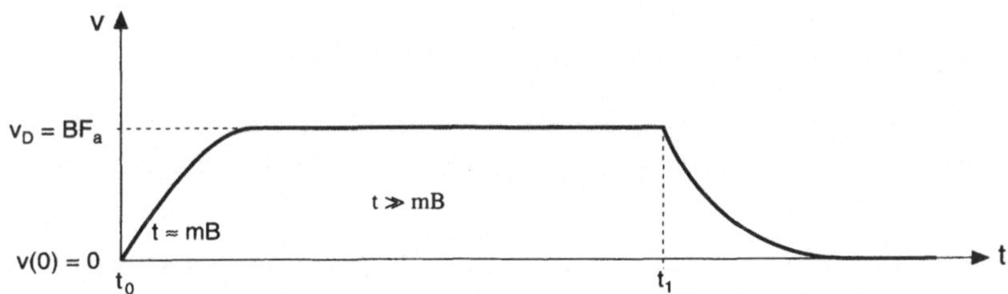

Bild 2.3-1 Zeitlicher Verlauf einer Teilchengeschwindigkeit bei geschwindigkeitsproportionaler Reibung. Die äußere Kraft $\vec{F}_a$ wird bei $t = t_o$ ein- und bei $t = t_1$ ausgeschaltet.

Die Ursache dafür, daß beim Ladungstransport das Newtonsche Gesetz (im allgemeinen) *nicht* gilt, liegt darin, daß sich der Stromfluß aus einer Überlagerung vieler einzelner Elementarprozesse innerhalb des Elektronen*systems* und in Wechselwirkung mit dem Gitter ergibt, wobei sich bei der Bewegung der einzelnen Ladungsträger zwischendurch immer wieder der Ausgangszustand vor Anlegen des Feldes einstellt. Als Mittelwert über viele zeitlich aufeinanderfolgende Elementarschritte ergibt sich daher ein konstanter Wert. In einer aufwendigen Betrachtung kann gezeigt werden [0.2], daß sich die Elektronen unter bestimmten Voraussetzungen (kleine Elektronendichte) näherungsweise wie ein Gas nicht miteinander wechselwirkender Teilchen (z.B. Edelgas) verhalten, daher stammt auch die Bezeichnung **Elektronengas**. Die Elektronen stoßen sich also in Festkörpern – trotz ihrer gleichen Ladung – erstaunlicherweise nicht gegenseitig ab. Die Erklärung hierfür liegt in der Tatsache, daß überall im Festkörper die positive Ladung der Atomrümpfe kompensierend wirkt.

Zu demselben Ergebnis kommt man, wenn man im Newtonschen Gesetz (2.3-3) eine zusätzliche geschwindigkeitsproportionale **Reibungskraft** $\vec{F}_{reib}$ einführt, welche der von außen wirkenden Kraft $\vec{F}_a$ entgegengerichtet ist:

$$m\frac{\mathrm{d}\vec{v}(t)}{\mathrm{d}t} = \vec{F}_a(t) - \vec{F}_{reib}(t) = \vec{F}_a(t) - \frac{\vec{v}(t)}{B} \qquad (2.3\text{-}6)$$

Beweis: Als Lösung dieser Differentialgleichung ergibt sich die folgende Zeitabhängigkeit der Geschwindigkeit [0.1], [0.11]:

$$\vec{v}(t - t_o) = \left\{\vec{v}(t_o) - B \cdot \vec{F}_a\right\}\exp\left(-\frac{t - t_o}{m \cdot B}\right) + B \cdot \vec{F}_a \qquad (2.3\text{-}7)$$

d.h. für $(t-t_o) \gg m{\cdot}B$ (dieses ist in der Praxis meist eine sehr kurze Zeitspanne in der Größenordnung 10^{-12} bis 10^{-13}s) geht diese Geschwindigkeit auf den zeitlich konstanten (stationären) Wert:

$$\vec{v}(t-t_o) = B \cdot \vec{F}_a = \vec{v}_D \quad (\textbf{Driftgeschwindigkeit}) \qquad (2.3\text{-}8)$$

d.h. die Beziehung (2.3-4), was zu beweisen war. Bild 2.3-1 zeigt den zeitlichen Verlauf der Teilchengeschwindigkeit für die zusätzliche Randbedingung, daß bei $t=t_1$ die Kraft ausgeschaltet wird.

Als **Gesamt-Teilchenstromdichte** (Anzahl der *Teilchen* mit der Dichte ρ, welche pro Sekunde durch eine vorgegebene Fläche senkrecht zur x-Richtung fließen; nach der Herleitung im Anhang C2 ist diese darstellbar durch das Produkt aus Teilchengeschwindigkeit und -dichte) elektrisch geladener Teilchen erhält man die Summe aus zwei Beiträgen: Der **Feldstromdichte** aufgrund einer elektrostatischen Kraft und der **Diffusionsstromdichte** aufgrund eines Ladungsträgergradienten (Abnahme der Ladungsträgerdichte mit dem Ort):

$$j^T \underset{\text{Anhang C2}}{=} \rho \cdot v = \begin{cases} +QB\rho \cdot E_a & \text{(Feldstromdichte nach (2.3-1,2 und 4))} \\ -D \cdot \dfrac{\mathrm{d}\rho}{\mathrm{d}x} & \text{(Diffusionsstromdichte nach (1.4-1))} \end{cases} \qquad (2.3\text{-}9a)$$

speziell für *Elektronen* mit $Q = -|q|$ gilt:

$$j_n^T \underset{(2.3\text{-}5a)}{=} -\rho_n \cdot \mu_n E_a - D \cdot \frac{\mathrm{d}\rho_n}{\mathrm{d}x} \qquad (2.3\text{-}9b)$$

Dabei ist die Diffusionsstromdichte nach dem 1. Fickschen Gesetz (1.4-1) hinzugenommen worden. Als **elektrische Stromdichte** (Menge an *elektrischer Ladung*, welche pro Sekunde durch eine vorgegebene Fläche senkrecht zur x-Richtung fließt) ergibt sich das Produkt von (2.3-9a) mit der Teilchenladung Q, also:

$$j := j^Q = Q \cdot j^T = +Q^2 B\rho \cdot E_a - Q \cdot D \cdot \frac{\mathrm{d}\rho}{\mathrm{d}x} \qquad (2.3\text{-}10a)$$

speziell für *Elektronen* : $j_n := -|q| j_n^T = +|q|\rho_n \cdot \mu_n E_a + |q| D \cdot \dfrac{\mathrm{d}\rho_n}{\mathrm{d}x}$ (2.3-10b)

(**Stromdichtegleichung**). Bei *homogenen Werkstoffen* (d.h. Bauelementen, die nur aus *einem* Werkstoff mit überall gleichen Eigenschaften bestehen, wie z.B. ein Widerstandsdraht) und Abwesenheit von Konzentrationgradienten vereinfachen sich die Beziehungen (2.3-10a) zu

$$j = j^Q = +Q^2 B \cdot \rho \cdot E_a =: \sigma_{sp} E_a =: \frac{1}{\rho_{sp}} E_a \qquad (2.3\text{-}11a)$$

mit der **spezifischen Leitfähigkeit**
$$\begin{cases} \sigma_{sp} := Q^2 B \cdot \rho \\ \text{Elektronen: } \sigma_{sp}^n = |q| \mu_n \cdot \rho_n \end{cases} \qquad (2.3\text{-}11b)$$

und dem **spezifischen Widerstand**
$$\begin{cases} \rho_{sp} := \dfrac{1}{Q^2 B \cdot \rho} \\ \text{Elektronen: } \rho_{sp}^n = \dfrac{1}{|q| \mu_n \cdot \rho_n} \end{cases} \qquad (2.3\text{-}11c)$$

Die elektrische Stromdichte ist also bei homogenen Bauelementen (**Widerständen**) dem von außen angelegten elektrischen Feld proportional mit der spezifischen elektrischen Leitfähigkeit oder dem reziproken spezifischen Widerstand als Proportionalitätskonstanten. Diese Beziehung wird als das **Ohmsche Gesetz** bezeichnet.

Wenden wir das Ohmsche Gesetz an auf ein quaderförmiges Bauelement mit dem Querschnitt A und der Länge d, an welches wir eine elektrische Spannung U_a legen, dann gilt mit den Definitionen:

$$j = \frac{I}{A}; \quad E_a = -\frac{U_a}{d} \qquad (2.3\text{-}12)$$

(I wird als **elektrischer Strom** bezeichnet) die Beziehung:

$$I = -\sigma_{sp} U_a \frac{A}{d} = -\frac{U_a}{\rho_{sp}} \frac{A}{d} \qquad (2.3\text{-}13)$$

$\Rightarrow$ **elektrischen Widerstand** $R := \left| \dfrac{U_a}{I} \right| = \rho_{sp} \dfrac{d}{A} = \dfrac{1}{\sigma_{sp}} \dfrac{d}{A}$ (2.3-14a)

mit der Dimension $[R] = \dfrac{V}{A} = \Omega$ (Ohm) (2.3-14b)

Der Quotient aus Spannung und Strom an einem Leiter wird **elektrischer Widerstand** genannt und in Ohm gemessen. Im Gegensatz zum *spezifischen Widerstand* ρ_{sp} in (2.3-11c) ist der *elektrische Widerstand R* nicht nur von den *Werkstoffeigenschaften* ρ (Ladungsträgerdichte) und B oder μ_n (Ladungsträgerbeweglichkeit) abhängig, sondern auch von den *geometrischen Abmessungen d* und *A* des Widerstands. Die spezifische Leitfähigkeit und der spezifische Widerstand haben damit die Dimensionen

$$[\rho_{sp}] = \Omega \cdot \text{cm}; \quad [\sigma_{sp}] = \frac{1}{\Omega \cdot \text{cm}} \tag{2.3-15}$$

Besteht der Widerstand speziell aus einer **dünnen Schicht** der Dicke t mit einer Breite b, dann gilt mit $A = t \cdot b$:

$$\Rightarrow R = \rho_{sp} \frac{d}{t \cdot b} = \frac{1}{\sigma_{sp}} \frac{d}{t \cdot b} =: R_{\square} \frac{d}{b} \tag{2.3-16a}$$

$$\Rightarrow \text{mit dem } \textbf{Schichtwiderstand } R_{\square} := \frac{\rho_{sp}}{t} = \frac{1}{\sigma_{sp} t} \tag{2.3-16b}$$

$$[R_{\square}] = \Omega \text{ (Ohm)} \tag{2.3-16c}$$

Bei bekanntem Schichtwiderstand kann der elektrische Widerstand in sehr einfacher Weise nach (2.3-16) aus den Flächengrößen d und b berechnet werden, was in der **Dünnschichttechnik** vielfältige Anwendung findet.

Wir wollen uns im folgenden mit der Natur der Ladungsträger ausführlicher befassen.

Geladene Atome (**Ionen**) bewegen sich im Prinzip durch das Gitter wie ungeladene Atome, d.h. in der Regel über Leerstellen- oder Zwischengitterplätze (s. Abschnitt 1.4.1). Legierungen, in welchen die Ionen eine besonders hohe Beweglichkeit haben, so daß sie wirkungsvoll zum Stromtransport beitragen können,werden als **Ionenleiter** oder **Feststoffelektrolyte** bezeichnet. In Tab. 2.3-1 sind wichtige Ionenleiterverbindungen – zusammen mit der Sorte des vorwiegend leitenden Ions – dargestellt.

Für Ionenleiter gibt es in der Elektrotechnik zur Zeit noch relativ wenige – dafür aber wichtige – Anwendungen (z.B. die λ-Sonde zur Regelung von Verbrennungsmotoren, s. [0.3]).

Weit mehr Anwendungen finden die bereits eingeführten **elektronenleitenden Werkstoffe**: Bei diesen Werkstoffen sind die (oder ein Teil der) Valenzelektronen nur schwach an die Gitteratome gebunden und bilden ein **Elektronengas**, wie es z.B.

Tab. 2.3-1 Ionenleitende Legierungen, eingeteilt nach der Sorte des beweglichen Ions (nach [0.1], Abschnitt 2.7.3)

Ionensorte	Legierung	Ionensorte	Legierung
O^{2-}	ZrO_2 mit Fremdatomzusätzen	I^-	PbI_2
	ThO_2		KI
F^-	CaF_2	Na^+	NaF
	NaF		NaCl
	LiF		NaBr
	MgF_2		β-$Na_2O \cdot 11Al_2O_3$
	PbF_2	Ag^+	α- und β-AgI
	SrF_2		AgCl
	BaF_2		AgBr
Cl^-	$PbCl_2$		Ag_3SBr
	$BaCl_2$		Ag_3SI
	$SrCl_2$		Ag_2HgL_4
Br^-	BaBr2		KAg_4I_5
	$PbBr_2$		$RbAg_4I_5$
	NaBr	Cu^+	β-CUI
	KBr		CuCl
			β und γ-CuBr
			$7CuBrC_6H_{12}N_4CH_3Br$

in Bild 1.2-9 zu erkennen ist. Bei Halbleitern wird die Elektronenleitung durch Fremdatome erzeugt (Abschnitt 4.1).

Als Entscheidungsgrundlage für die Frage, ob es in einem reinen Werkstoff freie – und damit über eine von außen angelegte elektrische Feldstärke leicht bewegliche – Elektronen gibt, muß ein aufwendigeres Modell herangezogen werden, das aus der Quantentheorie heraus entwickelt wurde: das **Bändermodell** [0.2].

Zur Erläuterung greifen wir auf die in Abschnitt 1.1 entwickelte Vorstellung zurück, daß die Elektronen im Feld eines Atomkerns bestimmte energetisch unterschiedliche Energiewerte (**Energieniveaus**) annehmen (**besetzen**). Werden mehrere Atome räumlich dicht aneinander gebracht, dann ergeben die Rechnungen der Quantentheorie, daß sich die einzelnen (diskreten) Energiezustände immer weiter aufspalten in eng beieinanderliegende Gruppen von Zuständen, die schließlich in **Energiebändern** (Energieintervalle, in denen erlaubte Elektronenzustände liegen) zusammengefaßt werden können. Bild 2.3-2 zeigt dieses am Beispiel des wichtigen Halbleiters Siliziums.

Für die elektrischen Eigenschaften des Werkstoffs sind bestimmend die am schwächsten an den Atomrumpf gebundenen Elektronen, d.h. die Elektronen mit den am weitesten oben liegenden Energien. Deshalb brauchen im allgemeinen bei einem Schema wie in Bild 2.3-2 nur die beiden Bänder betrachtet zu werden, die in der Energie-

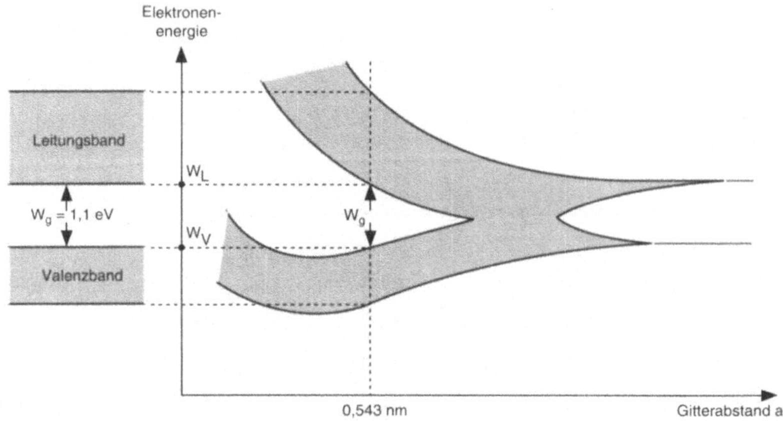

Bild 2.3-2 Übergang von Energie**niveaus** (rechte Seite des Bildes mit einem großen Abstand *a* der Atome voneinander) in Energie**bänder** (linke Seite), wenn Atome räumlich dicht aneinander gebracht werden. Die zulässigen Elektronenenergien in einem Festkörper befinden sich also alle innerhalb der schraffiert dargestellten Bänder. Dazwischen liegt eine **verbotene Zone**: Dort gibt es keine Energiewerte, die von den Festkörperelektronen angenommen werden können.

Im Gleichgewicht entspricht dem Gitterabstand bei Silizium (a = 0,543 nm) ein energetischer Abstand der Bänder von 1,1 eV (Dimension s. Anhang A; nach [0.1])

skala am höchsten (d.h. am weitesten oben) liegen, man bezeichnet sie als **Valenz-** und **Leitungsband**. Die Tatsache, ob und wieweit die Energiebänder mit Elektronen besetzt sind, hängt eng mit der Elektronenbesetzung im atomaren Termschema zusammen.

Für die *elektrische* (und auch die *thermische*, s. Abschnitt 2.2) *Leitfähigkeit* ist entscheidend, ob sich Elektronen im Leitungsband befinden, weil diese (zumindest ein Teil davon, s.u.) relativ leicht beweglich sind. In Bild 2.3-3 wird deutlich, daß diese Bedingung gut in den Teilbildern c) und d), nicht aber im Teilbild b) und nur eingeschränkt im Teilbild a) erfüllt ist. Daraus ergeben sich auch die Bezeichnungen **Leiter**, **Isolator** und **Halbleiter**.

Die Energie W_F, unterhalb welcher die Elektronenzustände mit großer Wahrscheinlichkeit besetzt sind (und oberhalb davon nicht), wird **Fermienergie** genannt, sie hat bei vielen elektronischen Bauelementen eine fundamentale Bedeutung. Es gilt die wichtige Regel: **Nur Elektronen in der Umgebung der Fermienergie und oberhalb davon können durch äußere Felder bewegt werden**. Die Ursache hierfür

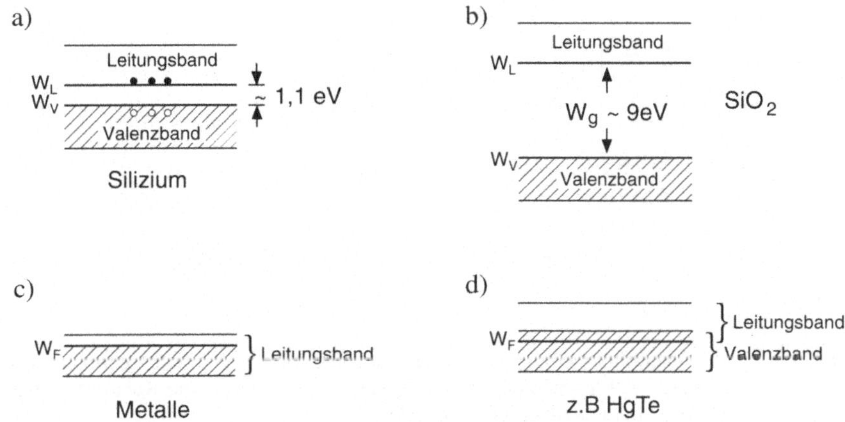

Bild 2.3-3 Relative Anordnungsmöglichkeiten von Valenz- und Leitungsband

a) **Halbleiter**: Das Valenzband ist vollständig gefüllt, das Leitungsband vollständig leer, wegen des relativ geringen Bandabstandes W_g ist aber ein thermischer Übergang einiger Elektronen aus dem Valenz- in das Leitungsband möglich (wahrscheinlich).

b) **Isolator**: Bandbesetzung wie in a), jedoch ist wegen des großen Bandabstandes W_g eine thermische Besetzung des Leitungsbandes durch Elektronen sehr unwahrscheinlich

c) **Leiter**: Das Valenzband ist teilweise gefüllt, es wirkt daher gleichzeitig als Leitungsband

d) **Leiter:** (Bandstruktur eines Halbmetalls): Die Elektronen des Valenzbandes gehen in das Leitungsband über und können daher zum Stromtransport beitragen.

liegt darin, daß ein Elektron bei der Bewegung (Vergrößerung der kinetischen Energie) in einen Zustand höherer Energie übergeht. Dieses ist aber nach dem **Pauli-Prinzip** nur dann möglich, wenn dort (im Endzustand) ein unbesetzter Energiezustand vorhanden ist, der also nicht bereits durch ein anderes Elektron besetzt ist, was nur oberhalb oder in der Umgebung der Fermienergie wahrscheinlich ist.

2.3.2 Supraleitung

Viele metallische und keramische Werkstoffe zeigen im Bereich sehr niedrigen Temperaturen ein vollständig verändertes Leitfähigkeitsverhalten. Im Zustand der **Supraleitung** nimmt der elektrische Widerstand auf den Wert Null ab (Bild 2.3-5).

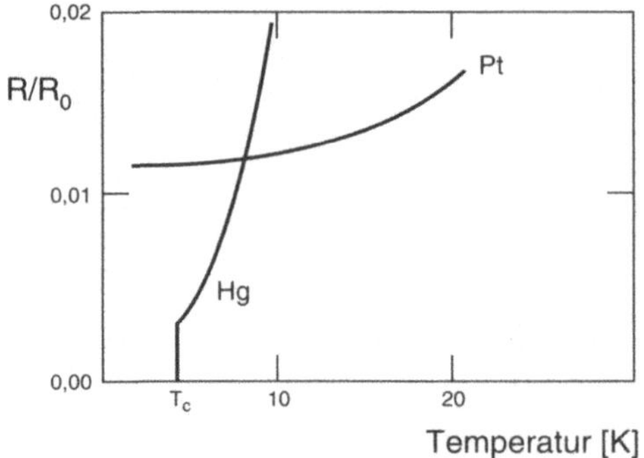

Bild 2.3-5 Temperaturabhängigkeit des Widerstandes von Platin (bleibt im gesamten Temperaturbereich normalleitend) und Quecksilber (geht bei der **Sprungtemperatur** T_c in den supraleitenden Zustand über).

Abschätzungen zeigen, daß ein in einem supraleitenden Ring induzierter Strom erst nach Hunderten von Jahren abklingt [2.10]! Der Effekt tritt jedoch nur unterhalb einer **Sprungtemperatur** T_c auf, die *bei Metallen* einen extrem niedrigen Wert in der Umgebung des absoluten Nullpunktes hat. Bei keramischen Supraleitern liegt die Sprungtemperatur wesentlich höher (Tab. 2.3-2).

Ein weiterer typischer Effekt im supraleitenden Zustand, der mit dem Verschwinden des elektrischen Widerstands nicht unmittelbar zusammenhängt, ist bei **Supraleitern 1. Art** die vollständige Verdrängung eines Magnetfeldes (s. Abschnitt 8) aus dem supraleitenden Bereich heraus (**Meißner-Ochsenfeld**-Effekt, Bild 2.3-6).

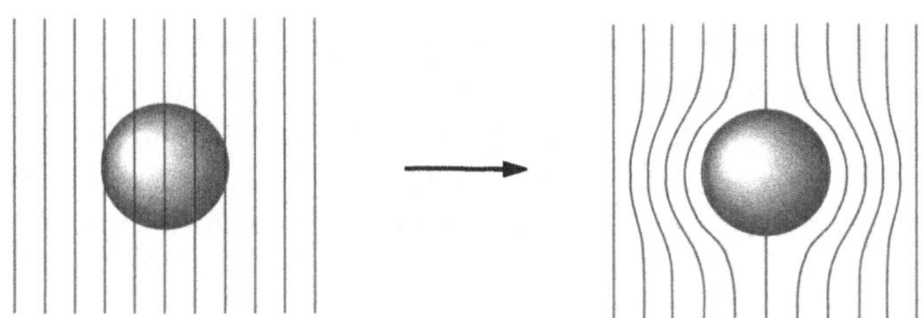

Bild 2.3-6 Meißner-Ochsenfeld-Effekt: Wird eine Kugel aus einem normalleitenden (a) Zustand in einen supraleitenden (b) gebracht, dann werden magnetische Felder aus der Kugel verdrängt (nach [2.8]).

Bei Anlegen eines Magnetfeldes oberhalb eines kritischen Wertes H_c bricht die Supraleitung zusammen: Bild 2.3-7 zeigt die Temperaturabhängigkeit von H_c.

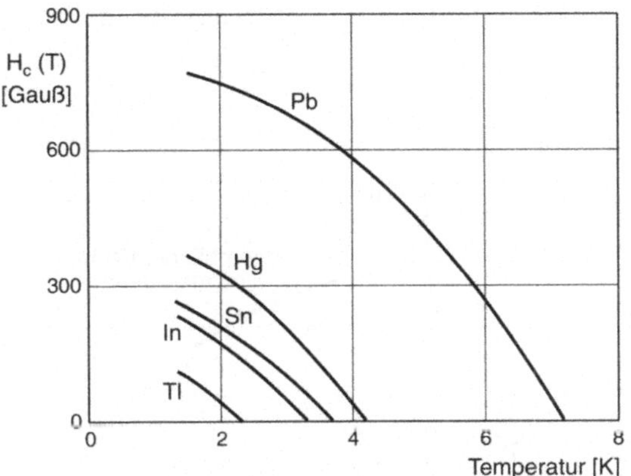

Bild 2.3-7 Temperaturabhängigkeit der kritischen Feldstärke H_c von Supraleitern 1. Art: Bei Anlegen von Feldstärken oberhalb des eingezeichneten Werts geht der supraleitende Werkstoff in den normalleitenden Zustand über (nach [2.8]).

Bei **Supraleitern 2. Art** erfolgt die vollständige Verdrängung des Magnetfeldes nur für magnetische Feldstärken unterhalb einer **unteren kritischen Feldstärke** H_{c1} . Bis zu einer **oberen kritischen Feldstärke** H_{c2}, d.h. im Intervall $H_{c1} \leq H \leq H_{c2}$, kann das Magnetfeld in Form sogenannter **Flußlinien** in den sonst weiterhin supraleitenden Werkstoff eindringen (Bild 2.3-8).

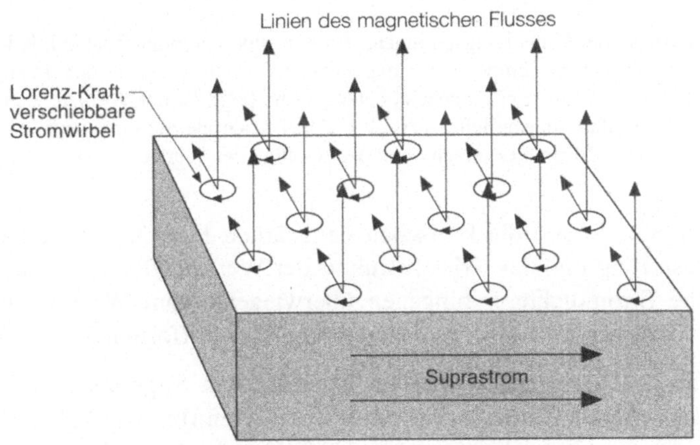

Bild 2.3-8 Supraleiter 2. Art mit eingedrungenen magnetischen Flußlinien (elektrisch normalleitende Flußschläuche) für ein Magnetfeld $H_{c1} \leq H \leq H_{c2}$ (nach [0.5]).

Der praktische Anwendungsbereich von Supraleitern wird schließlich auch noch begrenzt durch eine **kritische Stromdichte** j_c, oberhalb der die Supraleitung zusammenbricht (Bild 2.3-9).

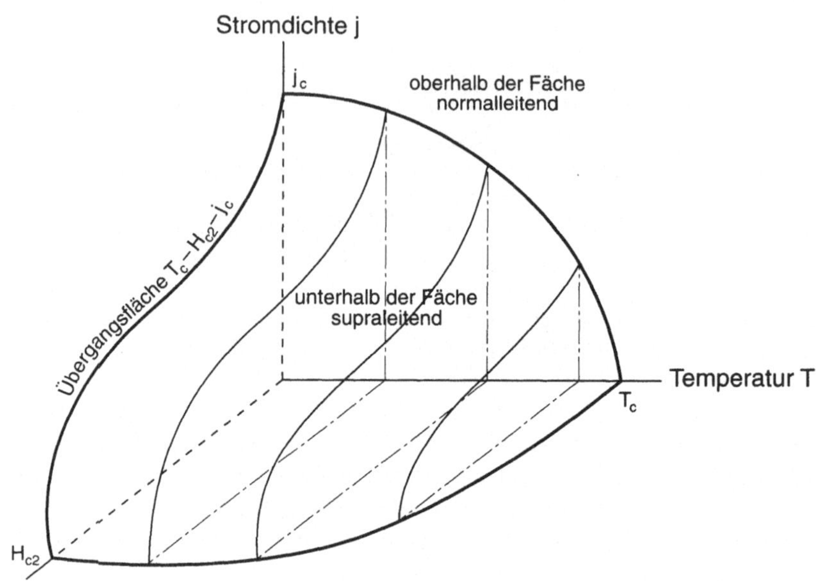

Bild 2.3-9 Eingrenzung der Umgebungsparameter für den supraleitenden Zustand: Nur wenn der den Parametern Temperatur – magnetische Feldstärke – Stromdichte zugeordnete Punkt unterhalb der eingezeichneten Fläche liegt, ist der Werkstoff supraleitend, anderenfalls normalleitend (nach [0.5]). Die Größe der einzelnen Parameter hängt von der Zusammensetzung und dem Gefüge des Werkstoffs ab.

Die Sprungtemperaturen T_c und die kritischen Feldstärken H_{c2} hängen weitgehend von der Zusammensetzung und der Kristallstruktur der Werkstofflegierung ab (Tab. 2.3-2), die kritische Stromdichte j_c hingegen überwiegend vom Werkstoff*gefüge* (Versetzungen, Korngrenzen und weitere Gitterfehler, Werkstofform u.a.).

Durch die Tatsache, daß die neuentwickelten **keramischen Supraleiter** mit dem preiswerten flüssigem Stickstoff (und nicht mit weit teureren flüssigem Helium) gekühlt werden können, ergeben sich neue wirtschaftlich vertretbare Einsatzmöglichkeiten. Eine Bedeutung haben gegenwärtig die folgenden drei Anwendungsbereiche [0.5]:

Kernspinresonanz

MRI (magnetic resonance imaging)-Tomographen

NMR (nuclear magnetic resonance)-Spektrometer

Energietechnik

Generatoren

Transformatoren

Strombegrenzer/Schutzschalter

Energiespeicher (SMES = superconducting magnetic energy storage)

Hochleistungskabel

magnetische Erzscheider

Magnete für Forschungsprojekte (Teilchenbeschleuniger, Fusionsreaktor)

Elektronik

Hochfrequenzantennen

Hohlraumresonatoren sehr hoher Güte

SQUID-Sensoren (superconducting quantum interference device, s. [0.3])

Hybride

supraleitende Verdrahtung – Halbleiterlogik/-speicher

supraleitender Sensor – Halbleiterlogik

Supraleiterlogik/-speicher – Halbleiterlogik/-speicher

Die physikalischen Anforderungen für eine Vielzahl von Anwendungen in der Hochfrequenztechnik, insbesondere eine hohe Stromdichte bei 77 K und ein kleiner Oberflächenwiderstand, werden von $YBa_2Cu_3O_x$-Dünnfilmen bereits heute erfüllt. Dieses gilt zur Zeit noch nicht in der Magnet- und Energietechnik: Die dort meist erforderlichen hohen Stromdichten bei hohen Magnetfeldern in drahtförmigen Leitern können bisher nicht erreicht werden. Bild 2.3-10 gibt einen Überblick über die Anforderungen, die von den verschiedenen Anwendungen gestellt werden.

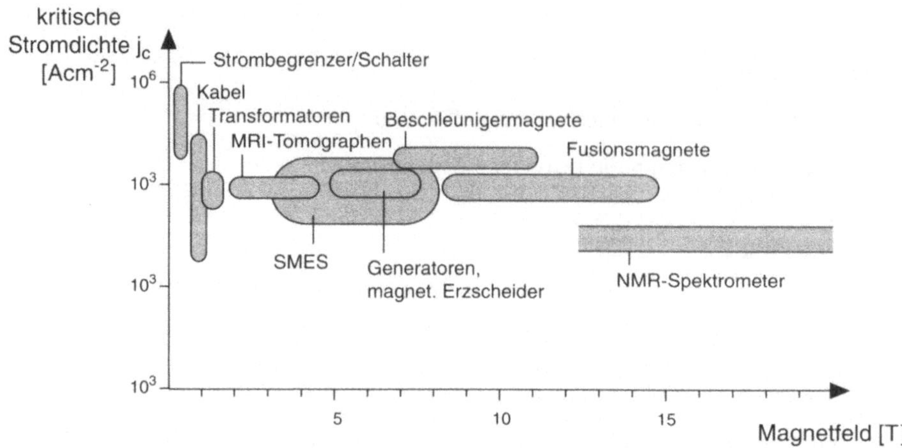

Bild 2.3-10 Geforderte kritische Stromdichte im Magnetfeld für energie- und magnettechnische Anwendungen der Supraleitung [0.5].

Die kommerzielle Anwendung von Hochtemperatur-Supraleitern in der Magnet- und Energietechnik wird voraussichtlich erst nach dem Jahr 2000 stattfinden. Man kann annehmen, daß die Hochtemperatur-Supraleiter im frühesten Stadium die Niob-Supraleiter in der Kernspinresonanz substituieren werden und erst danach neuartige Anwendungen bei der Herstellung von Generatoren und Transformatoren technische und industrielle Reife erlangen werden.

Tab. 2.3-2 Sprungtemperaturen T_c und kritische Magnetfelder H_{c2} supraleitender Werkstoffe mit vergleichsweise hoher Sprungtemperatur. Die unten aufgeführten keramischen Hochtemperatur-Supraleiter können bei der Temperatur des flüssigen Stickstoffs (Siedepunkt 77,4 K) betrieben werden!

* Die Symbole || und ⊥ bedeuten, daß die Eigenschaften an Einkristallen parallel bzw. senkrecht zur kristallographischen c-Achse gemessen wurden.

Supraleiter	T_c [R]	H_{c1} (0K) [T]	H_{c2} (0K) [T]
NbTi	9,5	0,07	12 (bei 4 K)
Nb_3Sn	18	0,03	22 (bei 4 K)
$La_{1,85}Sr_{0,15}CuO_4$	38	0,02	40-120
$YBa_2Cu_3O_{6,9}$	92	0,1-0,3 (||)* 0,01-0,06 (⊥)*	40-70 (||) 200-400 (⊥) 5-7 (|| ; bei 77 K) 20-60 (⊥; bei 77 K)
$Bi_2Sr_2CaCu_2O_{8,15}$	91	0,01	>100
$Bi_2Sr_2Ca_2Cu_3O_{10+x}$	108	0,04	>100
$Tl_2Ba_2Ca_2Cu_3O_{10-x}$	125		>100

2.4 Dielektrische Eigenschaften

2.4.1 Elektrischer Durchschlag

Werkstoffe mit einem spezifischen Widerstand von mehr als $10^6\Omega$m werden als **Isolatoren** bezeichnet. Sie finden in der Elektrotechnik vielfältige Anwendungen bei der hochohmigen galvanischen Trennung von Leitern, als Passivierung gegenüber unerwünschten Umwelteinflüssen und als mechanische Trägermaterialien, welche gleichzeitig einen Schutz gegenüber hohen elektrischen Spannungen bieten.

Nach Gleichung (2.3-11) ist ein hoher spezifischer Widerstand verbunden mit niedrigen Ladungsträgerdichten oder/und Ladungsträgerbeweglichkeiten. Die erste Bedingung ist gegeben bei Werkstoffen mit einem großen Bandabstand wie in Bild 2.3 3b; ein solches Bandschema ist typisch für die meisten Isolatorkeramiken. Niedrige Ladungsträgerbeweglichkeiten ergeben sich z. B. in Werkstoffen, bei denen die Ladungsträger relativ stark an die Gitteratome gebunden sind oder nur wenige – und daher weit voneinander entfernte – energetisch günstige Plätze im Festkörper zur Verfügung haben. Auch diese Bedingung kann für Keramiken erfüllt sein, weiterhin auch für viele Kunststoffe.

Bei der Wirkung sehr großer elektrischer Feldstärken können Elektronen auch in Isolatoren aus dem Valenz- in das Leitungsband übergehen oder im Fall einer starken Bindung von den dazugehörigen Gitteratomen losgerissen werden. Danach werden sie durch das elektrische Feld stark beschleunigt und können durch Stoßionisation weitere Elektronen freimachen, die dann ihrerseits beschleunigt werden, usw. (**Lawinenmultiplikation**, [0.2]).

In diesem Fall (und bei Wirkung anderer vergleichbarer Effekte) geht die Isolationsfähigkeit des Werkstoffs verloren. Die hierfür erforderliche Minimalfeldstärke wird als **Durchschlagsfeldstärke** bezeichnet. In Tab. 2.4-1 sind typische Werte für die verschiedenen Werkstoffgruppen angegeben.

Tab. 2.4-1 Durchschlagfestigkeit von Isolatoren (nach [2.4])

Werkstoffe	Durchschlagsfeldstärke (Effektivwert) [×100kV/m]
Unpolare Kunstoffe (Polystyrol,Polyethylen, Polytetrafluorethylen)	400
Polare Kunstoffe, ungefüllt (Polyvinylchlorid, Polyester, Mischpolymerisate)	150
Kunstharze, gefüllt (Hartpapiere,Hartgewebe, Kunstharzpreßmassen)	80...150
Technische Gläser	100...1000
Silikatkeramiken (Porzellane)	200...400
Kondensatorkeramiken – ND-Keramiken – HD-Keramiken	100...400 50

Auch eine elektrische Isolation über Gase (Luft und Sondergase) hat in der Anwendung große Bedeutung: Die Bilder 2.4-1 und 2 zeigen für diesen Fall die *Druck*abhängigkeit der Durchschlagsfeldstärke E_D.

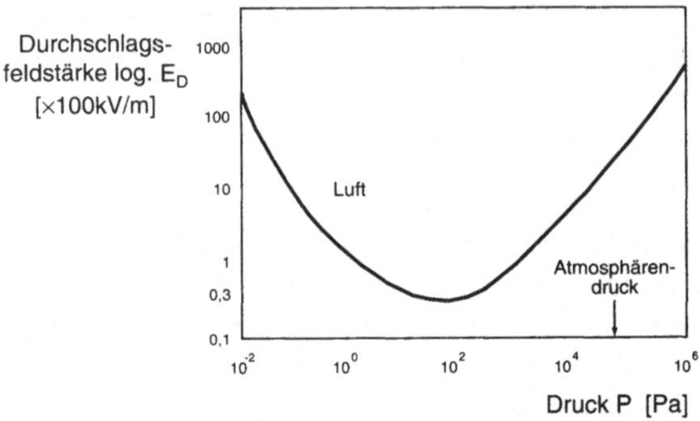

Bild 2.4-1 Durchschlagfeldstärke von Luft in einem großen Druckbereich (nach [2.9]).

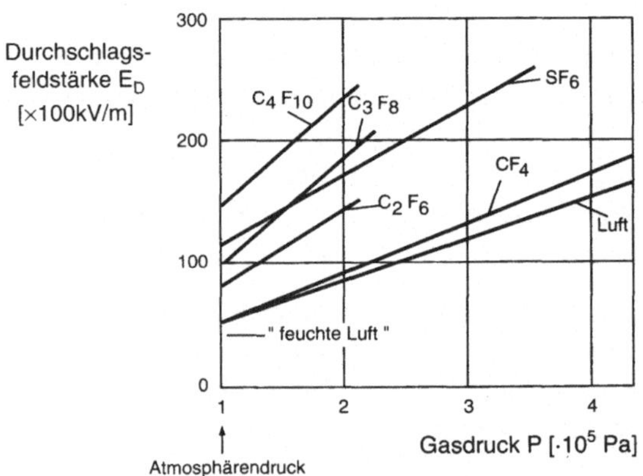

Bild 2.4-2 Durchschlagfeldstärke verschiedener Gase bei hohen Drücken (nach [2.9]).

2.4.2 Dielektrische Polarisation

In Isolatorwerkstoffen gibt es nur wenige *freie* Ladungsträger. Deshalb können hohe elektrische Feldstärken wirken, ohne daß gleichzeitig ein hoher Strom fließt. Andererseits gibt es eine große Dichte von durch die Atomkerne *stark gebundenen* Elektronen. Durch die Wirkung des äußeren Feldes entstehen nach den Gleichungen (2.3-

1 und 2) entgegengesetzt gerichtete Anziehungskräfte auf die positiv geladenen Atomkerne und die negativ geladenen Elektronen im Innern des Isolators. Im Gegensatz zu den *freien* Ladungen wird durch die *stark gebundenen* Ladungen zwar kein Ladungstransport über größere Entfernungen bewirkt, aber immerhin eine Auslenkung aus den jeweiligen Gleichgewichtspositionen, d.h. die örtlichen Verteilungen der positiven und negativen Ladungen insgesamt verschieben sich gegeneinander. Hierdurch entsteht eine Form der **elektrischen Polarisation** (sorgfältig zu unterscheiden von der *magnetischen* Polarisation, die ganz andere Ursachen hat, s. Abschnitt 8.1), die gekennzeichnet ist durch die *Bildung* von **elektrischen Dipolen**. Dieser Prozeß wird auch als **induzierte Polarisation** bezeichnet. Daneben gibt es auch Werkstoffe mit einer **permanenten Polarisation**, welche z.B. durch polare Moleküle entsteht, bei denen von aufgrund der speziellen Struktur die positiven und negativen Ladungen örtlich getrennt sind. Bei einer speziellen Sorte von Werkstoffen – den **Ferroelektrika** – stellt sich (bei nicht zu hohen Temperaturen) eine permanente elektrische Polarisation aufgrund der Kristallstruktur ein, dieses Verhalten ist die Grundlage für eine Vielzahl wichtiger technischer Anwendungen (s. Abschnitt 5.2.2). Generell werden Werkstoffe, bei denen die elektrische Polarisation eine wichtige Rolle spielt, als **Dielektrika** bezeichnet.

Nach der physikalischen Definition besteht ein permanenter Dipol aus zwei Punktladungen (in der Verallgemeinerung aus zwei räumlichen Ladungsverteilungen) mit entgegengesetzt gleichen Ladungen der Größe $\pm q$; die relative Lage der Ladungen zueinander möge durch den Ortsvektor $\vec{l}$ *(der von der negativen zur positiven Ladung zeigt)* beschrieben werden. Die Stärke des Dipols läßt sich daher charakterisieren durch das Produkt aus der positiven Ladung und dem Verschiebungsvektor, diese Größe wird als der **Vektor des Dipolmoments** $\vec{d}$ (Dimension Ladung·Länge) bezeichnet (Bild 2.4-3).

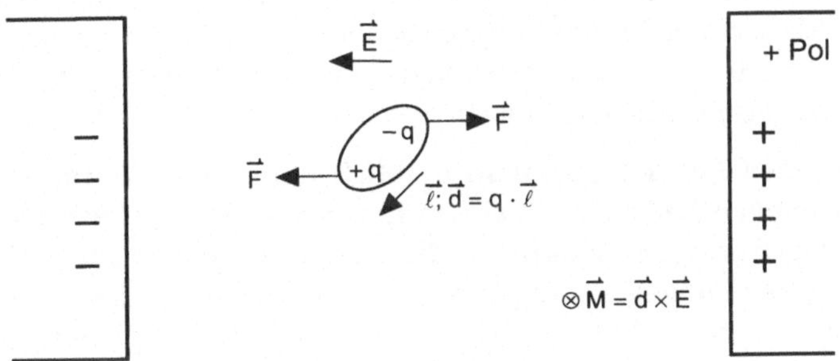

Bild 2.4-3 Definition des Dipolmoments: In einem Dipol zeigt der Vektor des Dipolmoments von der negativen zur positiven Dipolladung. Bei Anlegen eines elektrischen Feldes erzeugen die Kräfte $\vec{F}$ auf die Ladungen eines permanenten Dipols ein Drehmoment $\vec{M}$. Die hierdurch erzeugte Polarisation wird als **Orientierungspolarisation** bezeichnet.

Als **elektrische Polarisation** $\vec{P}$ (mit der Dimension Ladung·Länge/Volumen = Ladung/Fläche, d.h. einer *Flächenladung*) definieren wir die Vektorsumme aller Dipolmomente, geteilt durch das Volumen, in dem sich die Dipole befinden. Bei Anwesenheit eines elektrischen Feldes $\vec{E}$ wirkt auf einen permanenten Dipol ein mechanisches Drehmoment $\vec{M}$.

Die oben beschriebene elektrische Polarisation, welche durch Verschiebung der Elektronenhülle jedes Atoms aus dem Feld des Atomkerns charakterisiert wird, bezeichnet man auch als **elektronische Polarisation**, sie ist in Bild 2.4-4a dargestellt. Kennzeichnend dafür ist, daß vorher elektrisch neutrale Atome deformiert werden, so daß Dipole induziert werden. Daneben gibt es auch andere elektrische Polarisationseffekte:

- In Ionenkristallen können durch Wirkung eines elektrischen Feldes die einzelnen Ionen aus ihren Gleichgewichtspositionen im Gitter verlagert werden (**ionische Polarisation**, Bild 2.4-4b).
- In Werkstoffen, in denen Bausteine mit einem festen Dipolmoment (z.B. Wassermoleküle) enthalten sind, können sich diese unter Einwirkung des elektrischen Feldes ausrichten (d.h. durch die Feldwirkung verdreht werden), diesen Effekt bezeichnet man als **Orientierungspolarisation**, Bild 2.4-4c, vergl. auch Bild 2.4-3).
- In Werkstoffen, bei denen viele *leitfähige* Bereiche (z.B. Körner eines polykristallinen Werkstoffs) durch *weniger gut leitfähige* Bereiche (z.B. Korngrenzen) räumlich voneinander getrennt sind, werden bei Feldeinwirkung die freien Ladungsträger so bewegt, daß sie sich auf jeweils *einer* Seite des leitfähigen Bereichs aufstauen und dadurch ein Dipolmoment erzeugen (**Raumladungspolarisation**, Bild 2.4-4d).

Von großer Bedeutung ist die **Frequenzabhängigkeit der Polarisation**. Legt man ein elektrisches Wechselfeld mit der Frequenz ν an, dann können die vergleichsweise schweren und trägen Moleküle und Atome nur bis zu einer bestimmten Grenzfrequenz hin polarisiert werden. Im Frequenzbereich der optischen Strahlung (10^{14} bis 10^{15}Hz) ist nur noch die elektronische Polarisation imstande, dem angelegten Feld zu folgen und eine entsprechende Polarisation anzunehmen (Bild 2.4-5).

Bei der folgenden Betrachtung muß deutlich unterschieden werden zwischen den *frei beweglichen* Ladungen in einem Leiter und den in einem Dielektrikum vorhandenen *gebundenen* Ladungen, die durch ein äußeres elektrisches Feld polarisiert werden können. Ausgegangen wird von einem in x-Richtung ausgerichteten Stab aus einem dielektrischen Werkstoff (Bild 2.4-6). Wir trennen die durch Polarisation von *gebundenen* Ladungen erzeugten **Dipol*volumen*ladungsdichten** ρ_Q^{geb+} und ρ_Q^{geb-} (jeweils die Summe aller in den Dipolen enthaltenen positiven oder negativen Ladungsanteile, geteilt durch das Volumen des Dielektrikums) voneinander und tragen sie über dem Ort auf (Bild 2.4-6a). Man erkennt, daß sich bei *Ab*wesenheit elektrischer Felder (und permanenter ausgerichteter elektrischer Dipo-

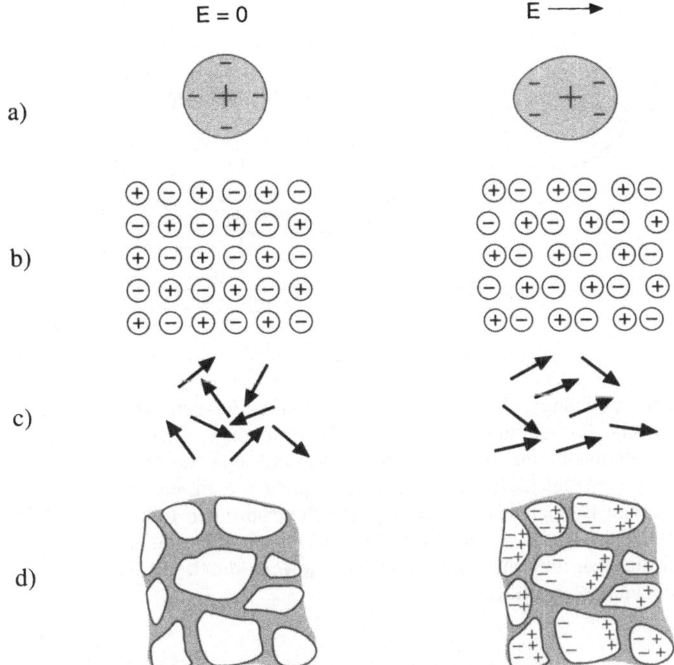

Bild 2.4-4 Wirkung eines elektrischen Feldes auf gebundene Ladungen in einem Dielektrikum (nach [0.5]).

a) **Elektronische Polarisation**: Das elektrische Feld verursacht entgegengesetzt gerichtete Kräfte auf Atomkern und Atomhülle, die Ladungsschwerpunkte von beiden werden auseinandergezogen, so daß ein induzierter Dipol entsteht.

b) **Ionische Polarisation**: Kationen und Anionen in einem Ionenkristall werden in unterschiedlichen Richtungen ausgelenkt.

c) **Orientierungspolarisation**: Vorhandene permanente Dipole werden durch das elektrische Feld ausgerichtet

d) **Raumladungspolarisation**: Z.B. in Sinterkeramiken werden häufig gut leitende Körner (geschlossene Kurven) durch schlecht leitende Bereiche (schraffiert) getrennt. Bei Wirkung eines äußeren Feldes stauen sich freie Ladungsträger jeweils auf *einer* Seite der gut leitenden Bereiche auf und erzeugen dadurch eine elektrische Polarisation.

le – also *fester* Dipolladungen, wie sie bei **ferroelektrischen** Werkstoffen, s. o. und [0.3], vorkommen) beide Ladungsverteilungen an jedem Ort exakt kompensieren. Wirkt jedoch ein elektrisches Feld, dann verschieben sich die Ladungsverteilungen aufgrund der Feldkraft (2.3-1 und 2) gegeneinander, so daß sie sich nur noch im Innern des Dielektrikums gegeneinander aufheben, nicht jedoch an den Stirnflächen (in Richtung des elektrischen Feldes, Bild 2.4-6b): Dort entstehen Überschußladungen in einem Volumenbereich, dessen Breite kleiner ist als die Ausdehnung eines

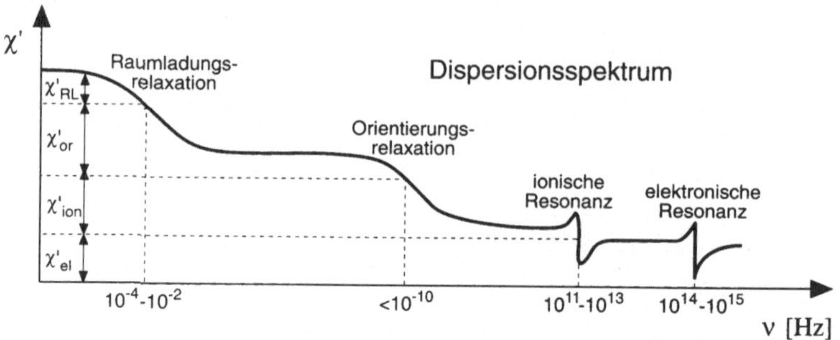

Bild 2.4-5 Frequenzabhängigkeit der elektrischen Polarisation – charakterisiert durch die dielektrische Suszeptibilität $\chi = \varepsilon_r - 1$, Definitionen s. Gleichungen (2.4-8 und 9): Bei höheren Frequenzen können die ionische und die Orientierungspolarisation dem anregenden elektrischen Feld nicht mehr folgen, übrig bleibt daher im lichtoptischen Bereich nur der Beitrag der elektronischen Polarisation. Die Orientierungspolarisation ist nur bis in den Mikrowellenbereich wirksam. Die ionische und die elektronische Polarisation sind jeweils durch ein Resonanzverhalten gekennzeichnet (nach [0.5]).

einzelnen Dipols, d.h.– mit Ausnahme der Raumladungspolarisation – innerhalb von Abmessungen der Größenordnung eines Atomdurchmessers oder eines Atomabstandes. Faßt man die Volumenladung über diese sehr kurze Distanz zusammen, dann erhält man die **Dipol*flächen*ladungsdichten** (Dipolladung pro Querschnittsfläche des Stabes) σ_Q^{geb+} und σ_Q^{geb-}).

Die Dichte der Dipolmomente (elektrische Polarisation) ist in dem betrachteten Stab bei Vorhandensein einer hinreichend großen Anzahl von Dipolen (so daß sich gleiche Mittelwerte über die örtlich vorhandenen unterschiedlichen Konfigurationen ergeben) konstant, bei der Ausrichtung der Dipole wie in Bild 2.4-6b ergibt sich hierfür nach der Vorzeichenkonvention in Bild 2.4-3 überall ein negativer Wert (Bild 2.4-6c).

Ein polarisierter Stab wie in Bild 2.4-6b hat dieselben Eigenschaften wie ein großer (makroskopischer) Dipol mit der Dipolladung $\sigma_Q^{geb} \cdot A$ (A = Querschnitt des Stabes) und dem Abstand l (l = Länge des Stabes) der Dipolladungen voneinander, so daß sich als gesamtes Dipolmoment des Stabes d_{ges} in Bild 2.4-6b ergibt:

$$d_{ges} \underset{\text{Bild 2.4-6b}}{=} \left|\sigma_Q^{geb} \cdot A\right| \cdot (-l) = -\left|\sigma_Q^{geb}\right| \cdot A \cdot l \qquad (2.4\text{-}1a)$$

$$\Rightarrow P := \frac{d_{ges}}{A \cdot l} = -\left|\sigma_Q^{geb}\right| \qquad (2.4\text{-}1b)$$

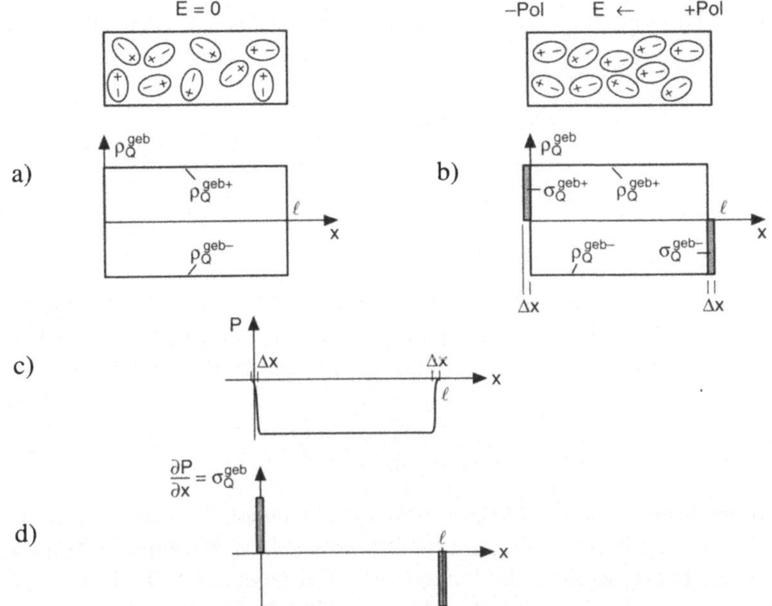

Bild 2.4-6 Dielektrische Polarisation:

a) Die Dipol*volumen*ladungsdichten ρ_Q^{geb} kompensieren sich (bei nichtferroelektrischen Werkstoffen) im feldfreien Fall an jedem Ort im Dielektrikum auf Null.

Bei Anlegen eines elektrischen Feldes jedoch wirkt die Kompensation nur im Innern des Dielektrikums, an den Stirnflächen entstehen Dipol*oberflächen*ladungen σ_Q^{geb}:

b) Ausrichtung der Dipole in einem Dielektrikum unter Einfluß eines elektrischen Feldes.

c) Ortsverlauf der elektrischen Polarisation P (Volumendichte aller Dipolmomente).

d) der negative Gradient der Polarisation in c) ergibt nach Gleichung (2.4-3b) bei $x = 0$ und $x = l$ dieselben Flächenladungen wie in b).

Das negative Vorzeichen entsteht wieder über die Vorzeichenkonvention in Bild 2.4-3. Die elektrische Polarisation P hat denselben Wert wie in Bild 2.4-6c, da beide dasselbe System beschreiben.

Bei als konstant angenommenen Dipolvolumenladungssdichten ρ_Q^{geb} ergibt sich nach Bild 2.4-6b die Oberflächenladungsdichte durch

$$\left|\sigma_Q^{geb}\right| = \left|\rho_Q^{geb}\right| \left|\Delta x\right| \qquad (2.4\text{-}2)$$

d.h. sie wird allein durch die Verschiebung Δx der beiden Dipolvolumenladungen gegeneinander festgelegt. Ist diese Verschiebung Null, dann verschwindet nach Bild 2.4-6a auch das Dipolmoment, bzw. die Polarisation, so daß aus (2.4-1b) und (2.4-2) folgt:

$$\Rightarrow \Delta P = -\left|\rho_Q^{geb}\right|\left|\Delta x\right| \qquad (2.4\text{-}3a)$$

$$\Rightarrow \frac{\Delta P}{\left|\Delta x\right|} = -\left|\rho_Q^{geb}\right| \qquad (2.4\text{-}3b)$$

Dieses Ergebnis kann auf den Ortsverlauf der Polarisation in Bild 2.4-6c angewendet werden, da der Abfall der Dipoldichte an den Stirnflächen des Stabes innerhalb einer Breite Δx erfolgt. Die Beziehung (2.4-3b) läßt sich dann verallgemeinern zu:

$$\Rightarrow \frac{\Delta P}{\Delta x} \underset{\lim\ \Delta x \to 0}{\longrightarrow} \frac{\mathrm{d}P}{\mathrm{d}x} = -\rho_Q^{geb} \qquad (2.4\text{-}4)$$

Die **Poissongleichung** (eine der Maxwellschen Gleichungen der Elektrotechnik) lautet mit der Volumenladungsdichte ρ_Q^{fr} für frei bewegliche **Monopolladungen** (das sind frei verschiebbare, isolierte Ladungen, z.B. frei bewegliche Elektronen, Ionen etc.) und der Volumendichte ρ_Q^{geb} für gebundene Dipolladungen entsprechend (2.4-6) in eindimensionaler Form in x-Richtung:

$$\varepsilon_o \frac{\mathrm{d}E}{\mathrm{d}x} = \rho_Q^{fr} + \rho_Q^{geb} \qquad (2.4\text{-}5a)$$

$$\underset{(2.4\text{-}4)}{=} \rho_Q^{fr} - \frac{\mathrm{d}P}{\mathrm{d}x} \qquad (2.4\text{-}5b)$$

$$\Rightarrow \frac{\mathrm{d}}{\mathrm{d}x}\left(\varepsilon_o \vec{E} + \vec{P}\right) = \rho_Q^{fr} =: \frac{\mathrm{d}D}{\mathrm{d}x} \qquad (2.4\text{-}6)$$

mit der **dielektrischen Verschiebungsdichte** $D := \varepsilon_o E + P$ (2.4-7)

Aus den Modellen in den Bildern 2.4-4 und 2.4-6 ist offensichtlich, daß die Stärke und Ausrichtung der Dipole, und damit die Größe der Polarisation miteinander verknüpft sind: Mit dem Feld E steigt auch P an. In erster Näherung (die im allgemeinen gut erfüllt ist) kann eine Proportionalität angesetzt werden mit der **dielektrischen Suszeptibilität** χ als Proportionalitätskonstanten.

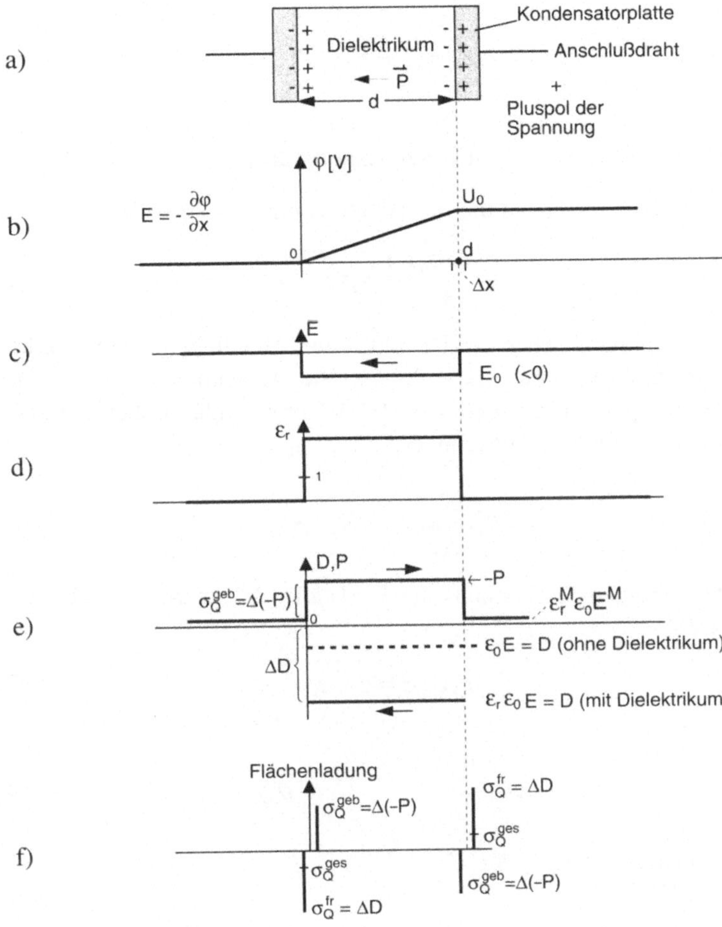

Bild 2.4-7 Plattenkondensator mit Dielektrikum (Dicke d, Querschnitt A):

a) Aufbau des Kondensators,

b) elektrostatisches Potential $\varphi(x)$, mit $\varphi(d)$-$\varphi(0) = U_o$ (angelegte Spannung)

c) Feldstärke $E(x)$

d) relative Dielektrizitätskonstante $\varepsilon_r(x)$

e) Polarisation $P(x)$ und dielektrische Verschiebungsdichte $D(x)$

f) Flächenladungsdichten von freien Ladungen $\sigma_Q{}^{fr}$ (auf den Kondensatorplatten) und induzierten Ladungen $\sigma_Q{}^{geb}$ (an den Stirnfläche des Dielektrikums).

$$P = \chi \cdot \varepsilon_o E \qquad (2.4\text{-}8)$$

$$\underset{(2.4\text{-}7)}{\Rightarrow} D = \varepsilon_o E(1+\chi) =: \varepsilon_r \varepsilon_o E \qquad (2.4\text{-}9)$$

mit der (**relativen**) **Dielektrizitätskonstanten** $\varepsilon_r := 1 + \chi$ (2.4-10)

Mit der Beziehung (2.4-9) lautet die Poissongleichung (2.4-5) schließlich:

$$\frac{\mathrm{d}(\varepsilon_r \varepsilon_o E)}{\mathrm{d}x} = \rho_Q^{fr} \qquad (2.4\text{-}11)$$

Wir bringen an den Stirnflächen des Dielektrikums Metallplatten an und erhalten damit einen **Plattenkondensator** (Bild 2.4-7). Die Anwendung von (2.4-4) auf die rechte Kondensatorplatte bei $x = d$ in Bild 2.4-7 ergibt (die Größen auf der Metallseite werden mit dem Index M gekennzeichnet):

$$\frac{\varepsilon_r^M \varepsilon_o E^M - \varepsilon_r \varepsilon_o E}{\Delta x} = \rho_Q^{fr} \qquad (2.4\text{-}12)$$

Da wegen des geringen Widerstands die Feldstärke E^M im Metall nahezu Null ist, folgt mit (2.4-2)

$$-\varepsilon_r \varepsilon_o E = \sigma_Q^{fr} \qquad (2.4\text{-}13)$$

$$\Rightarrow \varepsilon_r \varepsilon_o \frac{U_o}{d} =: C_F \cdot U_o = \sigma_Q^{fr} \qquad (2.4\text{-}14)$$

mit der Flächenkapazität C_F (Kapazität pro Fläche) $C_F = \frac{U_o}{d}$ (2.4-15)

Die Wirkung des Dielektrikums ist also eine Vergrößerung des Sprunges der dielektrischen Verschiebungsdichte an den Kondensatorplatten, dadurch wird die Monopolladung (die von außen einfließen muß) auf den Kondensatorplatten erhöht. Anders interpretiert: Das Dielektrikum erzeugt gegenüber den Kondensatorplatten eine (zusätzliche) induzierte *gebundene* Ladung, welche durch Monopolladungen auf den Kondensatorplatten kompensiert werden muß. Geht man von der flächenbezogenen Kapazität in (2.4-15) über auf die absolute, dann erhält man

Kapazität $C := C_F \cdot A; \quad [C] = \mathrm{F}$ (Farad) (2.4-16a)

$$\underset{(2.4\text{-}14)}{\Rightarrow} Q_{fr} = C \cdot U_o \qquad (2.4\text{-}16b)$$

Anstelle einer festen Spannung U_o legen wir jetzt eine Wechselspannung an, die wir – wie in der Elektrotechnik üblich – durch eine komplexe Funktion beschreiben:

$$u := u_1 \exp(j\omega t) \tag{2.4-17}$$

Nach Einsetzen in (2.4-16b) und Ableitung nach der Zeit erhalten wir

$$i_C = \frac{\mathrm{d}Q_{fr}}{\mathrm{d}t} = C \cdot \frac{\mathrm{d}u}{\mathrm{d}t} = C \cdot \frac{\mathrm{d}}{\mathrm{d}t}\big(u_1 \exp(j\omega t)\big) = j\omega C \cdot u \tag{2.4-18}$$

Dabei haben wir berücksichtigt, daß die zeitliche Änderung der Monopolladung Q_{fr} auf den Kondensatorplatten dem auf die Kondensatorplatten fließenden Strom i_C entspricht. Dieser ist rein imaginär und wird daher im Zeigerdiagramm (Bild 2.4-9a) auf der imaginären Achse eingetragen.

Als kapazitiver Wechselstromwiderstand (**Blindwiderstand**) r_C ergibt sich damit in einer Verallgemeinerung der Definition (2.3-14):

$$r_C := \frac{u}{i_C} = \frac{1}{j\omega C} \tag{2.4-19}$$

d.h. der Wechselstromwiderstand ist komplex.

Diese Beziehung gilt für einen **idealen** Kondensator. Für den **realen** Kondensator setzt man einen parasitären Parallelwiderstand (**Wirkwiderstand**) an (Bild 2.4-8), durch den der Wechselstrom fließt:

$$i_R = \frac{u}{R} \tag{2.4-20}$$

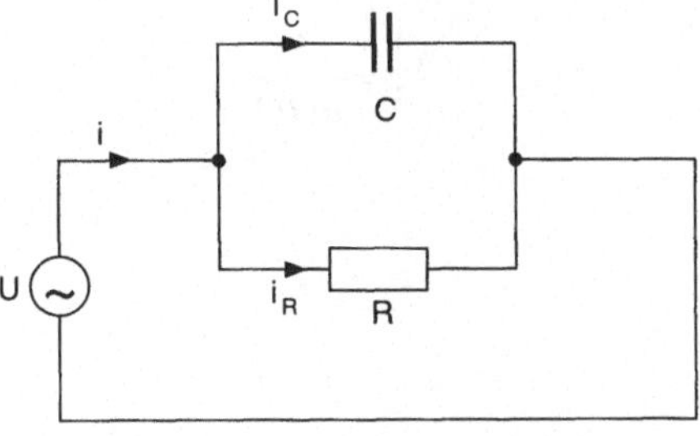

Bild 2.4-8 Ersatzschaltbild eines realen (verlustbehafteten) Kondensators

Dieser Strom ist reell und liegt daher im Zeigerdiagramm (Bild 2.4-9a) auf der reellen Achse. Im Vergleich zu dem kapazitiven Strom i_C ergibt sich also eine Phasenverschiebung von 90°.

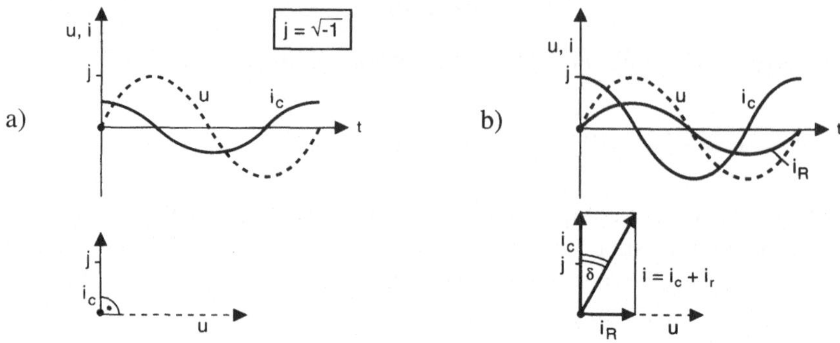

Bild 2.4-9: Zeitlicher Verlauf von Strom und Spannung, sowie Zeigerdiagramm von einem
a) idealen (verlustfreien) und
b) realem (verlustbehaftetem) Kondensator

Der Gesamtstrom i durch das Netzwerk in Bild 2.4-8 ergibt sich einfach durch

$$i = i_C + i_R = j\omega C \cdot u + \frac{1}{R} \cdot u \tag{2.4-21}$$

Er läßt sich im Zeigerdiagramm nach den für die Addition komplexer Zahlen (ähnlich der Vektoraddition) gültigen Regeln graphisch ermitteln (Bild 2.4-9b). Der Gesamtstrom i ist gegenüber dem Blindstrom i_C um einen **Verlustwinkel** δ phasenverschoben, der sich aus der trigonometrischen Beziehung ergibt:

$$\tan\delta = \left| \frac{i_R}{i_C} \right| = \frac{1}{\omega RC} \tag{2.4-22}$$

3 Metalle

3.1 Elektrische Leitfähigkeit

Ein besonderes Kennzeichen aller Metalle ist ihre gute elektrische Leitfähigkeit σ_{sp}, d.h. ihr spezifischer Widerstand ρ_{sp} ist besonders niedrig (Bild 3.1-1 und Tab. 3.1-1).

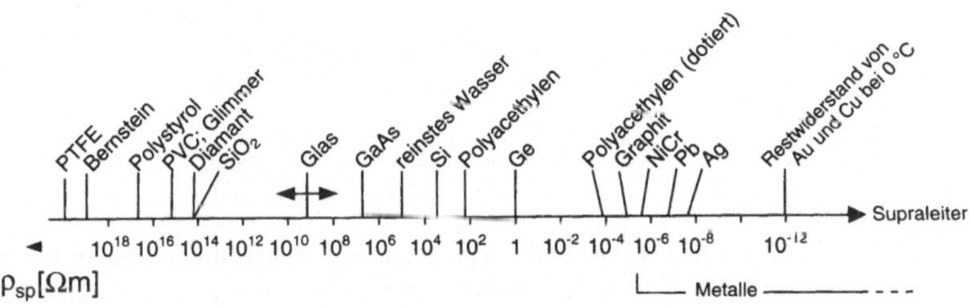

Bild 3.1-1 Spezifischer Widerstand von Werkstoffen: Metalle haben besonders niedrige Werte.

Tab. 3.1-1: Spezifischer elektrischer Widerstand und Temperaturkoeffizient einiger Metalle bei 20°C (nach [2.9]).

Metall/ Legierung	Spezifischer elektr. Widerstand ρ_{sp} bei Raumtemperatur $[10^{-8}\Omega m]$	Temperaturkoeffizient α_T des spezifischen Widerstands $[10^{-3}K^{-1}]$
Ag	1,6	3,8
Al	2,8	3,9
Au	2,3	3,4
Cu	1,7	3,9
Fe	9,0	4,5
Mg	4,2	4,0
Na	4,3	4,0
Ni	6,9	6,0
Pb	19,0	3,9
W	5,0	4,5
Zn	5,3	3,7
Cu-Sn (Bronze)	10,0	1,0
Cu-Zn (Messing)	6,0	2,0
Cu-Ni (Konstantan)	50,0	0,0
Ni-Cr	100,0	0,4

Der spezifische Widerstand kann durch die Temperatur und andere Einflüsse wie Verunreinigungen, Gitterfehler u.a. verändert werden, dabei gilt die **Matthiessensche Regel**, Bild 3.1-2)

$$\rho_{sp} = \rho_{sp}^{T}(T) + \rho_{sp}^{r}(\text{andere Parameter}) \qquad (3.1\text{-}1)$$

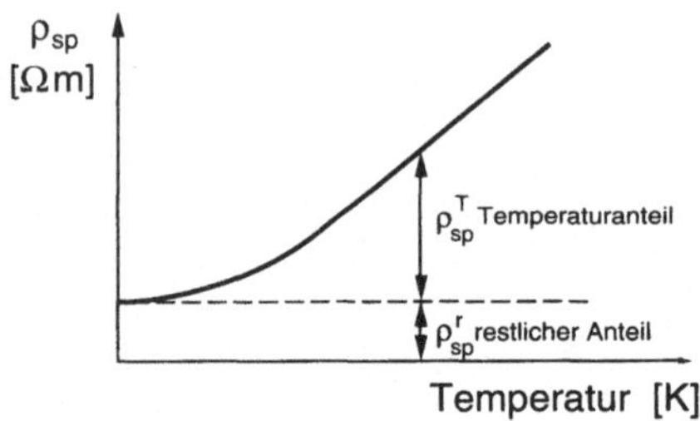

Bild 3.1-2 Aufspaltung des spezifischen Widerstandes von Metallen in einen temperaturabhängigen und einen nicht temperaturabhängigen Teil nach der Matthiessenschen Regel.

In Bild 3.1-3 ist die Temperaturabhängigkeit $\rho_{sp}(T)$ für wichtige Metalle wiedergegeben.

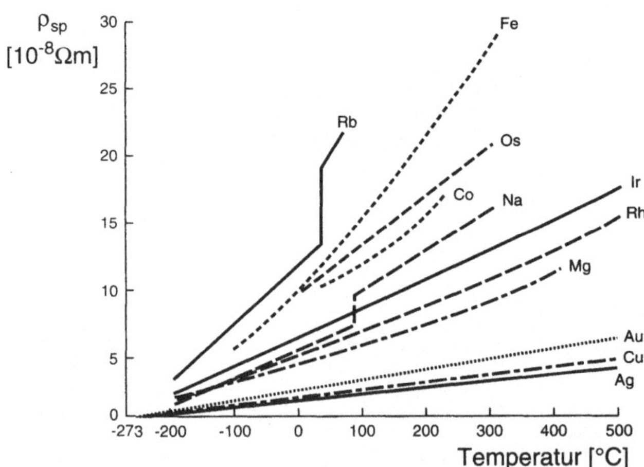

Bild 3.1-3: Temperaturabhängigkeit des spezifischen Widerstandes einiger Metalle

Man erkennt, daß der Zusammenhang weitgehend linear ist (Sprünge in der Abhängigkeit lassen auf Phasenumwandlungen – z.B. mit einer Änderung der Kristallstruktur – schließen):

$$\rho_{sp}(T) = \rho_{sp}\left(0^{o}\,C\right)\left(1 + \alpha_T \cdot T\right); \;\; [T] = {}^{o}\,C \qquad (3.1\text{-}1)$$

wobei α_T als **Temperaturkoeffizient** (abgekürzt **TK**, s. [0.3]) bezeichnet wird. In Tab. 3.1-1 sind die entsprechenden Werte vielverwendeter metallischer Leiter eingetragen. Die physikalische Ursache für die Zunahme des Widerstandes liegt in der Abnahme der Beweglichkeit mit der Temperatur: Mit steigender Temperatur nehmen die Atom- und Gitterschwingungen im Kristall zu, so daß die Elektronenbahnen beim Stromtransport stärker gestört werden.

In *Mischkristallen* nimmt im allgemeinen der spezifische Widerstand mit der Fremdatomkonzentration zu (Bild 3.1-4a). Wenn eine Legierung in mehrere Phasen zerfällt (wie z.B. bei Legierungen mit eutektischem Zustandsdiagramm), dann ergibt sich der spezifische Widerstand insgesamt als Parallel- und Serienschaltung der Anteile aus den einzelnen Phasen, die für sich durchaus unterschiedliche Werte für den spezifischen Widerstand haben können, d.h. es ergibt sich insgesamt eine lineare Konzentrationsabhängigkeit (Bild 3.1-4b).

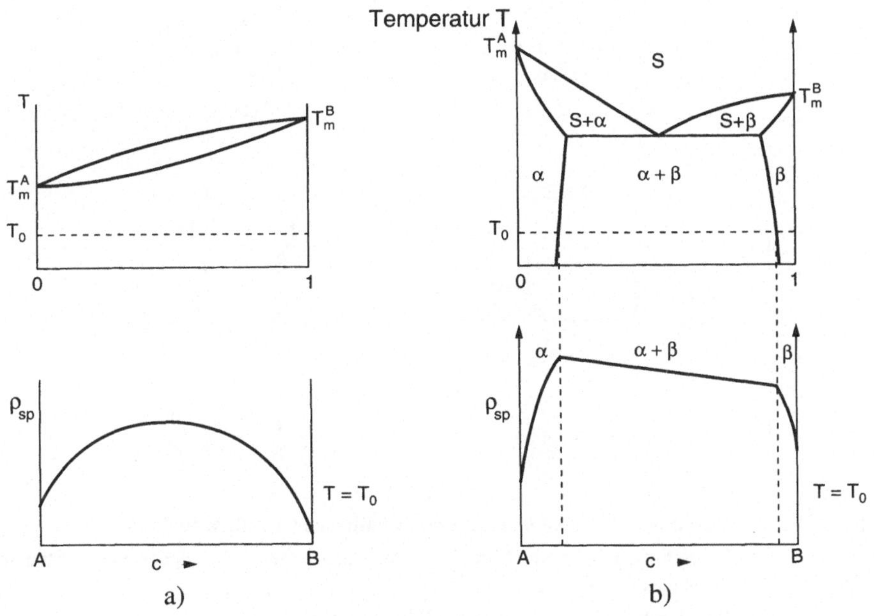

Bild 3.1-4 Konzentrationsabhängigkeit des spezifischen Widerstandes von vollständig mischbaren (a) und eutektischen (b) Legierungssystemen mit den dazugehörigen Zustandsdiagrammen (nach [2.2])

3.2 Fertigungstechnik

3.2.1 Umformtechnik

Neben der guten elektrischen Leitfähigkeit ergibt sich als weitere technisch attraktive Eigenschaft der Metalle, daß eine einfache mechanische Formgebung *durch plastische Verformung* (Abschnitt 2.1.2) möglich ist. Bei Anwendung großer mechanischer Spannungen lassen sich auch harte Metallkörper in weiten Grenzen **umformen**. Nach Beendigung des Umformprozesses bleibt dann im Bereich geringerer mechanischer Beanspruchung die gewünschte Form erhalten.

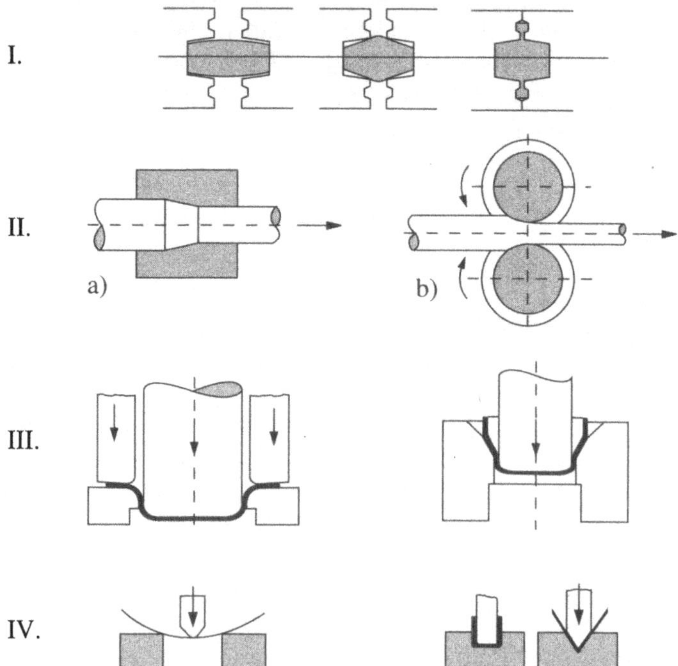

Bild 3.2-1 Verfahrensschritte der **spanlosen metallischen Umformtechnik**:

I. Schmieden von Metallen mit den drei Grundprozessen Stauchen – Anlegen – Füllen

II. Durchziehen: a) Stabziehen (Drahtziehen), b) Walzziehen

III. Tiefziehen

IV. Biegeumformen

Weichere Metallteile wie Kupferdrähte und dünne Metallbleche können leicht auch manuell geformt werden, so daß eine Verdrahtung beliebig gelagerter Kontaktstellen relativ einfach durchzuführen ist. Deshalb ist eine metallische Leitertechnik bei allen nichtplanaren (d.h. dreidimensional aufgebauten) elektrischen Schaltungen immer noch vorteilhaft. Zu den Metallen vergleichbare plastische Eigenschaften lassen weder mit keramischen, noch mit Halbleiterwerkstoffen realisieren, allenfalls einige Kunststoffe können mit ähnlichen Eigenschaften hergestellt werden.

Besondere Bedeutung in der Elektronik haben die **Draht-Schweißverfahren (Drahtbonden)**. Dabei geht man von sehr dünnen (Bereich: Einige µm bis etwa 250 µm) Drähten aus reinem oder schwach legiertem Gold aus, die gut leitfähig und bei mäßig hohen Temperaturen (200°C) plastisch leicht verformbar sind. Bild 3.2-2 zeigt einige gebräuchliche Bondverfahren.

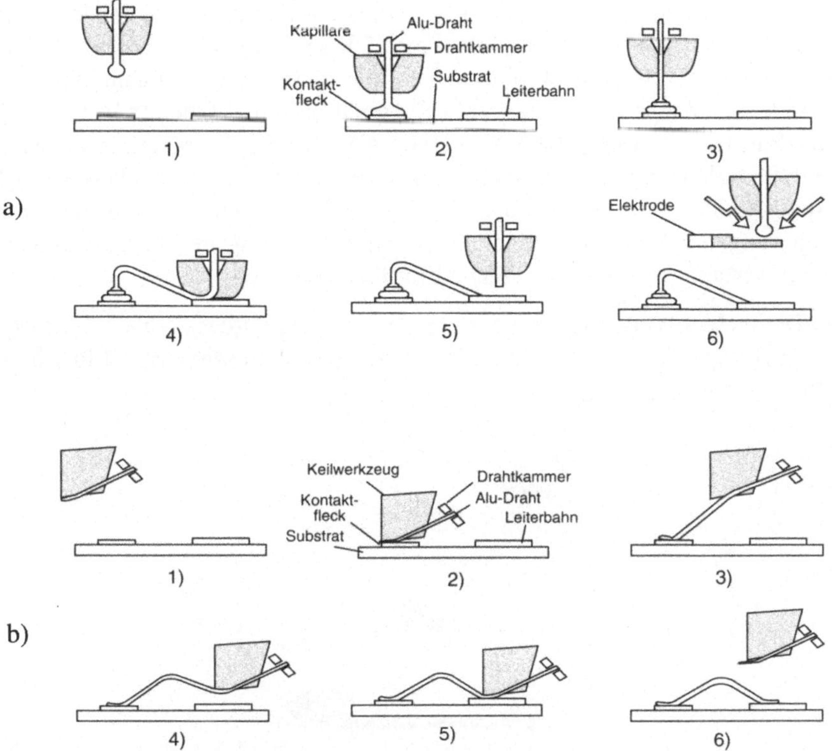

Bild 3.2-2 Draht-Bondverfahren:

a) **Nailhead-** oder **Ball-Bondverfahren** (Golddraht): Durch eine Kondensatorentladung wird das Ende des Golddrahtes zu einer Kugel verschmolzen und auf die Bond-Kontaktfläche gedrückt (1). An dieser Stelle wird die Kugel mit dem Metall verschweißt (2), wieder abgehoben und zur zweiten Kontaktfläche geführt (4). Dort wird sie angedrückt und abgeschert (5), womit die Bondverbindung hergestellt ist.

b) **Keil-** oder **Wedge-Bondverfahren** (Aluminiumdraht): Verfahren wie (a), jedoch wird der Draht durch einen Keil in Drahtrichtung verformt.

3.2.2 Dick- und Dünnschichttechnik

Die Einzelverdrahtung von elektrischen Schaltungen mit Kupferdrähten ist sehr kostenaufwendig. Sogar bei der Fertigung relativ kleiner Stückzahlen ist die Anwendung von metallbeschichteten **Leiterplatten** aus Epoxidharz und anderen Werkstoffen bereits kostengünstiger. Diese werden z.B. mit einer Kupferschicht bedeckt und über verschiedene Verfahren strukturiert, so daß nach einem Ätzprozeß nur noch die gewünschten Leiterverbindungen als Kupferbahnen übrig bleiben. Anschließend erfolgt häufig eine Verstärkung der Kupferschicht durch Zinn in einem Tauchlotverfahren. Die Verbindung der Leiterbahnen zu den Bauelementen wird durch Löten hergestellt (s. Abschnitt 3.3.1).

Verfeinerte Verdrahtungstechniken werden auf einem Keramiksubstrat oder bei integrierten Schaltungen auf der Oberfläche einer Siliziumscheibe realisiert, welche zur Isolation mit einer Oxidschicht bedeckt ist. Alle diese Verbindungen sind mechanisch stabil, so daß eine plastische Verformung nur in Sonderfällen (z.B. der Verbiegung des Substrats) auftritt. Die Vorteile von metallischen Werkstoffen liegen weiterhin grundsätzlich in der guten elektrischen Leitfähigkeit, in der relativ einfachen Herstellungstechnik und in der Tatsache, daß die Eigenschaften von Metallen oder Metallegierungen relativ unempfindlich auf eine Änderung der Zusammensetzung und andere verfahrenstechnisch bedingte Einflüsse reagieren.

Bei den **Dickschichtverfahren** wird auf ein hochtemperaturbeständiges keramisches Substrat (z.B. aus Al_2O_3-Keramik) mit Hilfe einer **Siebdrucktechnik** (Bild 3.2-3) eine **Dickfilmpaste** aufgebracht.

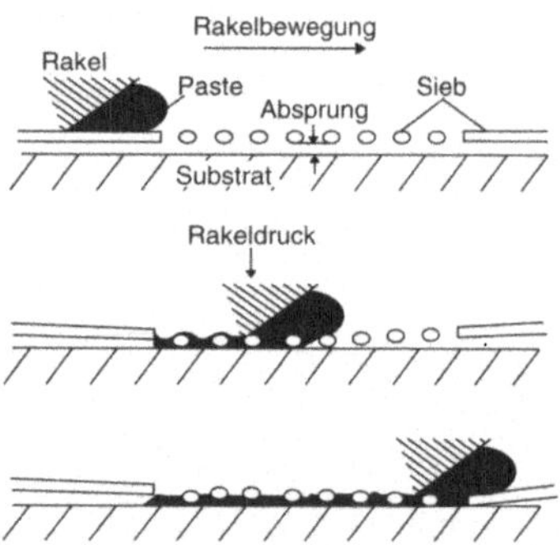

Bild 3.2-3 Siebdruckverfahren zur Herstellung von Strukturen in einer Dickschichtschaltung: Über ein Metallsieb mit der vorgegebenen Struktur wird die Dickfilmpaste auf das Substrat übertragen.

Diese besteht aus einem sehr feinen Metallpulver, einem organischen Bindemitel (**Träger** oder **Vehikel**) und einem Glaspulver (sog. **Glasfritte**), welche die Haftung zwischen dem Substrat und der Leiterbahn vermittelt. Das **Einbrennen der Paste** erfolgt in einem Durchlaufofen mit vorgegebenem Temperaturprofil (Bild 3.2-4).

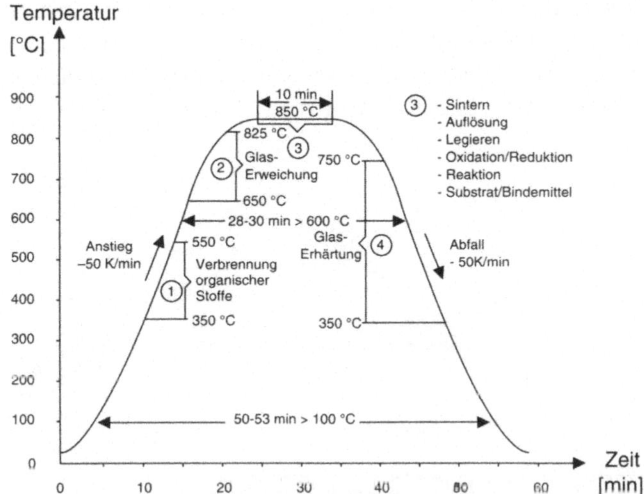

Bild 3.2-4 Temperaturbehandlung zum Einbrennen einer Dickschichtpaste.

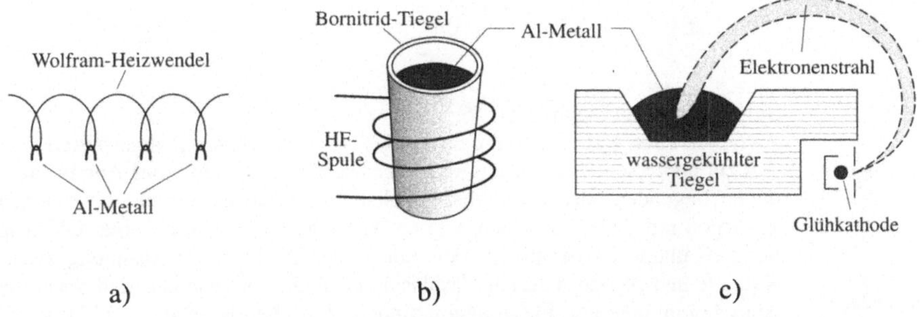

Bild 3.2-5 Verfahren zur Verdampfung von Metallen in einer Vakuum-Aufdampfanlage: Die gewünschte Substanz wird in einer Hochvakuumanlage auf so hohe Temperaturen erhitzt, daß ein hinreichend hoher Dampfdruck entsteht. Die dabei freigesetzten Atome oder Moleküle werden radial emittiert und schlagen sich auf Scheibenhaltern mit den dort befestigten Halbleiterscheiben nieder. Für die Aufheizung der zu verdampfenden Substanz (Quelle) kommen verschiedene Verfahren zur Anwendung (nach [3.2]).

a) Ein Drahtstück aus dem zu verdampfenden Metall ist an einer beheizten Wolframwendel aufgehängt.

b) Das Metall befindet sich in einem elektrisch oder induktiv beheizten keramischen Schmelztiegel.

c) Das Metall befindet sich in einem (gekühlten) Schmelztiegel, es wird durch einen intensiven Elektronenstrahl bis zur Verdampfungstemperatur aufgeheizt. Dieses Verfahren liefert den geringsten Anteil unerwünschter Verunreinigungen, die z.B. aus den Heizwendeln oder Induktionsspulen stammen können.

Die Leitfähigkeit wird durch die in der **Paste** (gelegentlich auch **Tinte** genannt) eingelagerten Metallkörner hergestellt, welche während der Hochtemperaturphase zusammenwachsen (**sintern**). Aus Gründen der Korrosionsbeständigkeit werden meistens Edelmetalle wie Palladium, Silber, Gold und Platin eingesetzt.

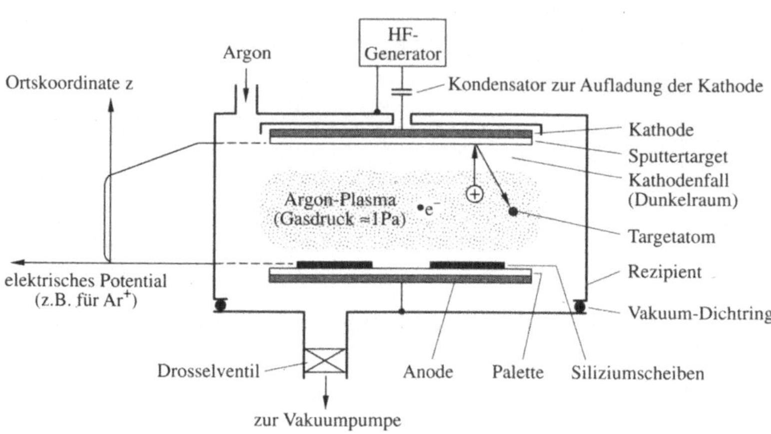

Bild 3.2-6 Sputterverfahren (nach [3.3])
Zwischen einer Kathode (mit dem **Target**, von dem Material abgesputtert und auf den Halbleiterscheiben niedergeschlagen werden soll) und einer Anode (mit den darauf liegenden oder befestigten Halbleiterscheiben) wird in einer Vakuumanlage Argon mit einem Gasdruck von ca. 1Pa eingeführt. Mittels einer Gleichspannung (Kathode an negativem Pol) oder einer Hochfrequenzspannung zwischen Kathode und Anode wird ein Gasplasma gezündet, in welchem sich positiv geladene Argonionen und Elektronen befinden. Zwischen Kathode und Plasma bildet sich in der **Kathodenfallstrecke** eine Spannung von typisch 1kV, durch welche die Argonionen in Richtung Target (Kathode) beschleunigt werden. Dort schlagen sie aus der Oberfläche Atome los, die mit niedriger Energie das Target verlassen und sich auf der Anode niederschlagen. Auch bei einer Hochfrequenzanregung kommt es zu einer negativen elektrostatischen Aufladung der Kathode, sofern diese durch eine Kapazität von der Hochfrequenzquelle gleichstrommäßig getrennt ist (das ist nicht erforderlich bei isolierenden Targets). Die Aufladung kommt dadurch zustande, daß nur die hochbeweglichen Elektronen dem schnellen Hochfrequenzfeld folgen können und daher die Kathode erreichen und diese negativ aufladen, nicht aber die weit schwereren Argonionen. Nach demselben Prinzip wird auch die Anode negativ aufgeladen, diesen Effekt verringert man aber dadurch, daß man die Anode mit der Vakuumapparatur leitend verbindet und damit die geladene Fläche auf dieser Seite stark vergrößert. Auf diese Weise entsteht nur ein geringer Spannungsabfall vor der Anode (s. Kurve links von der Abbildung).

Mit Hilfe der Siebdrucktechnik können nur relativ grobe Strukturen (z.B. Strukturbreiten um 50 µm) hergestellt werden. Diese Einschränkung gilt nicht für Metallschichten, welche durch **Dünnschichtverfahren** hergestellt worden sind: Hierbei werden vor allem **Aufdampfverfahren** (Bild 3.2-5) und **Sputterverfahren** (Kathodenzerstäubung, Bild 3.2-6) angewendet. Eine ausführlichere Diskussion erfolgt in [0.2]. Die Erzeugung von Leiterbahnen erfolgt in den Metallschichten über einen **photolithographischen** Prozeß (Bild 3.2-7). Hiermit lassen sich Strukturen mit Dimensionen unterhalb eines µm (**Submikrontechnik**) herstellen.

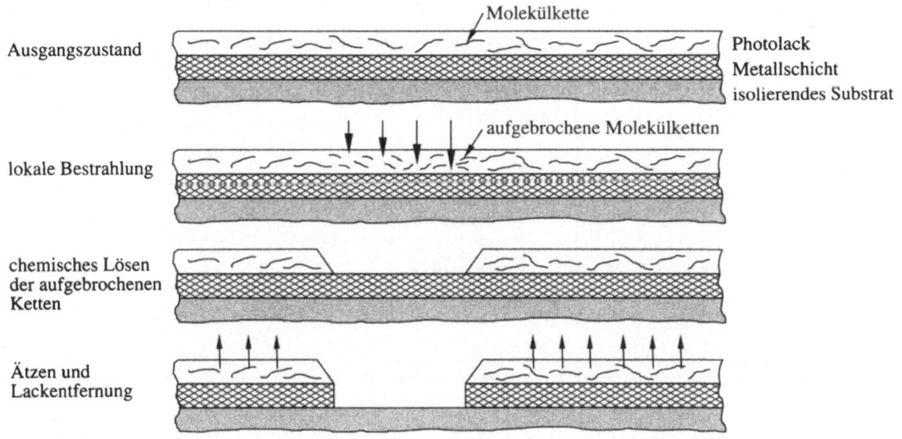

Bild 3.2-7 Erzeugung lateraler Strukturen über Photolithographie mit **Positivlacken**: Das Substrat mit der Metallschicht wird mit einem lichtempfindlichen Lack beschichtet (das Lackmaterial wird in flüssigviskoser Form auf die Scheibe gebracht und durch Schleudern mit vorgegebener Umdrehungszahl in einer bestimmten Dicke gleichmäßig auf der Scheibenoberfläche verteilt, anschließend wird der Lack getrocknet). Durch örtliche optische Bestrahlung werden an den belichteten Stellen die Molekülketten des Films aufgebrochen (bei **Negativlack** vernetzt), danach lassen sich diese Bereiche mit geeigneten chemischen Lösungsmitteln selektiv lösen (d.h. ohne die nicht bestrahlten Stellen zu verändern) (**Lackentwicklung**). Auf diese Weise wird am Ort der optischen Bestrahlung eine Öffnung in der Photolackschicht erzeugt. Bei einem anschließenden Ätzprozeß, der den verbliebenen Photolack nicht angreift, kann die Metallschicht lokal entfernt werden. In einem letzten Schritt wird der noch vorhandene Photolack gelöst, so daß als Ergebnis des Photoprozesses eine lateral strukturierte Metallschicht übrigbleibt.

Das Abätzen der Metallschicht an den vom Photolack befreiten Stellen erfolgt durch chemische Ätzlösungen (die den verbliebenen Photolack nicht angreifen) oder nach **Trockenätzverfahren** (Bild 3.2-8):

	Prinzip	Ätzprofil	Verfahren
a)	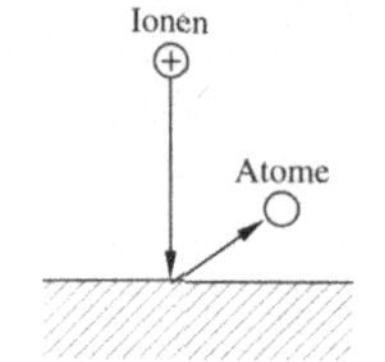 Ionen, Atome	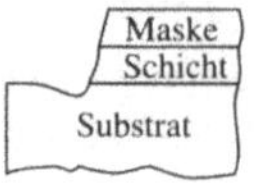 Maske, Schicht, Substrat	● Ionenstrahlätzen (IBE, Ion Beam Etching) Ion Milling
b)	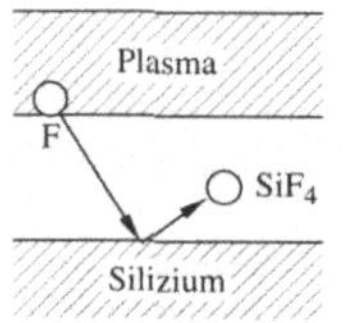 Plasma, F, SiF_4, Silizium	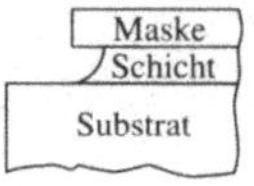 Maske, Schicht, Substrat	● chemisches Trockenätzen (CDE, Chemical Dry Etching) ● Plasmaätzen im Barrelreaktor
c)	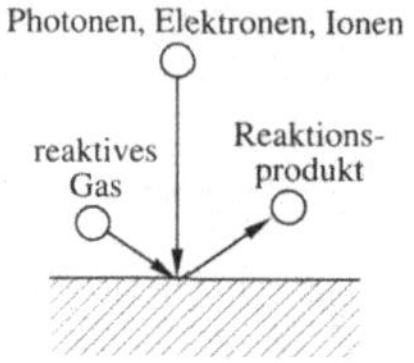 Photonen, Elektronen, Ionen, reaktives Gas, Reaktions-produkt	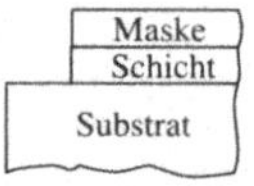 Maske, Schicht, Substrat	● photonenunterstütztes chemisches Ätzen ● elektronenunterstütztes chemisches Ätzen ● ionenunterstütztes chemisches Ätzen

Bild 3.2-8 Trockenätzverfahren (nach [3.3])

a) **Physikalische Ätzverfahren**: Die zu ätzende Schicht wird durch Beschuß mit Ionen (oder Atomen) abgetragen.

b) **Chemische Ätzverfahren**: Das chemische Ätzmittel wird in Gasform zugeführt. Häufig wird die Geschwindigkeit der chemischen Reaktion (und damit der Ätzrate) dadurch erhöht, daß die Moleküle des Ätzmittels in einem **Plasma** ionisiert oder in ionisierte Teilmoleküle (Radikale) zerlegt werden.

c) **Physikalisch-chemische Ätzverfahren**: Kombination von a) und b). Der Beschuß mit Ionen (alternativ auch Elektronen oder Photonen) löst eine chemische Reaktion am Ort der zu ätzenden Schicht aus.

Die rein chemischen Ätzverfahren sind meist isotrop (d.h. wirken in allen Raumrichtungen gleich), die physikalischen eher anisotrop (d.h. wirken bevorzugt in bestimmten Raumrichtungen).

3.3 Anwendungen

3.3.1 Verbindungstechnik

Aufgrund der hohen elektrische Leitfähigkeit werden die Metalle – in Verbindung mit fertigungstechnischen Vorteilen (Abschnitt 2.2) – standardmäßig für die elektrische Verdrahtung eingesetzt. Dabei werden sowohl leicht verformbare (verbiegbare) Metalldrähte verwendet wie auch Metalldick- und -dünnschichten.

Auch die elektrisch leitfähige Verbindung zwischen verschiedenen Leitern (Leiterbahnen oder Bauelementanschlüsse) erfolgt über Metalle: Die "klassische" Technik hierfür ist das **Löten**, d.h. das Aufschmelzen einer relativ niedrigschmelzenden (häufig eutektischen) Metallegierung und das leitfähige Verkleben von zwei Leitern mit dieser Schmelze nach dem Erkalten. Dabei unterscheidet man **Weichlote** (z.B. Blei- und Zinnlegierungen) mit Schmelzpunkten unterhalb von 250° und **Hartlote** (z.B. Silberlegierungen) mit einem Schmelzpunkt oberhalb von 450°C. Sehr wichtig ist eine **Benetzung** des Leiters durch die Schmelze, diese wird häufig mit Beimengungen zum Lot gefördert. Der Vorteil der Weichlote ist die niedrige Arbeitstemperatur und damit ein geringer Aufwand, nachteilig ist allerdings die relativ geringe Temperaturbeständigkeit. Deswegen ist bei hochzuverlässigen Verbindungen bei einigen Anwendungen das Hartlöten von Vorteil, sofern es nicht zu einer unzulässigen Temperaturbelastung der Bauelemente führt. In Einzelfällen wird die leitende Verbindung auch über Punktschweißtechniken oder eine Lichtbogenschweißung hergestellt (Bild 3.3-1).

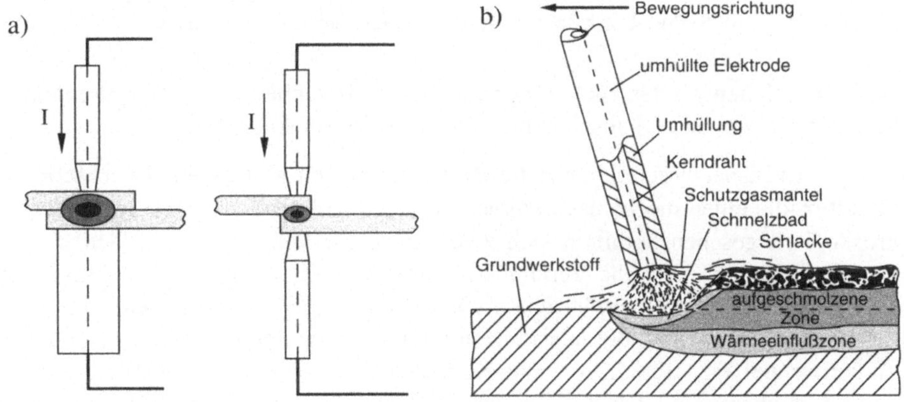

Bild 3.3-1 Schweißtechniken (nach [2.2]):

a) Widerstands- oder Punktschweißen: Durch einen hohen Stromfluß wird das Material an der Schweißstelle aufgeschmolzen

b) Lichtbogenschweißung.

Die Kontaktierung von Bauelementen an den Leiterbahnen von Leiterplatten erfolgt durch Drahtbonden (Bild 3.2-2) oder Löten, wobei in einem einzigen **Reflowprozeß** alle Lötverbindungen der Platine hergestellt werden (Bild 3.3-2).

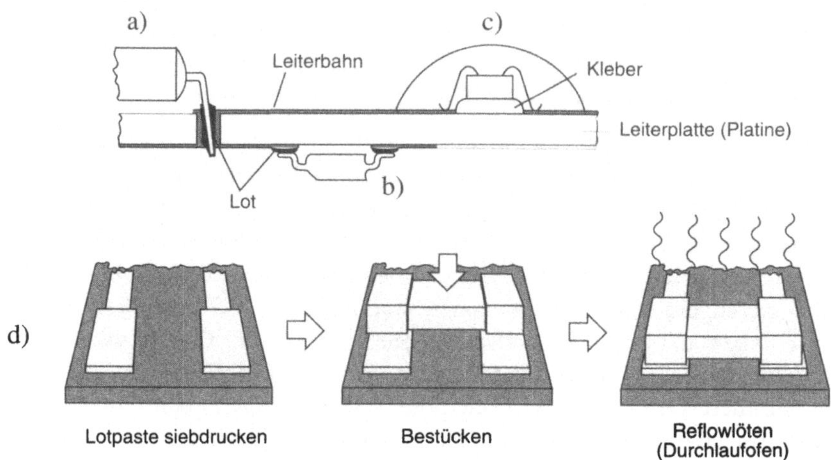

Bild 3.3-2 Verbindungstechniken auf Leiterplatten (nach [3.1]).

a) Leiterplattentechnik (mit Bohrungen für die Anschlußdrähte der Bauelemente
b) Oberflächenmontage (SMT-surface mounted technology)
c) Chip-on-board-Technik
d) Reflow-Lötverfahren für oberflächenmontierte Bauelemente

Auf Leiterplatten werden auch integrierte Schaltungseinheiten montiert, die ihrerseits bereits mit Dick- und Dünnschichttechniken verdrahtet sind (Bild 3.3-3).

Neben den bisher beschriebenen *festen* Verbindungen gibt es **Steckverbinder** und **Schalter**, die einen mechanisch einfach zu unterbrechenden Kontakt herstellen. Mikroskopisch gesehen berühren sich zwei aneinanderliegende Metallflächen nur an wenigen Punkten. Ähnliche Verhältnisse entstehen auch, wenn die Kontaktflächen – z.B. aufgrund einer unerwünschten Oxidation – mit einer dünnen *isolierenden* Schicht überzogen sind, die nur an bestimmten Stellen durchbrochen ist. In der Praxis verwendet man für die oberste Kontaktschicht häufig Edelmetalle, weil diese kaum korrodieren und daher in geringerem Maß störende Isolationsschichten bilden. Typische Kontaktwiderstände liegen in der Größenordnung von 3 bis 30 mOhm.

Tab. 3.3-1 gibt einen Überblick über die Kontaktwerkstoffe.

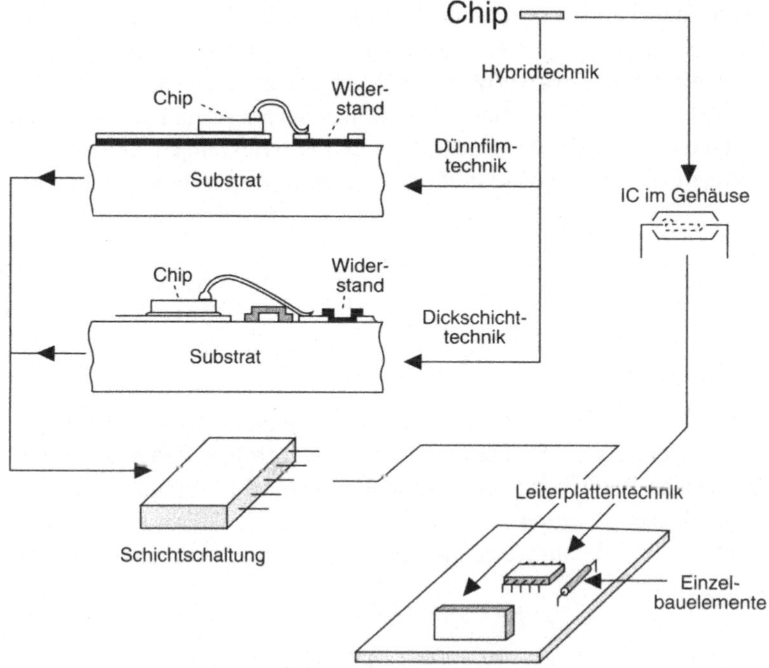

Bild 3.3-3 Integrationstechniken der Elektronik: Eine integrierte Halbleiterschaltung kann entweder in ein mit Anschlüssen versehenes Gehäuse eingebaut werden und in dieser Form auf der Platine festgelötet werden, oder sie kann zusammen mit anderen Bauelementen zunächst auf einem Substrat montiert werden, auf dem die leitenden Verbindungen in Dick- oder Dünnschichttechnik aufgebracht worden sind. Die Verbindungen in einer solchen **Hybridschaltung** können über Draht-Bondtechniken hergestellt werden und die Hybridschaltung als ganzes in ein Gehäuse mit äußeren Anschlüssen verpackt werden. In dieser Form kann sie auf einer Platine eingelötet werden (nach [3.1]).

Tab. 3.3-1 Anwendungsbereiche der Kontaktwerkstoffe (nach [2.4]).

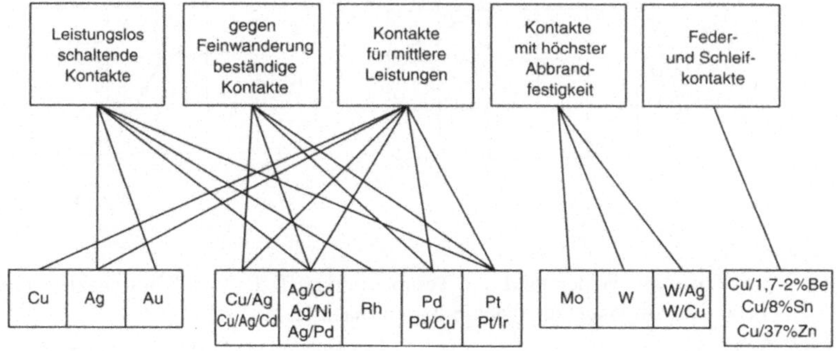

Bei **Federkontakten** sind besonders reproduzierbare Federeigenschaften (gute Reproduzierbarkeit der elastischen Verformung) der kontaktführenden Teile erforderlich. Häufig verwendete **Federwerkstoffe** (s. [0.3], Abschnitt 4.15) sind Berylliumbronze (CuBe) und Messing (CuZn), diese werden bei Schaltern und Konnektoren mit Kontaktschichten nach Tab. 3.3-1 bedeckt. In neuen Entwicklungen werden auch Graphit oder leitfähige Elastomere (Abschnitt 6) als Kontaktoberflächen verwendet.

3.3.2 Widerstände und Heizleiter

Reine Metalle lassen sich als Werkstoffe zur Herstellung ohmscher Widerstände gemäß Gleichung (2.3-14) einsetzen. Nachteilig ist jedoch bei großen Widerstandswerten der geringe spezifische Widerstand und die nicht zu vernachlässigende Temperaturabhängigkeit (charakterisiert durch den TK, s. Tab. 3.1-1). Hierbei lassen sich aber durch Verwendung von Metal*legierungen* erhebliche Verbesserungen erreichen (Tab. 3.3-2 und Bild 3.3-4).

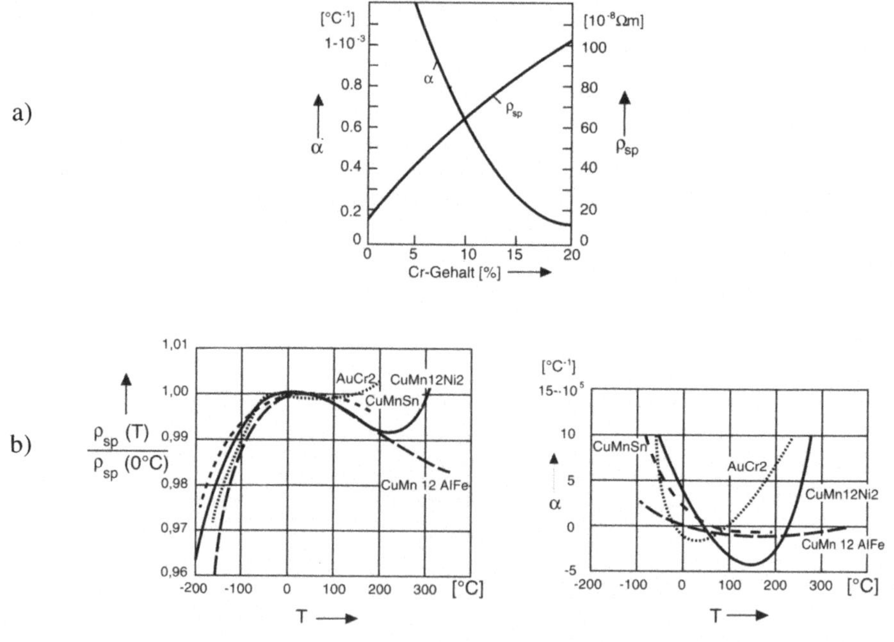

Bild 3.3-4 Spezifischer Widerstand und Temperaturkoeffizient $\alpha_T^{\rho sp}$ des spezifischen Widerstandes von Widerstandslegierungen (nach [2.4]).

a) NiCr-Legierungen b) CuMn- und AuCr-Legierungen

Tab. 3.3-2 Werkstoffe für Präzisionswiderstände nach DIN 17471. $\alpha_T^{\rho sp}$ ist der Temperaturkoeffizient des spezifischen Widerstandes (nach [2.4]).

Werkstoff	Legierungselemente in Gewichts-%			Grenztemp. [°C]	ρ_{sp} [$10^{-8}\Omega$m]	$\alpha_T^{\rho sp}$ [$°C^{-1}$]	Thermospannung gegen Cu [µV/°C]
	Mn	Ni	Al				
CuMn12Ni	12	2	—	140	43	$\pm 10^{-5}$	-0,4
CuNi20Mn10	10	20	—	300	49	$\pm 2\cdot 10^{-5}$	-10
CuNi44	1	44	—	600	49	$+4\cdot 10^{-4}$ $-8\cdot 10^{-4}$	-40
CuMn2Al	2	—	0,8	200	12	$4\cdot 10^{-4}$	0,1
CuNi30Mn	3	30	—	500	40	10^{-4}	-25
CuMn12NiAl	12	5	1,2	500	40	$\approx 10^{-5}$	-2

Bei der Herstellung von Widerstandsbauelementen haben neben den Werkstoffdaten auch die geometrische Form und deren Abmessungen eine große Bedeutung. Nach Gleichung (2.3-14) werden sie bestimmt durch den Quotienten d/A aus Widerstandslänge und -querschnitt. Große Widerstandswerte lassen sich auch bei niedrigen spezifischen Widerständen des Werkstoffs erreichen durch ein großes Verhältnis von d zu A, wie sie bei aufgewickelten Drahtwiderständen realisiert werden. Dieser älteste Widerstandstyp besitzt naturgemäß eine parasitäre Induktivität, die meistens unerwünscht ist. Deshalb wird die Bedingung eines großen d/A-Verhältnisses besser realisiert durch kleine Querschnitte, wie sie die Dick-oder Dünnschichttechnik (Abschnitt 3.2.2) ohnehin liefert. Solche Widerstände können als isolierte (*diskrete*, im Gegensatz zu den *integrierten*) Bauelemente hergestellt werden, d.h. einzeln mit Anschlußdrähten versehen und umhüllt werden und dann in Durchstecktechnik oder Oberflächenmontage (Bild 3.3-2) auf einer Leiterplatte befestigt werden. Alternativ dazu können solche Widerstände aber auch – unabhängig von der auf ähnliche Weise mit anderen Materialien erzeugten Leiterbahnstruktur – in Dick- und Dünnschichtschaltungen direkt auf dem gemeinsamen Substrat aufgebracht werden (Bild 3.3-3 links oben), wodurch Raum und Kosten eingespart werden können.

Die beim Stromdurchfluß durch einen Widerstand entstehende **Joulesche Wärme** $N = U\cdot I$ kann auch in einfacher Weise zur **Wärmeerzeugung** eingesetzt werden; die entsprechenden Bauelemente werden als **Heizleiter** bezeichnet. Die damit maximal erreichbare Temperatur wird im wesentlichen durch die Temperaturbeständigkeit und Korrosionsfestigkeit des Heizleitermaterials begrenzt. Bild 3.3-5 zeigt die Temperaturbereiche für den Einsatz verschiedener gebräuchlicher Heizleiterwerkstoffe.

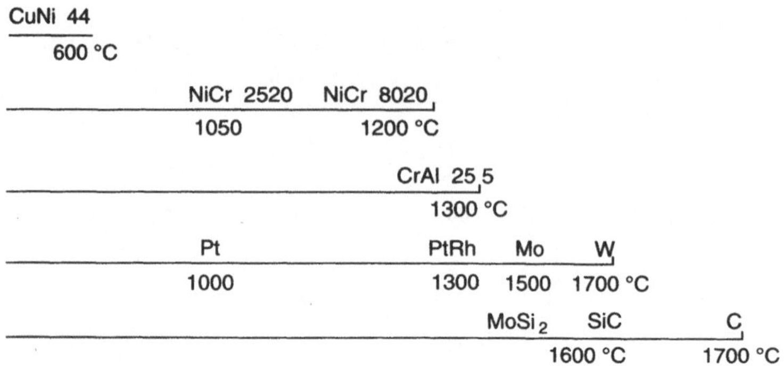

Bild 3.3-5 Einsatzbereich verschiedener Heizleitermaterialien (nach [2.4]).

3.3.3 Metallsensoren

Die Temperaturabhängigkeit des spezifischen Widerstandes von Metallen (Tab. 3.1-1, Bild 3.1-3) kann zur Herstellung von resistiven Metall-Temperatursensoren ausgenutzt werden, d.h. von Sensoren, deren Widerstandswert ein Maß für die Umgebungstemperatur ist. Bei der Auswahl des Metalls ist die Reproduzierbarkeit der Sensorkennlinie (Eichfähigkeit) von vorrangigem Interesse:

- Der Metallwiderstand soll daher weitgehend unabhängig sein von Verunreinigungen, die bei der Herstellung oder während des Betriebs unbeabsichtigt in den Sensor eindringen.
- Der Sensor soll unempfindlich sein gegen Korrosionseinflüsse.
- Die Sensoreigenschaften sollen unempfindlich sein gegenüber einer elastischen und plastischen Verformung der Sensorschicht, sowie gegenüber Veränderungen in der Gitterfehlerstruktur und des Gefüges.

Diese Forderungen werden auch bei dem heutigen Stand der Technik (und das etwa seit dem Jahr 1870!) hervorragend von dem Metall Platin erfüllt. Bild 3.3-6 zeigt einige Ausführungsformen von Platin-Temperatursensoren, die in einer 100 Ω- (PT 100) und einer 1000 Ω- (PT 1000)-Version hergestellt werden. Diese Sensoren stellen gegenwärtig einen Standard in der Temperaturmeßtechnik dar.

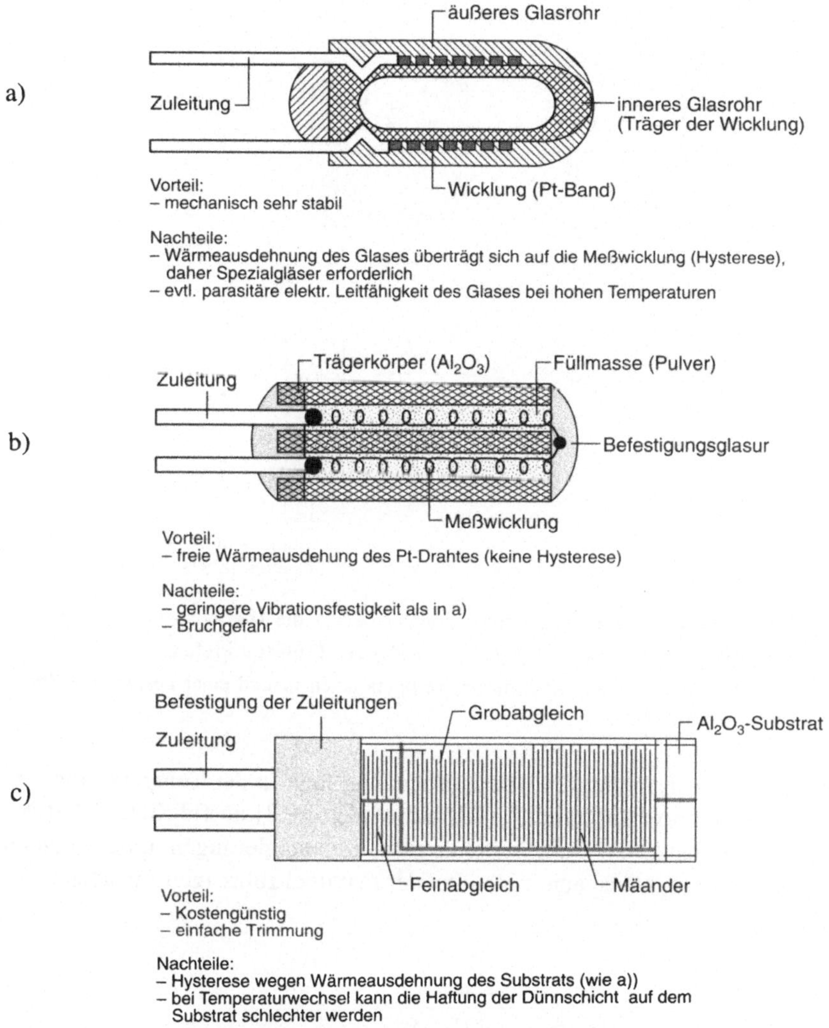

a)
äußeres Glasrohr
Zuleitung
inneres Glasrohr
(Träger der Wicklung)
Wicklung (Pt-Band)
Vorteil:
– mechanisch sehr stabil
Nachteile:
– Wärmeausdehnung des Glases überträgt sich auf die Meßwicklung (Hysterese), daher Spezialgläser erforderlich
– evtl. parasitäre elektr. Leitfähigkeit des Glases bei hohen Temperaturen
b)
Trägerkörper (Al_2O_3)
Füllmasse (Pulver)
Zuleitung
Befestigungsglasur
Meßwicklung
Vorteil:
– freie Wärmeausdehung des Pt-Drahtes (keine Hysterese)
Nachteile:
– geringere Vibrationsfestigkeit als in a)
– Bruchgefahr
c)
Befestigung der Zuleitungen
Grobabgleich
Al_2O_3-Substrat
Zuleitung
Feinabgleich
Mäander
Vorteil:
– Kostengünstig
– einfache Trimmung
Nachteile:
– Hysterese wegen Wärmeausdehnung des Substrats (wie a))
– bei Temperaturwechsel kann die Haftung der Dünnschicht auf dem Substrat schlechter werden

Bild 3.3-6 Ausführungsformen von Platinsensoren mit den entsprechenden Vor- und Nachteilen [0.3]:

a) aufgewickelter Platindraht auf Glas, in Glasgehäuse eingeschmolzen
b) in ein Keramikgehäuse eingelagerte Drahtwendel
c) Dünnschichtsensor mit mäanderförmiger Widerstandsbahn (zur Widerstandsvergrößerung).

Werden zwei Drähte aus verschiedenen Metallen in einem Punkt miteinander verschweißt, dann entsteht eine **Thermospannung** ΔU, wenn die Temperatur des Schweißpunktes sich um ΔT von derjenigen der Drahtenden (Bild 3.3-7, [0.3]) unterscheidet.

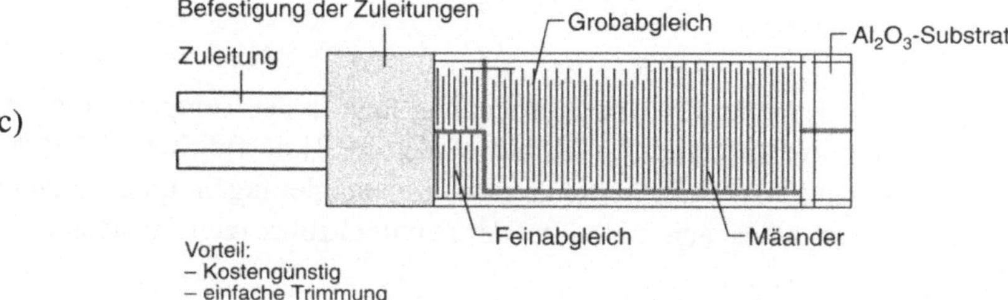

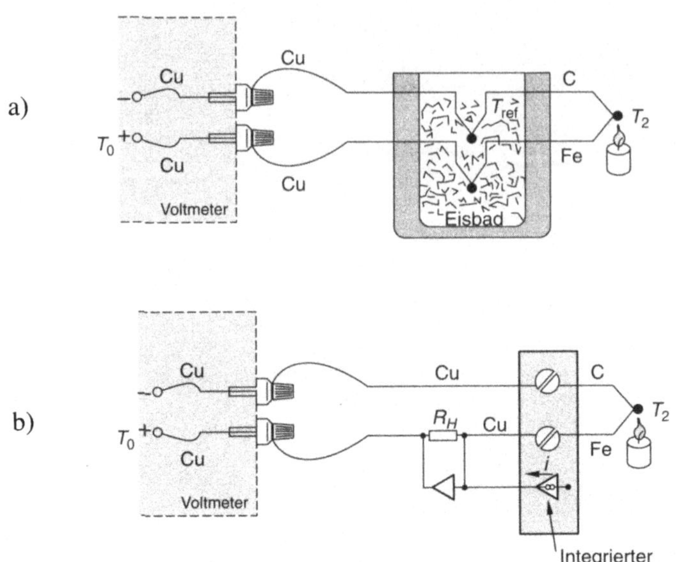

Bild 3.3-7 Temperaturmessung mit Thermoelementen (ΔU ist die Thermospannung, s. [0.3]):

a) Aufbau mit Verwendung eines Eisbades zur Temperaturreferenz.

b) Aufbau mit einem integrierten Temperatursensor und einer gesteuerten Spannungsquelle

Die Ursache für die Entstehung der Thermospannung liegt in der Temperaturabhängigkeit der Fermienergie (Abschnitt 2.3-1) und wird in [0.3] ausführlich diskutiert. Verschiedene Kombinationen von Metallen und Metallegierungen unterscheiden sich in der Größe der Thermospannung und in der maximal zulässigen Einsatztemperatur (Bild 3.3-8).

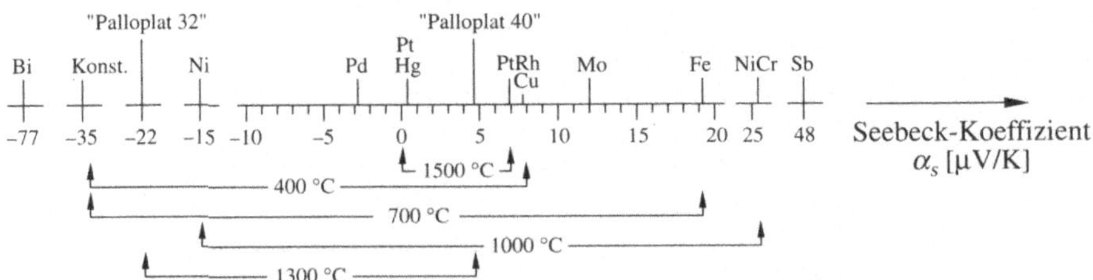

Bild 3.3-8 Praktisch wichtige Kombinationen (**Thermopaare**) von Metallen und Metallegierungen für die Herstellung von Thermoelementen. Eingetragen ist der Seebeck-Koeffizient [0.3]; die Thermospannung ergibt sich aus der Differenz der Seebeck-Koeffizienten eines Thermopaars, multipliziert mit der Temperaturdifferenz ΔT. Weiterhin eingetragen ist die maximal zulässige Betriebstemperatur (nach [2.4]).

Bei der Verwendung von Thermoelementen zur Temperaturmessung ergeben sich die folgenden Vor- und Nachteile:

Vorteile:

- keine externe Stromversorgung erforderlich
- einfaches und überschaubares Meßsystem
- mechanisch relativ stark beanspruchbar (Drähte biegbar)
- vergleichsweise kostengünstig
- große Breite der einsetzbaren Werkstoffe
- ein großer Temperaturbereich kann abgedeckt werden

Nachteile:

- nichtlineare Temperaturkennlinie
- Referenztemperatur erforderlich
- weniger langzeitstabil als andere Temperatursensoren
- weniger empfindlich als andere Temperatursensoren.

Die praktischen Anwendungen von Thermoelementen liegen vor allem bei der Messung hoher Temperaturen (Überwachung von Heizöfen), sowie im Forschungsbereich.

Eine weitere wichtige Sensoranwendung ergibt sich für Metalle über den (geometrischen) **piezoresistiven Effekt**. Wird nämlich ein Widerstand gemäß Gleichung (2.3-14) in Richtung seiner Länge d elastisch so verformt, daß sein Volumen V konstant bleibt (das ist in der Praxis häufig näherungsweise der Fall), dann gilt mit dem Hookeschen Gesetz (2.1-4):

$$\varepsilon = \frac{\Delta d}{d} = E \cdot \sigma \qquad (3.3\text{-}1)$$

$$(2.3\text{-}14) \Rightarrow R = \rho_{sp} \frac{d}{A} \underset{V=A\cdot d}{=} \rho_{sp} \frac{d^2}{V}$$

$$\Rightarrow \Delta R = \Delta\rho_{sp} \frac{d^2}{V} + 2R\frac{\Delta d}{d} \qquad (3.3\text{-}2)$$

Ändert sich der spezifische Widerstand nicht mit der Dehnung ($\Delta\rho_{sp} = 0$), dann ergibt sich als **Dehnungsempfindlichkeit** oder $\boldsymbol{k_\varepsilon}$**-Faktor**:

$$\Delta R = 2R\frac{\Delta d}{d} = 2R \cdot \varepsilon \Rightarrow k_\varepsilon := \frac{\Delta R / R}{\varepsilon} = 2 \qquad (3.3\text{-}3)$$

Mit dem Hookeschen Gesetz (3.3-1) folgt weiterhin als **Spannungsempfindlichkeit**:

$$k_\sigma := \frac{\Delta R / R}{\sigma} \underset{(3.3\text{-}3)}{=} \frac{k_\varepsilon \cdot \varepsilon}{\sigma} = \frac{k_\varepsilon}{E} = \frac{2}{E} \qquad (3.3\text{-}4)$$

Ein Vergleich mit den maximal erreichbaren elastischen Dehnungen ε und den Elastizitätsmoduln in Tabelle 2.1-1 zeigt, daß die relativen Widerstandsänderungen bei **Metall-Dehnungsmeßstreifen** nur sehr klein sein können [0.3]. Trotzdem werden sie in der Technik bei der Spannungs- und Dehnungsmessung routinemäßig eingesetzt, z.B. in der Wägetechnik und zur Kontrolle der mechanischen Beanspruchung von Werkstoffteilen.

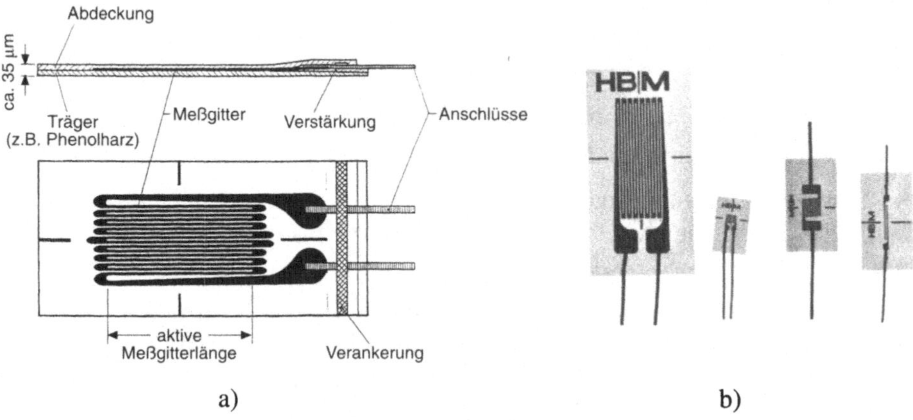

Bild 3.3-9 Aufbau eines Metall-Dehnungsmeßstreifens (**DMS**), der bei einer Kraft- oder Druckmessung über eine Zwischenisolation auf einem Substrat (Federkörper) aufgebracht wird (Folientechnologie). Bei einer Kraft- oder Druckeinwirkungen entstehen im Federkörper elastische Verformungen (z.B. Dehnungen), die auf den DMS übertragen werden und dort eine Widerstandsänderung erzeugen. Der Meßeffekt ist am größten, wenn die Dehnung parallel zu den Widerstandsbahnen verläuft. Zur Vergrößerung des Widerstandes werden viele Metallbahnen, meist in einer Mäanderform (um kleine Sensorabmessungen zu erhalten) hintereinandergeschaltet (nach [0.3]).

Neben den in Abschnitt 3.3 erwähnten Anwendungen von Metallwerkstoffen in der Elektrotechnik gibt es noch weitere wichtige Einsatzgebiete bei den metallischen Magnetwerkstoffen (Abschnitt 8) und den metallischen Supraleitern.

4 Halbleiter

4.1 Dotierung und elektrische Leitfähigkeit

In Bild 2.3-3 ergab sich als typisches Kennzeichen reiner (**intrinsischer**) Halbleiter- und Isolatorwerkstoffe, daß in diesen keine frei beweglichen Elektronen vorhanden sind, d.h., daß das Leitungsband nicht mit Elektronen besetzt ist. Ein Unterschied zwischen Halbleitern und Isolatoren ergibt sich meist erst bei hohen Temperaturen: Dann nämlich treten in Halbleitern eher (d.h. in größerer Dichte) thermisch erzeugte freie Ladungsträger auf als in Isolatoren. Der Unterschied ist also quantitativer Natur, qualitativ zeigen beide Werkstoffgruppen dasselbe Verhalten.

Um in Halbleiterwerkstoffen auch im Bereich der Raumtemperatur eine signifikante elektrische Leitfähigkeit zu ermöglichen, müssen **Störstellen** – wie z. B. Fremdatome – eingeführt werden, d.h. anstelle der *reinen* Werkstoffe werden *Mischkristalle* verwendet. Die Aufgabe der Störstellen ist es, Elektronen an das Leitungsband des Halbleiters abzugeben, deshalb dürfen die Elektronen nicht zu stark an die Störstellen gebunden sein. Die günstigsten Voraussetzungen liegen vor, wenn die Bindung der Elektronen so schwach ist, daß sie bereits über die thermisch bewirkte kinetische Energie vollständig von den Störstellen gelöst werden und in das Leitungsband übergehen: Dort verhalten sie sich wie das in Abschnitt 2.3.1 beschriebene **Elektronengas**. Die Begrenzung der Elektronenbewegung – durch welche die Elektronenbeweglichkeit festgelegt wird – erfolgt in diesem Fall durch die Wechselwirkung der Elektronen untereinander, d.h. im wesentlichen durch die Ablenkung der Elektronenbahn bei Stoßprozessen. Die Leitfähigkeit ist dann nur relativ schwach temperaturabhängig. Insgesamt wird der hier beschriebene Prozeß als **Bandleitung** bezeichnet.

Wenn die Elektronen fester an Störstellen gebunden sind, dann wird die Ladungsträgerbeweglichkeit eher durch Prozesse bestimmt, die mit dem Loslösen von der *einen* Störstelle und dem Übergang zu einer *anderen* verbunden sind. Die Wahrscheinlichkeit, daß das Elektron dabei mit einem anderen zusammenstößt, ist relativ gering und spielt in der Ladungsträgerbeweglichkeit nur eine untergeordnete Rolle. Unter dieser Voraussetzung ist die Beweglichkeit insgesamt deutlich niedriger als beim Elektronengas und darüber hinaus viel stärker temperaturabhängig: Ähnlich wie bei der Diffusion in Gleichung (1.4-5) ergibt sich eine exponentielle Abhängigkeit von der reziproken Temperatur, d.h. die Beweglichkeit nimmt mit steigender Temperatur stark zu. Die hier beschriebene **Störstellenleitung** (genannt **Hoppingleitung**) ist typisch für viele keramische Werkstoffe und wird in Abschnitt 5.3.1 behandelt.

Der mit Abstand wichtigste Halbleiterwerkstoff ist heute das Element Silizium: Mehr als 90% aller Halbleiterbauelemente wie Dioden, Transistoren, integrierte Schaltungen, Solarzellen etc. werden aus diesem Werkstoff hergestellt. Siliziumatome besitzen vier Valenzelektronen und bilden im Kristall (Diamantstruktur, s. **Bild** 1.2-8) rein kovalente Bindungen aus. Aus diesen Randbedingungen heraus ergibt sich das Prinzip, mit dem zusätzliche Ladungsträger in den Kristall eingeführt werden können: **Dotierungsatome** (Fremdatome, welche freie Ladungsträger erzeugen) wie Bor oder Phosphor haben nämlich ursprünglich drei oder fünf Valenzelektronen. Beim Einbau in Silizium können diese auch zur Energieverminderung in eine Konfiguration mit vier Bindungsarmen übergehen, wenn sie dabei ein Elektron aufnehmen (B^-) oder abgeben (P^+).

Dotierungsatome aus der V. Gruppe des Periodensystems (wie Phosphor), die leicht (d.h. bei Raumtemperatur allein über die thermische Energie) ein Elektron in das Leitungsband abgeben, heißen **Donatoren**. Dotierungsatome aus der III. Gruppe (wie Bor) nehmen hingegen Elektronen auf und werden daher als **Akzeptoren** bezeichnet. Da bei reinen Halbleitern Elektronen nur im Valenzband vorkommen, müssen sie von dort entnommen werden, d.h. es entstehen **Defektelektronen** oder

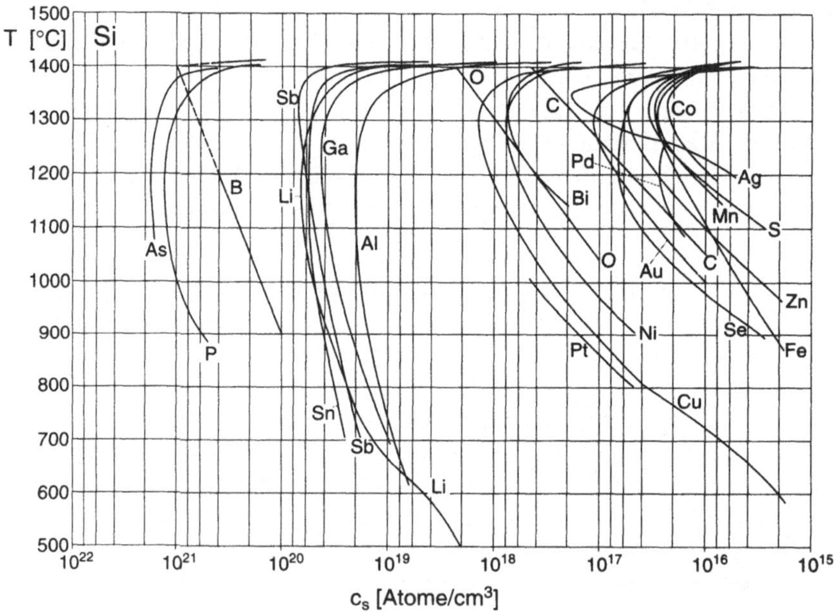

Bild 4.1-1 Temperaturabhängigkeit der Löslichkeit von Fremdatomen in Silizium. Die typischen Dotierungsatome B, P, As und Sb haben relativ große Löslichkeiten, die aber immer noch im Bereich weniger Atomprozent oder darunter liegen (nach [4.1]).

Löcher im Valenzband. In einer aufwendigen Betrachtung [0.2] kann gezeigt werden, daß diese **Löcher sich wie *bewegliche Ladungsträger mit einer positiven Elementarladung* +|q| verhalten**, d.h. sie können zur Leitfähigkeit ebenso beitragen wie die Elektronen. Aus diesem Verständnis heraus ist es deutlich geworden, auf welche Weise in einen reinen (intrinsischen) Halbleiter Ladungsträger eingeführt werden können, so daß eine weit größere elektrische Leitfähigkeit entsteht: Es ist erforderlich, daß für eine *Elektronenleitung* Fremdatome der Elemente Phosphor, Arsen oder Antimon in das Siliziumgitter eingebaut werden, für eine *Löcherleitung* hingegen Bor- oder Galliumatome. Allerdings wird diese Möglichkeit eingeschränkt durch die maximal mögliche Dichte (**Löslichkeit**) von Dotierungsatomen, die in das Siliziumgitter eingebaut werden kann (Bild 4.1-1).

Bild 4.1-2 gibt die Abhängigkeit der Ladungsträgerbeweglichkeit von der Dotierungskonzentration an, Bild 4.1-3 die entsprechenden spezifischen Widerstände.

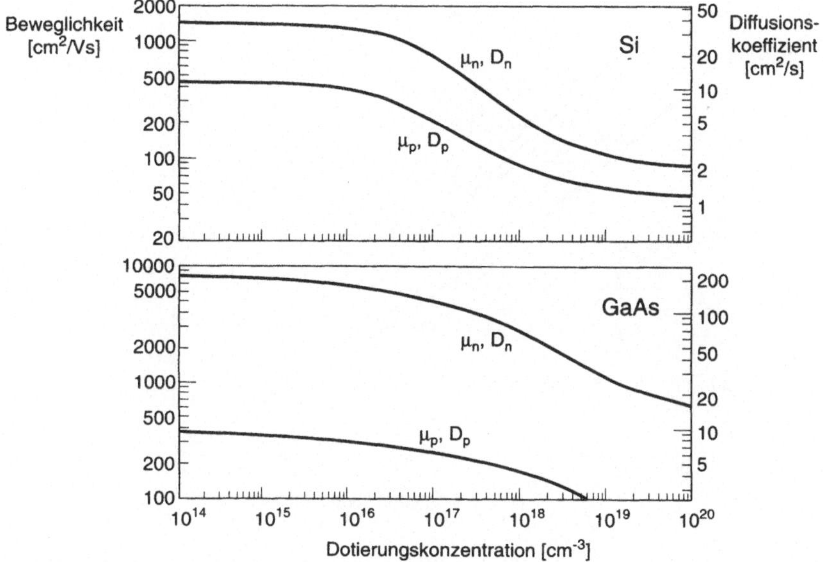

Bild 4.1-2 Abhängigkeit der Driftbeweglichkeiten von Silizium und Galliumarsenid von der Dotierungskonzentration bei Raumtemperatur 300 K. Der Index *n* bezeichnet die Elektronen-, der Index *p* die Löcherleitung (nach [4.2]).

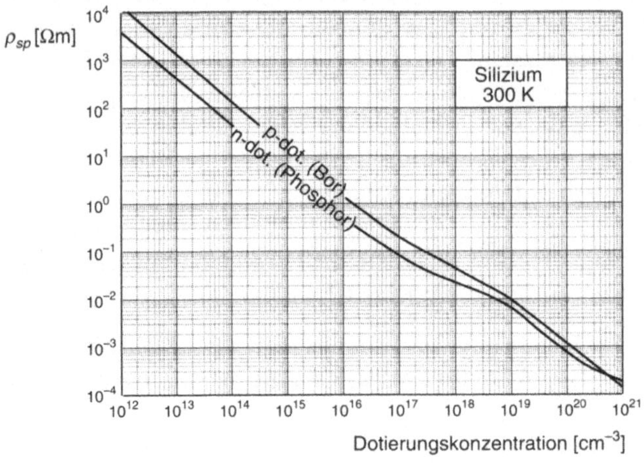

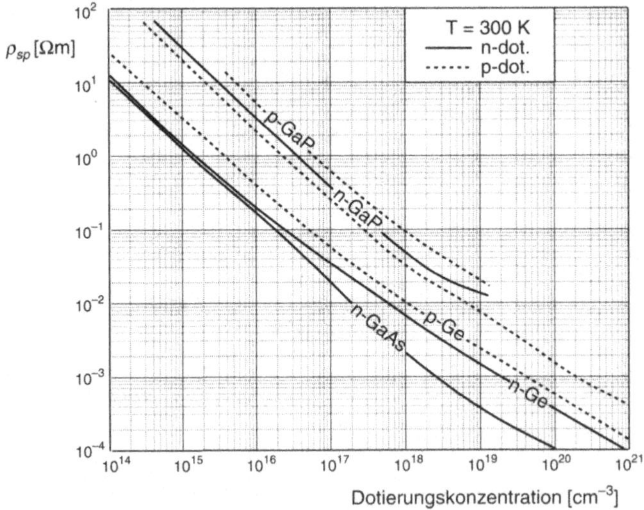

Bild 4.1-3 Abhängigkeit des spezifischen Widerstands von der Dotierungskonzentration (nach [4.3]).

In Bild 4.1-4 ist die Temperaturabhängigkeit der Elektronendichte ρ_n in Silizium dargestellt. Die Betriebstemperaturen von Halbleiterbauelementen fallen üblicherweise in den Sättigungsbereich, dort ist die Elektronendichte nahezu konstant.

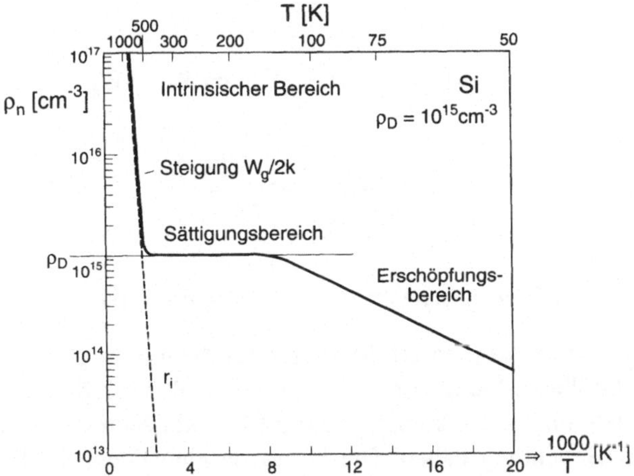

Bild 4.1-4 Temperaturabhängigkeit der Elektronendichte bei einem n-dotierten Siliziumkristall: Bei sehr niedrigen Temperaturen nimmt die Elektronendichte im **Erschöpfungsbereich** mit der Temperatur zu, weil die Ladungsträger erst von den Dotierungsatomen getrennt werden müssen, dieser Prozeß erfolgt mit steigender thermischen Energie immer effizienter. In dem für die Anwendung wichtigen **Sättigungsbereich** sind alle Ladungsträger frei und können zur Leitfähigkeit beitragen. Im **intrinsischen Bereich** bei hohen Temperaturen werden Elektronen direkt aus dem Valenz- in das Leitungsband aktiviert (s. Bild 2.3-3).

4.2 Stromdichte- und Kontinuitätsgleichungen

Gemessen an der Dichte der Siliziumatome ist die Dichte der freien Ladungsträger, welche über Dotierungsatome eingeführt werden können, recht klein, da bereits die Löslichkeit eine Grenze von einigen Atomprozent setzt (s. Abschnitt 4.1). Die Ladungsträger können sich daher wie in einem **Elektronen-** oder **Lochgas** frei bewegen (s. Abschnitt 2.3.1). Eine umfangreiche Betrachtung [0.2] zeigt, daß zwischen der Elektronendichte ρ_n und der Löcherdichte ρ_p und der in Abschnitt 2.3.1 eingeführten Fermienergie W_F die Beziehungen gelten:

$$\rho_n = N_L \exp\left(-\frac{W_L - W_F}{kT}\right) \tag{4.2-1a}$$

$$\text{Gültigkeitsbereich: } \rho_n < N_L \Leftrightarrow W_F < W_L \tag{4.2-1b}$$

$$\rho_p = N_V \exp\left(-\frac{W_F - W_V}{kT}\right) \tag{4.2-2a}$$

$$\text{Gültigkeitsbereich: } \rho_p < N_V \Leftrightarrow W_F > W_V \tag{4.2-2b}$$

Die Größen N_L und N_V werden **effektive Zustandsdichten** genannt und liegen bei Silizium in der Größenordnung von 10^{19}cm^{-3}. Die Gültigkeit der obigen Formeln beschränkt sich also auf relativ kleine Ladungsträgerkonzentrationen, die aber in der Praxis durchaus Bedeutung haben. Die Fermienergien liegen in diesem Fall innerhalb der **verbotenen Zone** zwischen dem Valenz- und Leitungsband (Bild 4.2-1).

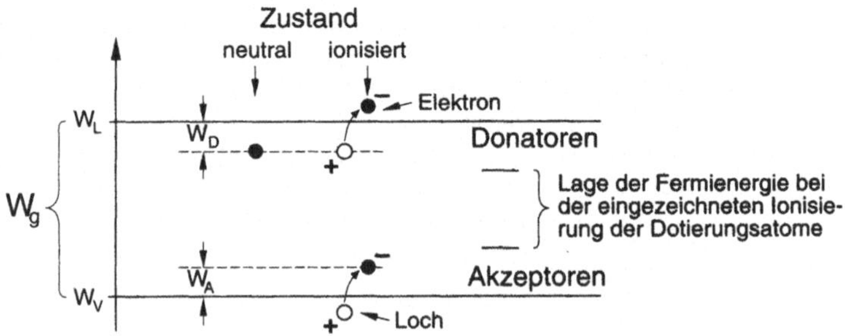

Bild 4.2-1: Energiewerte(-niveaus) von Donator- und Akzeptoratomen innerhalb der verbotenen Zone: Wegen des geringen Energieabstandes zu den Bandkanten werden Donatorniveaus relativ leicht *positiv*, Akzeptorniveaus relativ leicht *negativ* ionisiert, d.h. sie nehmen die entsprechende Ladung auf. Die dazugehörige Fermienergie liegt dann in dem gekennzeichneten Bereich innerhalb der verbotenen Zone.

Für die Bewegung der Ladungsträger im Halbleiter gibt es zwei unterschiedliche Arten von Kräften:

1. Beim Anlegen äußerer elektrischer Spannungen und Felder wirken auf positive und negative Ladungen **Feldkräfte** wie in den Gleichungen (2.3-1 und 2), sowie im Anhang C1. Diese Kräfte sind verbunden mit einem Gradienten der potentiellen Energie, d.h. das Bändermodell ist in homogenen Halbleitern bei Anwesenheit von Feldkräften gekippt (Bild 4.2-2). Entsprechend Gleichung (2.3-9a) führen Feldkräfte zu einem Feldstrom (meist charakterisiert durch eine Feldstrom*dichte*).

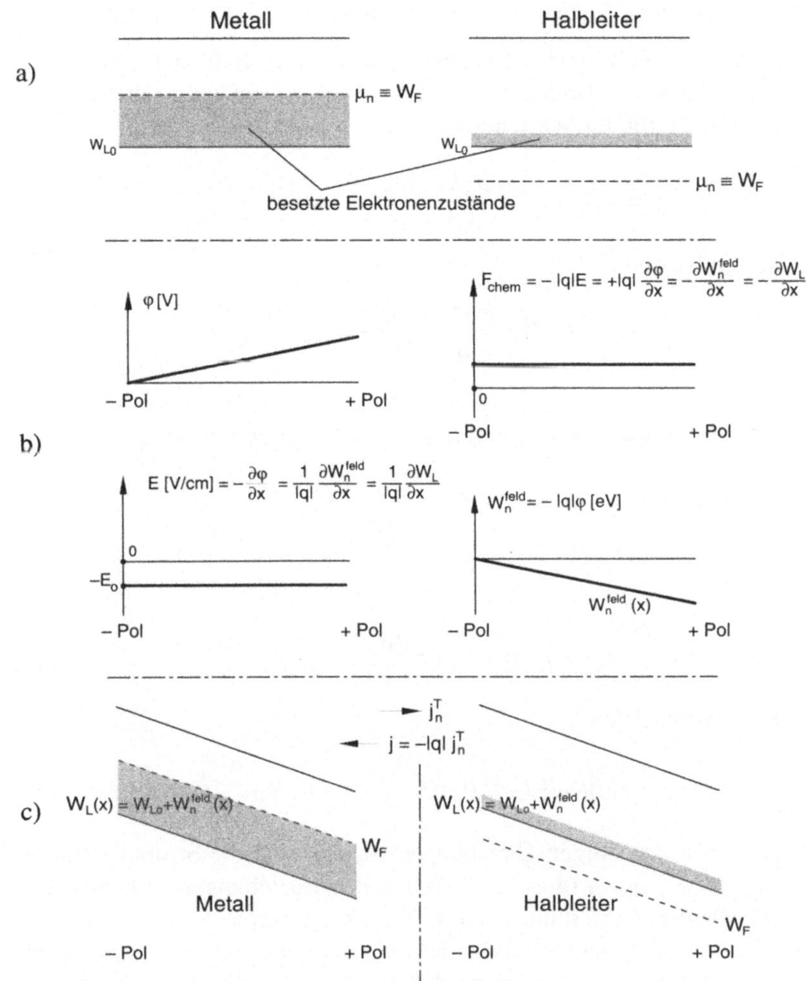

Bild 4.2-2 Bändermodell homogener Leiter (Beispiele Metall und *n*-Halbleiter) nach Anlegen einer äußeren Spannung

a) Bändermodell homogener Leiter mit örtlich konstanter Elektronenkonzentration *vor Anlegen der Spannung*

b) Ortsabhängigkeit des elektrischen Potentials φ (linearer Verlauf), der elektrischen Feldstärke E (konstant) und der potentiellen Energie W_n^{feld} aufgrund des elektrischen Potentials

c) Bändermodell *nach Anlegen der Spannung* (die Teilchenstromdichte j_n^T und die elektrische Stromdichte j wurden in (2.3-9) und (2.3-10) definiert.

2. Wenn die Ladungsträgerdichten örtlich verschieden sind, dann treten **Diffusionskräfte** auf, die zu einem Diffusionsstrom wie in Gleichung (2.3-9a) führen.

Aus der Summe der Feld- und Diffusionsströme ergeben sich analog zu (2.3-9b) und (2.3-10b) für Elektronen-(Index n) und Löcherströme (Index p) die **Stromdichtegleichungen für Halbleiterwerkstoffe**:

$$j_n^T = -\rho_n \mu_n E - \frac{\mu_n kT}{|q|} \frac{\mathrm{d}\rho_n}{\mathrm{d}x} = -\rho_n \frac{\mu_n}{|q|} \frac{\mathrm{d}W_F}{\mathrm{d}x} \tag{4.2-3a}$$

Teilchenstromdichten

$$j_p^T = +\rho_p \mu_p E - \frac{\mu_p kT}{|q|} \frac{\mathrm{d}\rho_p}{\mathrm{d}x} = +\rho_p \frac{\mu_p}{|q|} \frac{\mathrm{d}W_F}{\mathrm{d}x} \tag{4.2-3b}$$

mit der **Einstein - Beziehung**: $\mu_i kT = |q| D_i\,; \quad i = n, p$ (4.2-4)

und

$$j_n = +|q| \rho_n \mu_n E + \mu_n kT \frac{\mathrm{d}\rho_n}{\mathrm{d}x} = +\rho_n \mu_n \frac{\mathrm{d}W_F}{\mathrm{d}x} \tag{4.2-5a}$$

elektrische Stromdichten

$$j_p = +|q| \rho_p \mu_p E - \mu_p kT \frac{\mathrm{d}\rho_p}{\mathrm{d}x} = +\rho_p \mu_p \frac{\mathrm{d}W_F}{\mathrm{d}x} \tag{4.2-5b}$$

Bemerkenswert in den obigen Gleichungen ist, daß sich die Stromdichten bei Verwendung der Gleichungen (4.2-1 und 2) und den Beziehungen in Bild 4.2-2 direkt aus dem Gradienten (Ableitung nach x) der Fermienergie W_F ableiten lassen (jeweils Ausdruck auf der rechten Seite der obigen Gleichungen). Dieses ist ein Hinweis auf die fundamentale Bedeutung der Fermienergie [0.1 bis 0.3], die an dieser Stelle aber nicht weiter ausgeführt wird. Aus den Beziehungen (4.2-3 und 5) ergibt sich eine wichtige Folgerung: **Wenn sich die Fermienergie mit dem Ort ändert, dann muß ein Strom fließen, sofern weder die Ladungsträgerdichte, noch die Ladungsträgerbeweglichkeit Null ist.**

Analog zum 2. Fickschen Gesetz bei der Diffusion in Gleichung (1.4-2) gibt es auch für Elektronen und Löcher in Halbleitern ein Erhaltungsgesetz (**Kontinuitätsgleichung**) entsprechend Anhang C3, d.h. beide Ladungsträgersorten können nicht "aus dem Nichts" erzeugt werden, sondern nur – wenn sie vorhanden sind – verschoben werden. Mit der Beziehung (C3-6) gilt allgemein

Teilchenstromdichte j^T:
$$\frac{\partial \rho}{\partial t} = \dot{\rho} = -\frac{\partial j^T}{\partial x} \qquad (4.2\text{-}6)$$

elektrische Stromdichten j_n und j_p
$$\begin{cases} \dfrac{\partial \rho_n}{\partial t} = \dot{\rho}_n = +\dfrac{1}{|q|}\dfrac{\partial j_n}{\partial x} & (4.2\text{-}7 \\[2ex] \dfrac{\partial \rho_p}{\partial t} = \dot{\rho}_p = -\dfrac{1}{|q|}\dfrac{\partial j_p}{\partial x} & (4.2\text{-}7 \end{cases}$$

Zusätzlich kann bei Halbleitern aber gleichzeitig *ein* Elektron und *ein* Loch entstehen, wenn ein Elektron aus dem Valenzband in das Leitungsband übergeht. Eine solche **Elektron-Loch-Paarerzeugung** mit der **Erzeugungsrate** (Anzahl von Elektron-Loch-Paaren pro Zeit und Volumen) G ist z.B. dann möglich, wenn die hierfür erforderliche Energie durch eine *optische Bestrahlung* aufgebracht wird: In diesem Fall entstehen **Überschußladungsträger** mit der Dichte $\Delta\rho$, d.h. insgesamt mehr Ladungsträger als im Gleichgewichtszustand ohne optische Bestrahlung.

Es ist zu erwarten, daß nach Abschalten der optischen Bestrahlung die Überschußladungsträger wieder verschwinden. In diesem Fall findet die Umkehrung des Erzeugungsprozesses statt: Jeweils ein Elektron und ein Loch können miteinander **rekombinieren**, d.h. sich gegenseitig auslöschen, wobei die Energiedifferenz zwischen Leitungs- und Valenzband frei wird und z.B. in Form von Lichtenergie abgestrahlt werden kann. Bestimmend hierfür ist die **Rekombinationsrate** (Anzahl von Elektron-Loch-Rekombinationen pro Zeit und Volumen), die sich ausdrücken läßt durch den Quotienten $-\Delta\rho/\tau$. Dieser Ausdruck besagt, daß umso mehr Elektronen und Löcher rekombinieren, je größer der Überschuß $\Delta\rho$ ist. τ ist eine für den Halbleiter charakteristische konstante Größe, die **Rekombinationslebensdauer** oder **Minoritätsträgerlebensdauer**, die typischerweise im Bereich von Mikro- bis Nanosekunden liegt. Die vollständigen **Kontinuitätsgleichungen für Halbleiter** haben dann – in Erweiterung von (4.2-6 und 7) – die Form:

$$\frac{\partial \rho_n}{\partial t} = \dot{\rho}_n = \frac{1}{|q|}\frac{\partial j_n}{\partial x} + G_n - \frac{\Delta\rho_n}{\tau_n} \qquad (4.2\text{-}8a)$$

$$\frac{\partial \rho_p}{\partial t} = \dot{\rho}_p = -\frac{1}{|q|}\frac{\partial j_p}{\partial x} + G_p - \frac{\Delta\rho_p}{\tau_p} \qquad (4.2\text{-}8b)$$

Ein einfaches Beispiel für die Lösung der Kontinuitätsgleichung – bei dem die Stromdichte örtlich konstant ist, so daß die Ableitung nach x Null wird – ergibt sich bei der Behandlung des **Photoleiters** (Bild 4.2-3). Dieses Bauelement ist ein erstes Beispiel für ein optoelektronisches Halbleiterbauelement, weitere werden im Abschnitt 4.3.4 ausführlicher behandelt.

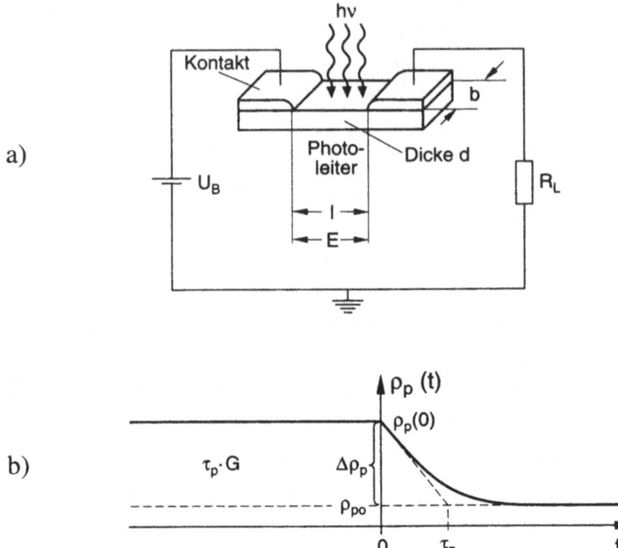

Bild 4.2-3 Photoleiter

a) Ein gleichmäßig dotierter n-Halbleiter wird gleichmäßig optisch bestrahlt, so daß eine ortsunabhängige Überschußkonzentration von Elektron-Loch-Paaren erzeugt wird. Dadurch wird die Majoritätsträgerdichte (beim *n*-Halbleiter Elektronen) relativ nur unwesentlich, die Minoritätsträgerdichte (beim *n*-Halbleiter Löcher) dagegen relativ stark vergrößert.

b) Zeitliche Abhängigkeit der Löcherkonzentration: Bei $t < 0$ soll die Bestrahlung mit konstanter Intensität (d.h. konstanter Generationsrate G) erfolgen, bei $t = 0$ dagegen vollständig abgeschaltet werden. Dargestellt ist die Abnahme der Löcherkonzentration für $t > 0$.

4.3 Halbleiterbauelemente

4.3.1 Halbleiterübergänge

Aus dem vorangegangenen Abschnitt wollen wir einen wichtigen Merksatz in einer leicht abgewandelten Form übernehmen: **Wenn die Fermienergie in zwei verschiedenen Werkstücken oder an verschiedenen Stellen desselben Werkstücks unterschiedliche Werte annimmt, dann muß ein Strom fließen, sofern weder die Ladungsträgerdichte, noch die Ladungsträgerbeweglichkeit Null ist.** Der Strom setzt sich insgesamt aus einem Feld- und einem Diffusionsanteil zusammen, beide haben im allgemeinen eine unterschiedliche Größe und können auch gegeneinander gerichtet sein, so daß sie sich teilweise kompensieren. Die Richtung und Größe des resultierenden Stroms wird durch die Beziehungen in (4.2-3 und 5) festgelegt.

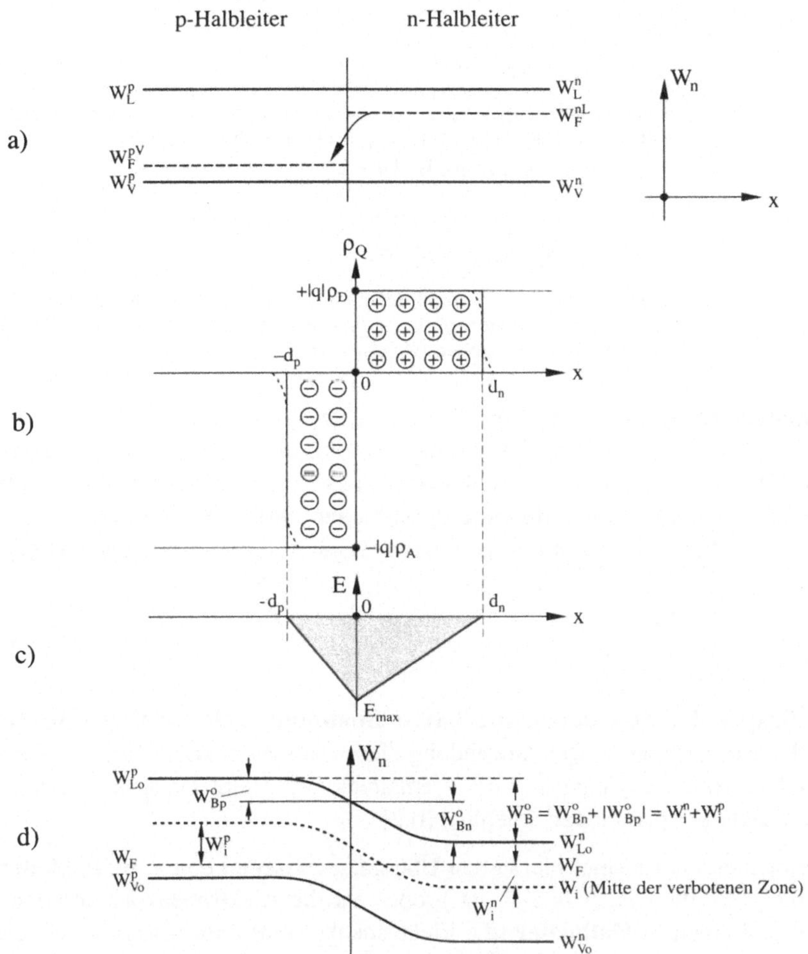

Bild 4.3-1 Raumladungen und Bandverlauf am pn-Übergang

a) Die Fermienergie in einem n-Halbleiter ist größer als die in einem p-Halbleiter. Wenn beide Halbleiter leitend verbunden werden, gehen Elektronen vom n-Halbleiter (große Fermienergie, Minuspol) auf den p-Halbleiter (kleine Fermienergie, Pluspol) über.

b) Das Resultat des Elektronenübergangs in a) ist die Ausbildung einer Raumladungs-Doppelschicht. Die positiven Ladungen auf der n-Seite entstehen dadurch, daß die frei beweglichen Ladungen von den ionisierten Dotierungsatomen abgezogen werden (vgl. Bild 4.2-1), auf der p-Seite werden die Löcher aufgefüllt, so daß die negative Ladung der ionisierten Akzeptoren übrig bleibt. Innerhalb der Raumladungszone gibt es daher praktisch keine frei beweglichen Ladungsträger. Deshalb ist diese Zone sehr hochohmig und trennt die relativ gut leitfähigen Halbleiterbereiche rechts und links davon galvanisch voneinander.

c) Aufgrund der Poissongleichung

$$\frac{\mathrm{d}}{\mathrm{d}x}\left(\varepsilon_r \varepsilon_o E\right) = \rho_Q \qquad (4.3\text{-}2)$$

ist die Raumladung in b) mit einer ortsabhängigen Feldstärke verbunden. Dargestellt ist der den Randbedingungen des Systems entsprechende Verlauf.

d) Über die Beziehungen aus Bild 4.2-2

$$\frac{1}{|q|}\frac{\mathrm{d}W_L}{\mathrm{d}x} = \frac{1}{|q|}\frac{\mathrm{d}W_V}{\mathrm{d}x} = E \qquad (4.3\text{-}3)$$

ändert sich auch der Verlauf der Bandkanten am Ort der Raumladung: Es bildet sich eine Energiebarriere $W_B{}^o$. Dieses Bändermodell beschreibt den pn-Übergang im **thermischen Gleichgewicht**.

Eine äußere Stromquelle mit der Spannung U_a – wie z.B. eine Trockenbatterie mit 1,5 V Spannung – **ist ein elektrisches System, bei dem eine vorgegebene Differenz ΔW_F** (= 1,5 eV) **der Fermienergien an zwei verschiedenen Polen aufrechterhalten wird. Der Zusammenhang zwischen äußerer Spannung U_a – die durch ein Voltmeter von außen gemessen werden kann – und ΔW_F ist gegeben durch**:

$$U_a = -\frac{\Delta W_F}{|q|} \qquad (4.3\text{-}1)$$

Dem Pluspol der von außen meßbaren Spannung entspricht der niedrigere Wert der Fermienergie. Die Anwendung dieser Aussagen erleichtert das Verständnis der Halbleiterübergänge und des Verhaltens von Halbleiterbauelementen unter Wirkung äußerer Spannungen erheblich [0.2].

Wir betrachten als Beispiel hierzu den Übergang zwischen einem **p-Halbleiter** (die Löcherkonzentration nach (4.2-2) ist größer als die Elektronenkonzentration nach (4.2-1)) und einem **n-Halbleiter** (die Elektronenkonzentration ist größer als die Löcherkonzentration), d.h. einen **pn-Übergang** (Bild 4.3-1).

Kennzeichnend für den pn-Übergang in Bild 4.3-1d ist die Tatsache, daß im Gleichgewicht die Fermienergie überall denselben Wert annimmt, d.h. zwischen den beiden Halbleiterbereichen liegt keine äußere Spannung (d.h. an den Anschlüssen des Übergangs wirkt keine Spannung, bzw. beide Bereiche werden kurzgeschlossen).

Die Verhältnisse am pn-Übergang ändern sich grundlegend, wenn an die beiden Halbleiterbereiche eine äußere Spannung angelegt wird, d.h. wenn die beiden Fermienergien rechts und links von der Raumladungszone gegeneinander verschoben werden (Bild 4.3-2).

Die Bilder 4.3-1 und 2 zeigen, warum die elektrischen Eigenschaften von Halbleiterübergängen große Anwendungsmöglichkeiten in der Praxis versprechen: Sowohl

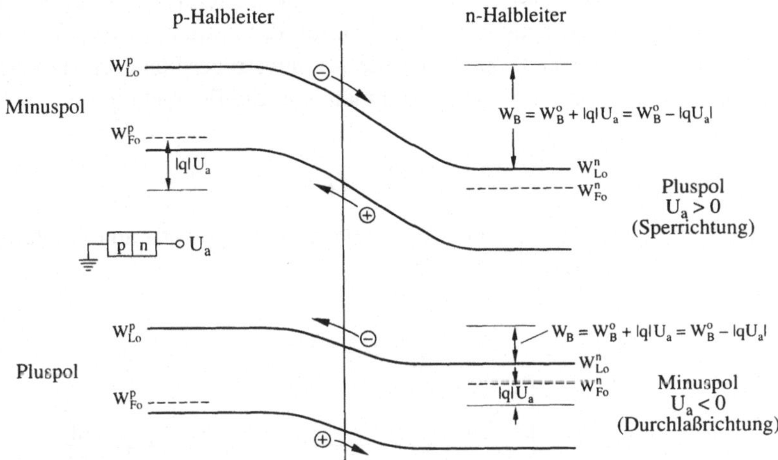

Bild 4.3-2 Änderung des Bandverlaufs bei einer Verschiebung der Fermieenergien auf beiden Seiten der Raumladungszone durch Anlegen einer äußeren Spannung: Da die Raumladungszone hochohmig ist, fällt praktisch die gesamte äußere Spannung dort ab. Hierdurch ändert sich auch die Barrierenhöhe und damit die Größe der Raumladung auf beiden Seiten des Übergangs (Merkregel: Große Barrieren entsprechen großen Breiten der Raumladungszone).

a) **Sperrichtung**: Die Elektronen fließen von links nach rechts und die Löcher in umgekehrter Richtung. Da im p-Halbleiter aber nur wenige Elektronen und im n-Halbleiter nur wenige Löcher vorhanden sind, ist der Strom insgesamt sehr klein (**Sperrstrom**, s. Bild 4.3-4).

b) **Durchflußrichtung**: Die Löcher fließen von links nach rechts und die Elektronen in umgekehrter Richtung. Auf beiden Seiten stehen jetzt zwar viele Ladungsträger zur Verfügung, diese müssen aber eine *Energiebarriere* überwinden, deren Höhe mit steigender in Flußrichtung gepolter äußerer Spannung *ab*nimmt. Mit steigender äußerer Spannung nimmt der *Strom* damit stark *zu* (**Durchlaß-** oder **Flußstrom**, s. Bild 4.3-4).

Energiebarrieren wie auch elektrische Raumladungen lassen sich durch äußere Spannungen stark beeinflussen. Die erste Eigenschaft läßt sich zur Stromsteuerung verwenden (Anwendung **Gleichrichter** und **Stromverstärker**), die zweite zur Herstellung elektronisch steuerbarer Kapazitäten (Ersatz mechanischer Drehkondensatoren durch **Kapazitäts-Variationsdioden**).

Das Problem des Stromflusses über eine Barriere der Höhe W_B läßt sich sehr allgemein lösen [0.2]. Für die Stromdichte (Stromstärke geteilt durch die Querschnittsfläche des Bauelements) ergibt sich die Beziehung:

$$j = A_V \cdot \rho(x_B)\left(\exp\left(-\frac{|q|U_a}{kT}\right) - 1\right) \qquad (4.3\text{-}4a)$$

wobei A_v je nach Form der Barriere und Wahl des Stromflußmodells variiert (hierfür ist ein Vergleich der Abmessungen der Barriere mit der mittleren freien Weglänge Λ der Ladungsträger maßgebend). $\rho(x_B)$ ist die Ladungsträgerdichte am Ort der Barriere, sie hängt mit der Barrierenhöhe zusammen über die Beziehung

$$\rho(x_B) \propto \exp\left(-\frac{W_B}{kT}\right) \tag{4.3-4b}$$

In Bild 4.3-3 sind verschiedene praktisch relevante Fälle zusammengestellt. Eine ausführliche Diskussion ist in [0.2] zu finden.

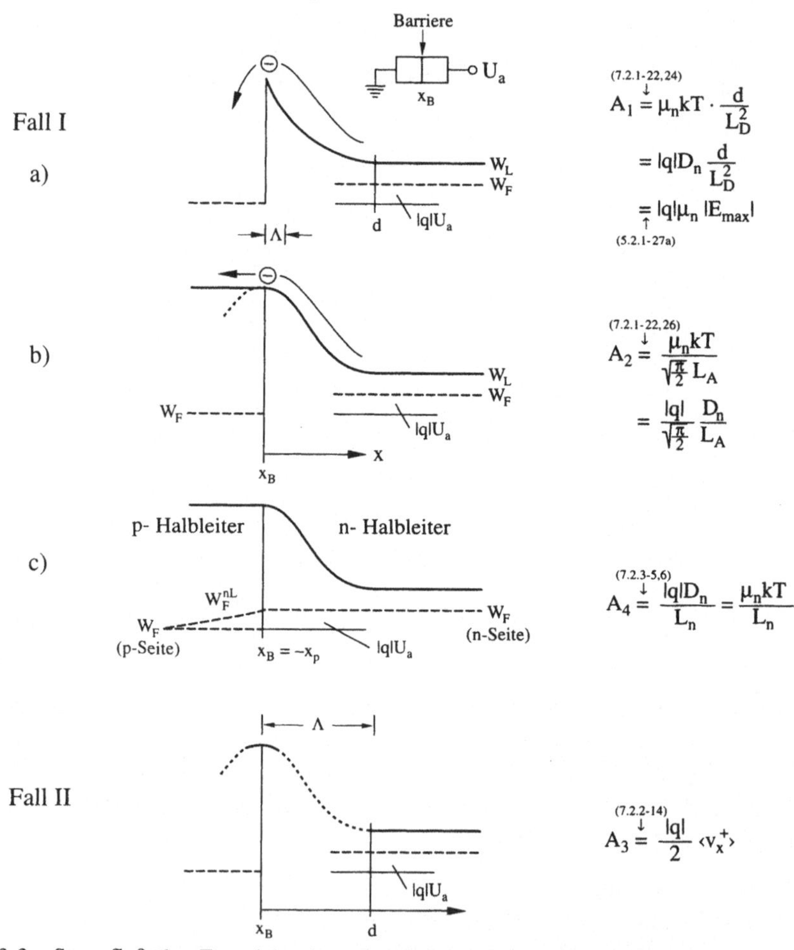

Bild 4.3-3 Stromfluß über Energiebarrieren (ausführliche Behandlung in [0.2]):
Die Strom-Spannungscharakteristik wird über die Gleichung (4.3-4) beschrieben, wobei der Vorfaktor A_v (Dimension: Ladung · Geschwindigkeit) abhängig ist vom Aufbau der Energiebarriere und dem für die Energiebarriere gültigen Modell. Λ ist die mittlere freie Weglänge der Ladungsträger.

Fall I: **Diffusionsmodell**

a) Die Energiebarriere wird durch die Raumladungszone eines einzigen Halbleiters (in diesem Fall n-Halbleiter) gebildet. L_D ist die Debye-Länge [0.2] für den n-Halbleiter. Beispiel: Halbleiter-Metall(**Schottky**)-**Übergang**

b) Die Energiebarriere wird durch einen pn-Übergang gebildet: Betrachtet wird hier nur der Majoritätsträgerfluß von Elektronen in das p-Gebiet. L_A ist die Debye-Länge für den p-Halbleiter. Beispiel: pn-Übergang mit extrem kleiner Minoritätsträgerlebensdauer τ (s. Gl. (4.2-8)) im p-Gebiet, so daß – im Gegensatz zum Normalfall – nicht der Abtransport der Minoritätsträger hinter der Barriere (Fall III), sondern der Stromfluß über die Barriere bestimmend ist.

c) Bestimmend ist die Diffusionsstromdichte der Minoritätsträger *hinter* der Barriere. L_n ist die Diffusionslänge [0.2] von Elektronen im n-Halbleiter. Beispiel: Normalfall eines pn-Übergangs mit relativ großer Minoritätsträgerlebensdauer

Fall II: **Thermionisches Modell**

Die Form der Barriere geht im Gegensatz zur Barrierenhöhe nicht ein, da die Abmessungen der Barrierenform unterhalb der mittleren freien Weglänge der Ladungsträger liegen. Betrachtet wird die Majoritätsträgerstromdichte, $<v_x^+>$ ist die mittlere thermische Geschwindigkeit in x-Richtung. Beispiel: Schottky-Übergang oder pn-Übergang mit extrem kleiner Minoritätsträgerlebensdauer im p-Gebiet.

Die hier für den pn-Übergang beschriebenen Verhältnisse gelten in ähnlicher Form auch für Halbleiter-Metall- oder Schottkyübergänge. Im Gegensatz zu dem pn-Übergang treten dabei aber keine Nichtgleichgewichts-Ladungsträger (Elektronen in p-Halbleitern, Löcher in n-Halbleiter) auf. Eine ausführliche Behandlung dieses Themenkreises erfolgt in Band [0.2].

Bei den Metall-Oxid-Halbleiter(**MOS**)-Übergängen (4.3-8a) verhindert die Oxidschicht einen Stromtransport durch das Bauelement. Eine Steuerung der Ladungen rechts und links davon über die äußere Spannung ist aber möglich.

4.3.2 Dioden, Transistoren und integrierte Schaltungen

Die Gleichrichterwirkung eines pn-Überganges war in Bild 4.3-2 veranschaulicht worden: Bei Anliegen einer *Sperr*spannung fließt nur ein geringer Sperrstrom, bei Anlegen einer *Fluß*spannung hingegen ein hoher Durchlaßstrom, der nach Gleichung (4.3-4) exponentiell mit der äußeren Spannung U_a ansteigt. Bild 4.3-4 zeigt die Kennlinien einer pn-Diode. Qualitativ haben die Kennlinien von Schottkydioden dieselbe Form, der Flußstrom dieser Bauelemente steigt jedoch bei einer geringeren äußeren Spannungen an (4.3-4c), außerdem liegen die Sperrströme höher.

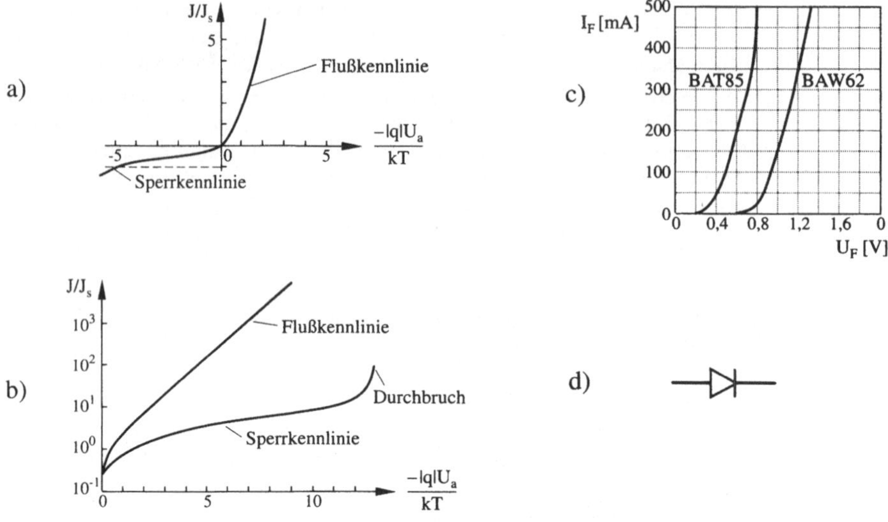

Bild 4.3-4 Kennlinien von pn- und Schottky-Dioden
a) lineare Auftragung
b) halblogarithmische Auftragung
c) Vergleich der Kennlinien einer Schottky-Diode (BAT85) mit einer pn-Diode (BAW62)
d) Schaltzeichen einer Diode

Bild 4.3-5 beschreibt die verschiedenen Herstellungstechniken von pn-Dioden. Dabei werden die bei den Metallwerkstoffen in Abschnitt 3.2.2 eingeführten Dünnschichttechniken angewendet. Weitere Prozesse der Halbleitertechnologie werden in [0.2] ausführlich beschrieben.

Bei **bipolaren Transistoren** wird der Stromfluß durch das Bauelement über die Regulierung der Energiebarriere in der Basis gesteuert. Im Prinzip arbeitet dieser Transistor wie ein Wasserfall, bei dem der Stromfluß durch ein Wehr bestimmt wird, dessen Höhe sich von außen einstellen läßt. Dabei wird der **Emitter**(I_E)- oder **Kollektorstrom**(I_C)fluß aufgrund einer **Kollektorspannung** U_{CE} über eine Energiebarriere (**Basis**gebiet des Transistors) durch eine Steuerspannung (**Basisspannung** U_{BE}) nahezu leistungslos (d.h. mit einem sehr geringen **Basisstrom**) gesteuert (Bild 4.3-6). Das Verhältnis von Kollektorstrom zu Basistrom hat damit einen großen Wert, so daß eine **Stromverstärkung** erfolgt. Wie die Kennlinien des Transistors (Bild 4.3-7) zeigen, hängt der Strom über die Barriere nur geringfügig ab von dem Spannungsabfall hinter der Barriere (**Kollektor-Basis-Spannung** U_{CB}). Auch diese Eigenschaft finden wir beim Wasserfall wieder: Der Stromfluß hängt nicht davon ab, wie tief das Wasser nach Passieren des Wehrs nach unten abfällt.

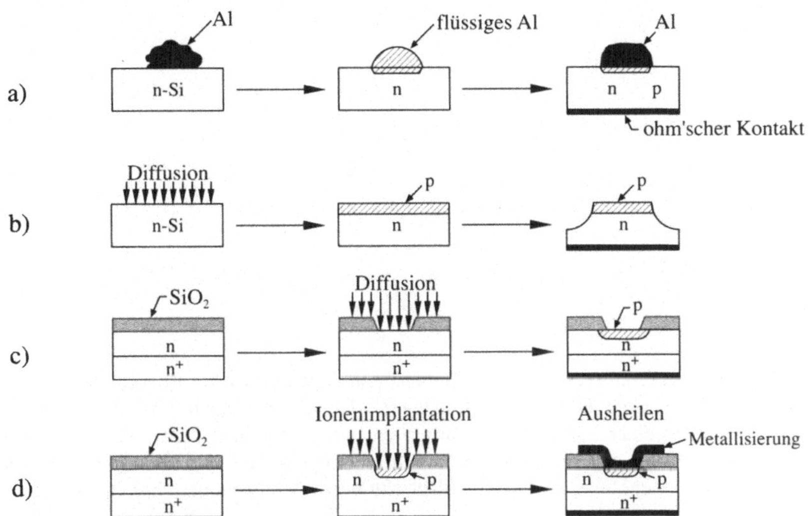

Bild 4.3-5 Herstellungsverfahren von pn-Dioden
a) Legierungstechnik
b) Mesatechnik
c) diffundierte pn-Dioden
d) ionenimplantierte Dioden

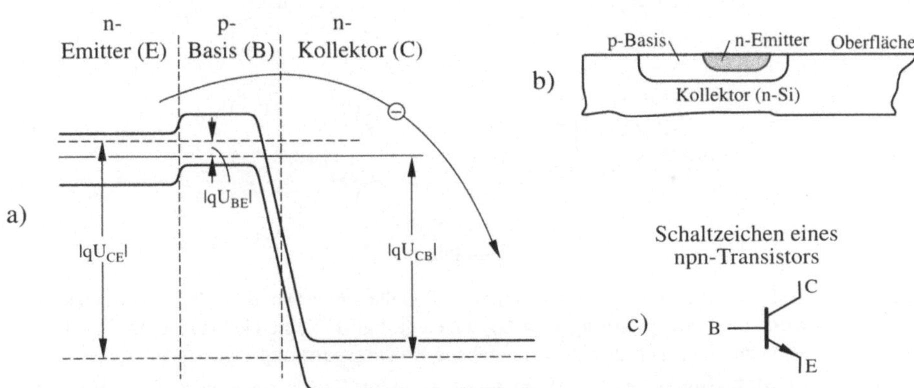

Bild 4.3-6 Bauelementrealisierung der steuerbaren Energiebarriere durch einen npn-Transistor:

a) Der Stromfluß wird durch die Höhe der Barriere im Basisgebiet bestimmt, die ihrerseits von der Emitter-Basisspannung U_{BE} abhängt.
b) Die Herstellung von bipolaren Transistoren erfolgt ähnlich wie bei den pn-Dioden in Bild 4.3-5, es werden jedoch von der Oberfläche her nacheinander zwei unterschiedlich dotierte Schichten erzeugt.
c) Schaltzeichen eines npn-Transistors.

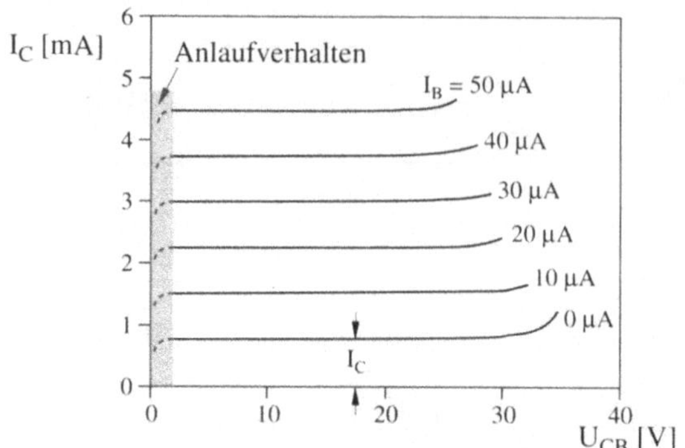

Bild 4.3-7 Ausgangskennlinienfeld eines Bauelements mit gesteuerter Energiebarriere (Beispiel npn-Transistor): Der geringe Anstieg des Kollektorstroms mit der Kollektorspannung (oberhalb einer Sättigungsspannung) entsteht dadurch, daß der bestimmende Prozeß die Überwindung der Barriere ist und nicht der Abfluß der Ladungsträger hinter der Barriere. Schaltungstechnisch entspricht diese Tatsache einem hohen Ausgangswiderstand.

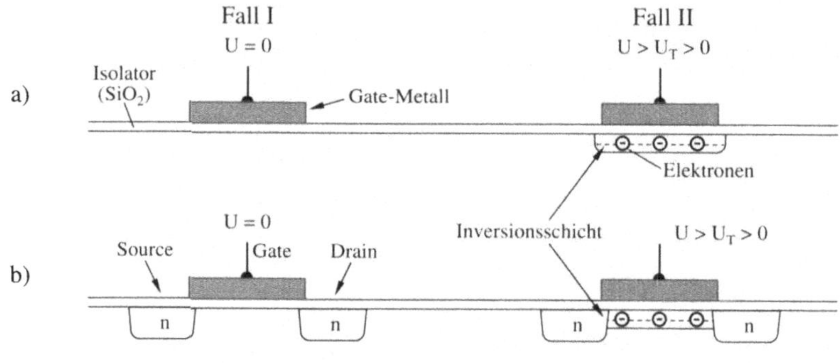

Bild 4.3-8 n-MOS (Metall-Oxid-Semiconductor)-Bauelemente: An die Metall-**Gateelektrode** wird eine **Gatespannung** $U = U_G$ angelegt. Fall I: Keine Gatespannung, Fall II: Gatespannung größer als eine vorgegebene **Einsatzspannung** U_T:

a) **MOS-Diode**: Im Fall II entsteht bei großen Gatespannungen auf der Halbleiterseite durch eine hohe Elektronenkonzentration eine **n-Inversionsschicht** (im p-Halbleiter werden elektrostatisch so viele Elektronen angezogen, daß dort – wie bei einem n-Halbleiter – mehr Elektronen als Löcher vorhanden sind).

b) **MOS-Transistor**: Im Halbleiter werden am Rande der Gateelektrode durch Eindiffusion in das p-leitende Substrat n-leitende Bereiche erzeugt, die als **Source**- und **Drain**-Elektroden bezeichnet werden. Im Fall I fließt bei Anlegen einer äußeren Spannung zwischen Source und Drain nur ein geringer Reststrom, da einer der beiden pn-Übergänge zwischen Source und Drain immer gesperrt ist. Im Fall II hingegen stellt die Inversionsschicht eine leitfähige Verbindung (**n-Inversionskanal**) zwischen Source und Drain her.

Ähnliche Kennlinien wie die bipolaren Transistoren in Bild 4.3-7 haben die **MOS-Feldeffekt-Transistoren** (MOSFETs, Bild 4.3-8). Bei diesem Bauelement ist die elektrische Leitfähigkeit eines Kanals zwischen der Source- und der Drain-Elektrode durch die äußere Gateelektrode in weiten Grenzen einstellbar. Die Stromsteuerung erfolgt im Prinzip wie bei einem elektronisch regelbaren Drehpotentiometer (regelbarer Widerstand), allerdings mit dem wichtigen Unterschied, daß oberhalb einer Anlaufspannung der Strom mit der äußeren Spannung nicht mehr ansteigt, sondern in einen konstanten Sättigungswert übergeht. Die Sättigung des Ausgangsstroms bei hohen Ausgangsspannungen (**Drainspannungen** U_D) entsteht durch eine Abschnürung des Kanals (ausführliche Behandlung in [0.2]). In Bild 4.3-9 sind die verschiedenen Typen von MOS-Transistoren und deren Kennlinien dargestellt.

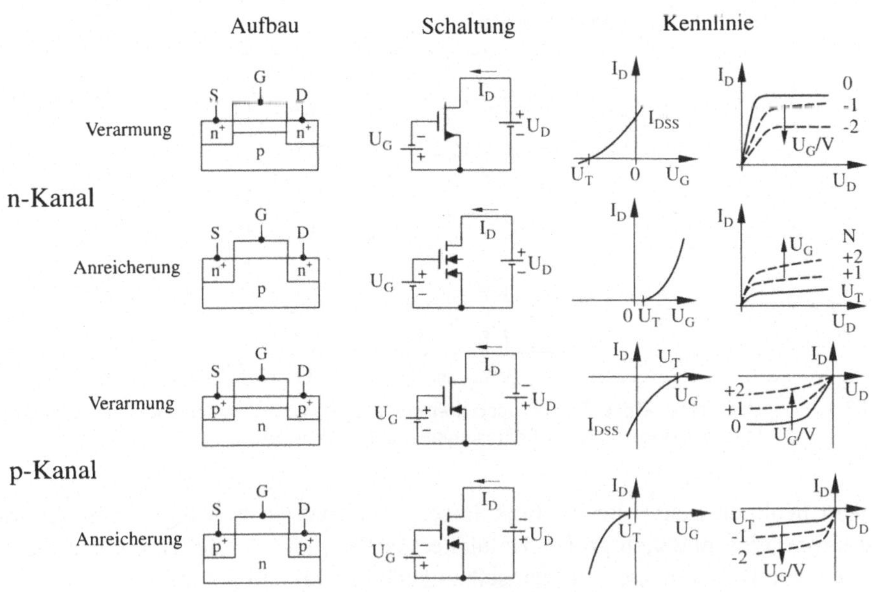

Bild 4.3-9 Aufbau, Polarität der äußeren Spannungen und Kennlinien verschiedener Typen von MOSFETs (nach [4.4])

In **integrierten Schaltungen** wird eine Vielzahl von Dioden, Transistoren und Halbleiterwiderständen gleichzeitig nebeneinander auf demselben Halbleiterkristall (**Halbleiterchip**) hergestellt. Die Verdrahtung dieser Bauelemente zu einer Schaltung erfolgt über Metall-Leiterbahnen, die in Dünnschichttechnik hergestellt werden (s. Abschnitt 3.2.2). In der Schaltungstechnik von integrierten Schaltungen werden nach Möglichkeit Bauelemente vermieden, die sich nicht leicht integrieren lassen, wie z.B. Spulen und große Kapazitäten. In Bild 4.3-10 sind die Kenndaten eines vielverwendeten Doppel-Operationsverstärkers zusammengestellt.

DESCRIPTION

The 5532 is a dual high-performance low noise operational amplifier. Compared to most of the standard operational amplifiers, such as the 1458, it shows better noise performance, improved output drive capability and considerably higher small-signal and power bandwidths.

This makes the device especially suitable for application in high-quality and professional audio equipment, instrumentation and control circuits, and telephone channel amplifiers. The op amp is internally compensated for gains equal to one. If very low noise is of prime importance, it is recommended that the 5532A version be used because it has guaranteed noise voltage specifications.

FEATURES

- **Small-signal bandwidth: 10MHz**
- **Output drive capability: 600Ω, $10V_{RMS}$**
- **Input noise voltage: $5nV/\sqrt{Hz}$ (typical)**
- **DC voltage gain: 50000**
- **AC voltage gain: 2200 at 10kHz**
- **Power bandwidth: 140kHz**
- **Slew rate: 9V/µs**
- **Large supply voltage range: ± 3 to ± 20V**
- **Compensated for unity gain**

PIN CONFIGURATIONS

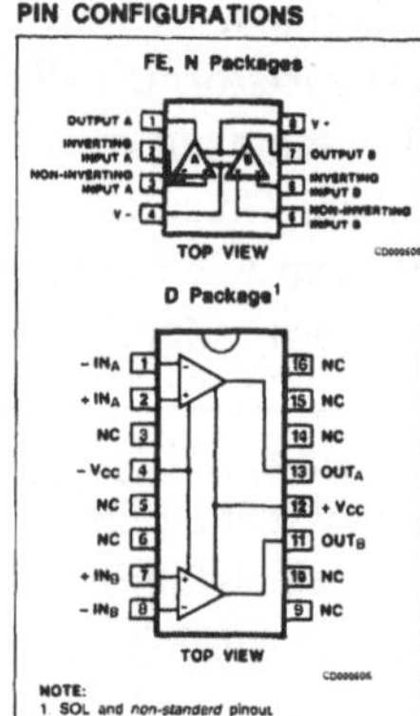

EQUIVALENT SCHEMATIC (EACH AMPLIFIER)

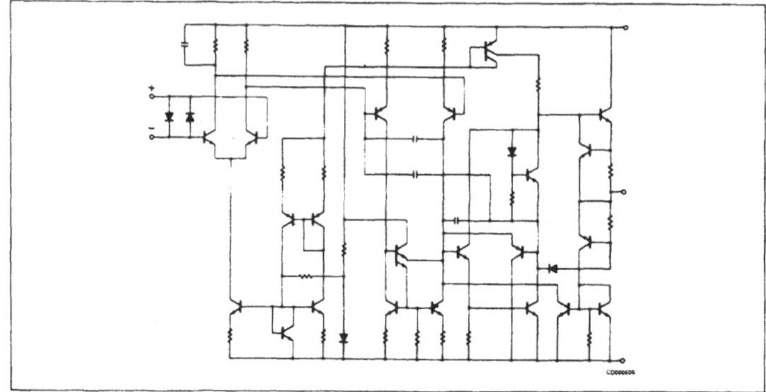

Bild 4.3-10 Datenblatt eines Doppeloperationsverstärkers (zwei voneinander unabhängige Operationsverstärker auf demselben Halbleiterkristall).

Mit dem heutigen Stand der Technik lassen sich analoge und digitale integrierte Schaltungen, einschließlich großer Halbleiterspeicher, jeweils mit Tausenden bis zu Millionen von Bauelementen auf demselben Halbleiterkristall (Chip) herstellen.

4.3.3 Halbleitersensoren

Halbleiterwerkstoffe sind hervorragend geeignet für die Herstellung von Bauelementen, die empfindlich auf Umweltgrößen wie die Temperatur, den mechanischen Druck, die Anwesenheit von Magnetfelder u.a. reagieren. Die Ursache hierfür liegt in den physikalischen Eigenschaften der Halbleiterwerkstoffe und in der Tatsache, daß die elektrischen Eigenschaften von Halbleitern über eine Dotierung mit Fremdatomen in weiten Grenzen gezielt beeinflußt werden können. Eine Schwierigkeit entsteht eher dadurch, daß Halbleitersensoren gleichzeitig auf mehrere Umweltgrößen ansprechen: Beispielsweise ist die unerwünschte (**parasitäre**) Temperaturabhängigkeit ein fundamentales Problem bei Halbleiter-Drucksensoren.

Bild 4.1-4 zeigte, daß die Ladungsträgerkonzentration ρ_n von Halbleitern im Sättigungsbereich weitgehend konstant ist. Dennoch nimmt die elektrische Leitfähigkeit $\sigma_n = |q|\mu_n \rho_n$ mit der Temperatur langsam ab, da die Elektronenbeweglichkeit μ_n einen negativen **TK** (**Temperaturkoeffizient**: Verwendet wird auch die dem Englischen entlehnte Abkürzung **TC**, s. Abschnitt 3.1) hat. Aus diesem Grund eignen sich *homogene Halbleiter* (die aus einem einzigen elektrisch kontaktierten Halbleiterbereich bestehen – im Gegensatz zu den Halbleiter*übergängen* in Abschnitt 4.3.1) zur Herstellung von Temperatursensoren mit *positiven* TK (der Widerstand ist proportional zur reziproken Leitfähigkeit), den **Halbleiter-PTC-Widerständen** (Bild 4.3-11).

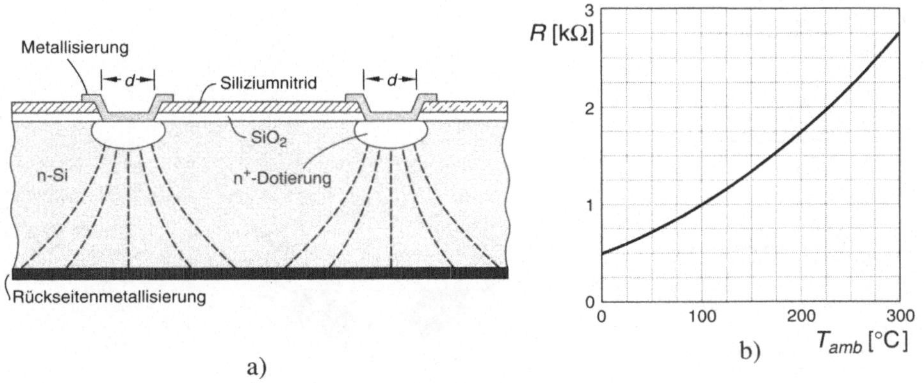

Bild 4.3-11 Silizium-PTC-Widerstände (Reihe KTY 84-1..., s. [0.2]):

a) Aufbau: Um eine polungsunabhängige Kennlinie zu erhalten, wird ein symmetrischer Aufbau bevorzugt.

b) Kennlinie

Bei Halbleiter-Drucksensoren tritt zu der geometrisch bestimmten Dehnungsempfindlichkeit der Größe 2 in Gleichung (3.3-3) noch ein werkstoffbedingter Term hinzu. Dieser entsteht durch eine Abhängigkeit der Struktur von Valenz- und Leitungsband von dem einwirkenden mechanischen Druck, wodurch eine Richtungsabhängigkeit der Beweglichkeit von Elektronen und Löchern erzeugt wird.

$$k_{\varepsilon} = \frac{\Delta R / R}{\varepsilon} = 2 + \frac{\Delta \rho_{sp} / \rho_{sp}}{\varepsilon} \qquad (4.3\text{-}5)$$

Der werkstoffbedingte Anteil kann Werte bis zu 200 (!) annehmen, so daß mit Halbleiterwerkstoffen weitaus empfindlichere Drucksensoren hergestellt werden können als mit Metallen (Abschnitt 3.3.3). Über die größere parasitäre Temperaturempfindlichkeit kann aber ein Teil dieses Vorteils wieder verloren gehen.

Bei **Silizium-Drucksensoren** werden Halbleiter-Dehnungsmeßstreifen mit einer Dehnungsempfindlichkeit wie in (4.3-5) auf einer **Druckmembran** angeordnet.Ein großer Vorteil ergibt sich beim Werkstoff Silizium dadurch, daß die Dehnungsmeßstreifen (DMS) in eine Halbleiteroberfläche ein*diffundiert* werden können (vgl. Bild 4.3-5). Anschließend wird der Kristall unterhalb der Oberfläche so weit weggeätzt, daß eine Membran entsteht, auf welcher die DMS an vorbestimmten Stellen angeordnet sind (4.3-12). Dieses ist ein wichtiges Beispiel für ein **mikromechanisches Formgebungsverfahren** (s. [0.1]).

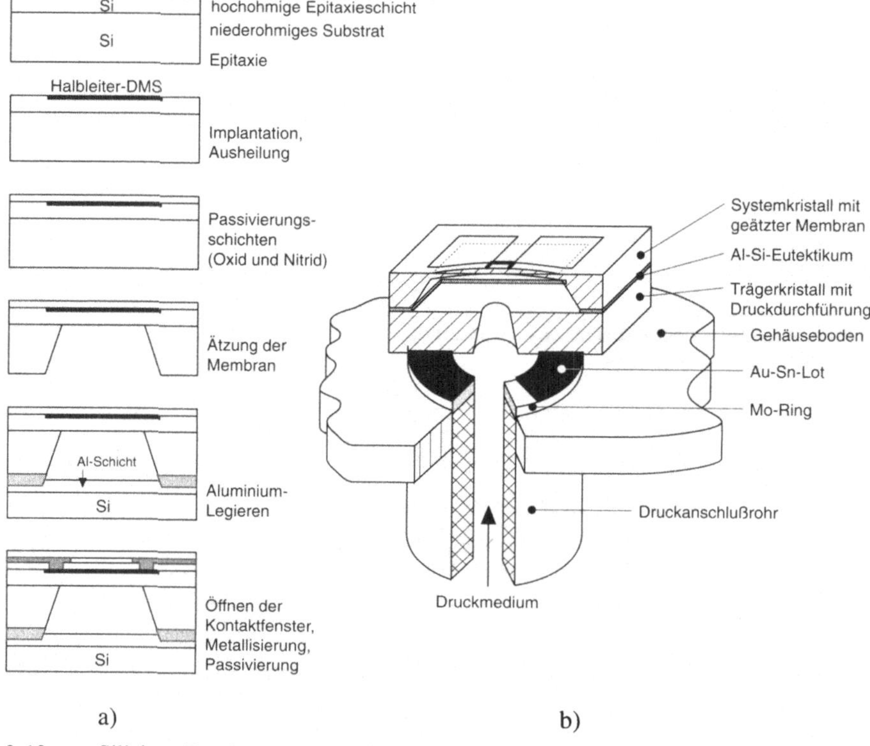

Bild 4.3-12 Silizium-Drucksensoren (nach [4.5])

a) Membranherstellung über mikromechanische Verfahren

b) Montage des Siliziumkristalls auf dem Drucksensorgehäuse.

Bei **Halbleiter-Magnetfeldsensoren** wird der **Halleffekt** (bei Feldplatten in Verbindung mit einem Randeffekt) ausgenutzt (Bild 4.3-13).

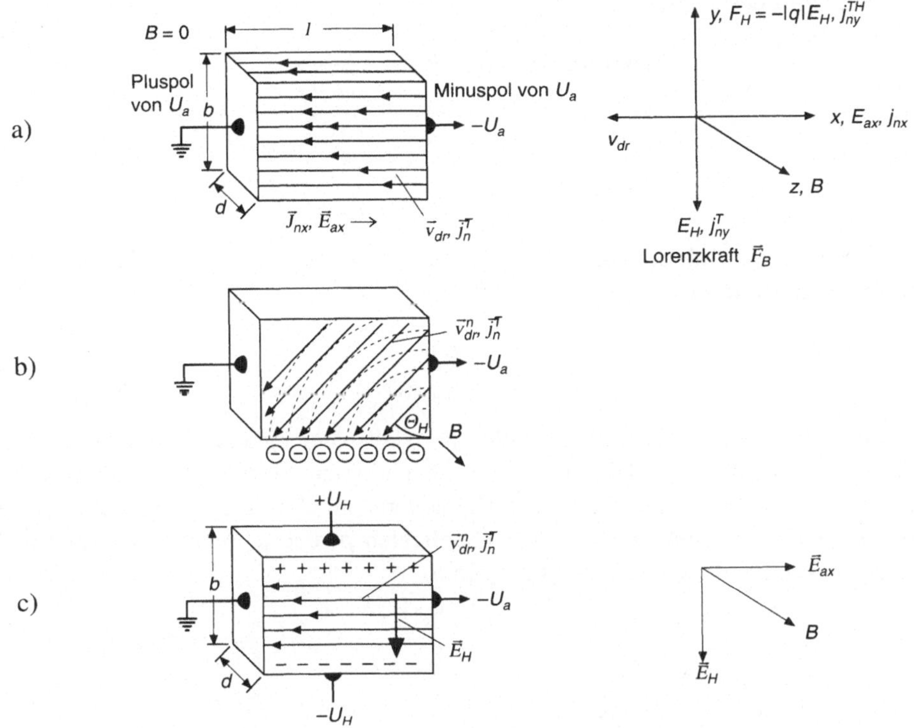

Bild 4.3-13 Entstehung des Hallfeldes bei einem stabförmigen Widerstand in x-Richtung

a) Elektronenbahnen aufgrund des angelegten elektrischen Feldes $\vec{E}_{ax}$ bei *Abwesenheit* eines Magnetfeldes *B*

b) Elektronenbahnen kurz nach dem Einschalten eines Magnetfeldes *B* (es hat sich noch kein Hallfeld aufgebaut): Der Elektronenstrom fließt wegen der in Abschnitt 2.3.1 behandelten Reibungseffekte auf einer um den Hallwinkel θ_H geneigten Bahn (*freie* Elektronen würden sich auf Spiralbahnen, die gestrichelt eingezeichnet sind, bewegen) zu den Seiten des Stabes hin, die Ablenkung wird bewirkt durch die Lorentzkraft $F = -|q|\vec{v} \times \vec{B}$. Da die Elektronen an den Seitenflächen nicht nach außen abfließen können, baut sich dort eine Oberflächenladung auf, welche das Hallfeld E_H erzeugt, die hierdurch erzeugte zusätzliche Kraft ist der Lorentzkraft entgegengerichtet (d.h. das durch die Ablenkung von Elektronen entstehende Hallfeld zeigt in Richtung der Lorentzkraft).

c) Auf die im Leiter fließenden Elektronen wirken nebeneinander die ablenkenden Kräfte des Magnetfeldes und des Hallfeldes. Beide kompensieren sich gegenseitig, so daß sich die Elektronen bei langgestreckten Widerständen näherungsweise in der durch den geometrischen Aufbau des Stabes festgelegten Richtung bewegen.

Das **Hallfeld** E_H ergibt sich aus der Beziehung [0.3]:

$$E_H = R_H \cdot B_z j_x \qquad (4.3\text{-}6)$$

mit den **Hallkoeffizienten**

$$\text{Elektronenleitung:} \quad R_H^n = -\frac{1}{|q|\rho_n} \qquad (4.3\text{-}7a)$$

$$\text{Löcherleitung:} \quad R_H^p = +\frac{1}{|q|\rho_p} \qquad (4.3\text{-}7b)$$

Daraus ergibt sich mit der Breite b des Hallelementes (s. Bild 4.3-13) die von außen meßbare **Hallspannung** U_H:

$$E_H = -\frac{U_H}{b} \qquad (4.3\text{-}8)$$

Aus dem Vorzeichen des Hallfeldes oder der Hallspannung kann bestimmt werden, ob in einem Leiter eine Elektronen- oder Löcherleitung vorliegt. Der Halleffekt ist besonders ausgeprägt in hochohmigen Halbleitern (im Gegensatz zu Metallen), weil in diesem Fall die Elektronen- und Löcherdichten ρ_n und ρ_p relativ klein sind und daher die Hallkoeffizienten nach (4.3-7) groß.

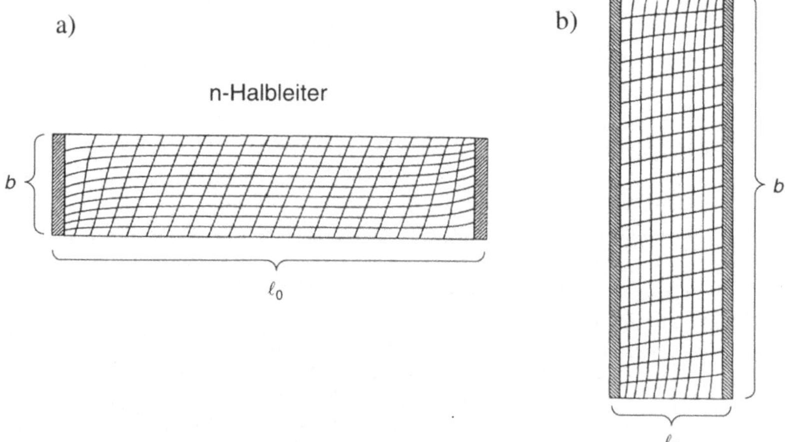

Bild 4.3-14 Verlauf der Stromlinien (Stromvektoren entlang der Fortbewegungsrichtung der Ladungsträger, in den obigen Abbildungen verlaufen sie etwa in *horizontaler* Richtung) und der Äquipotentiallinien (Verlauf ungefähr in *vertikaler* Richtung) bei verschiedenen Verhältnissen der Länge l_o und Breite b von Widerständen. Die Widerstände sind an ihren Stirnflächen mit einer ohmschen Kontaktschicht hoher Leitfähigkeit (z.B. Metallisierung) belegt, so daß dort die Äquipotentialflächen mit den Kontaktschichten zusammenfallen (nach [4.6]): a) $l_o > b$; b) $l_o < b$.

Die hier dargestellten Verhältnisse gelten nur für *langgestreckte* Hallbauelemente ($l_o > b$ in 4.3-14a). Bei schmalen Bauelementen ($l_o < b$ in 4.3-14b) kann sich das Hallfeld nur viel schwächer auswirken, weil die elektrische Feldstärke auf den *Metall*kontakten des Bauelements stets senkrecht stehen muß (ansonsten würde dort ein großer Strom fließen, die Konsequenz ist ein Hallfeld nahezu Null wie in Bild 4.3-14b).

Die Strombahnen verlaufen in Bild 4.3-14b nicht in der kürzestmöglichen Richtung senkrecht zu den Kontaktschichten, d.h. ihre Länge wird bei Anlegen eines Magnetfeldes vergrößert. Damit nimmt auch der Widerstand des Bauelements (genannt **Feldplatte**, s. [0.3]) mit der Stärke des Magnetfeldes zu (**geometrischer magnetoresistiver Effekt**). Bild 4.3-15 zeigt die Ausführungsform einer Feldplatte mit eingebauten Kurzschlußstreifen, welche nach demselben Schema wie in Bild 4.3-14b das Hallfeld unterdrücken und damit gleichzeitig die Strombahnen verlängern.

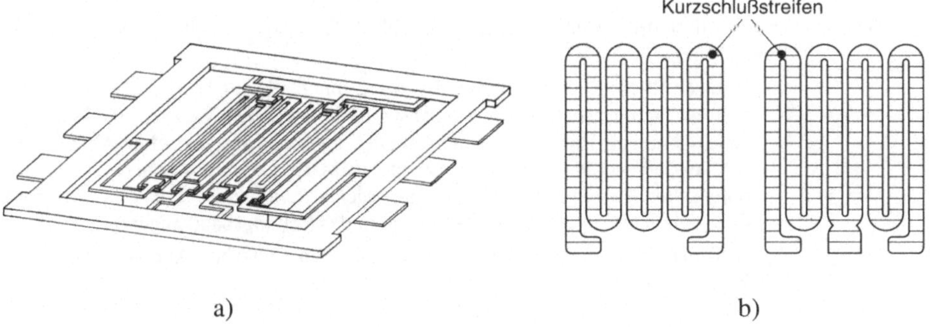

Bild 4.3-15 Feldplatten-Magnetsensoren (nach [4.7]).

Neben den hier aufgeführten Halbleitersensoren gibt es noch weitere, die in [0.3] ausführlich beschrieben werden.

4.3.4 Optoelektronische Bauelemente

Im Abschnitt 4.2 wurde bereits der Photoleiter als wichtiges optoelektronisches Bauelement beschrieben. Typisch für die Wirkung optischer Strahlung auf Werkstoffe ist, daß Elektronen energetisch angeregt werden, d.h. von einem Zustand niedrigerer Energie (z.B. im Valenzband) auf einen mit höherer Energie (z.B. im Leitungsband, oder sogar außerhalb des Werkstoffs) übergehen (Bild 4.3-16). Man unterscheidet dabei zwischen dem **inneren** und dem **äußeren Photoeffekt**.

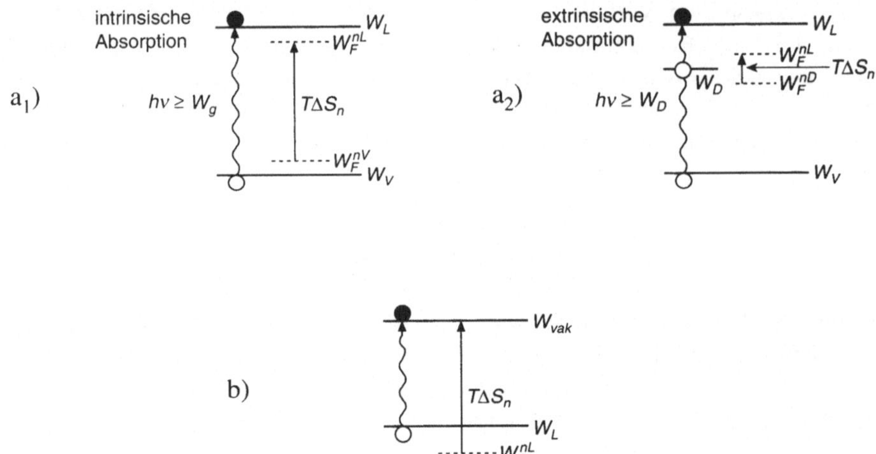

Bild 4.3-16 **Absorption optischer Strahlung** der Photonenenergie $h\nu$ in einem Werkstoff (ausführliche Behandlung in [0.3]).

a) **Innerer Photoeffekt**: Elektronen werden innerhalb des Werkstoffs (in diesem Fall ein Halbleiter mit dem Bandabstand W_g zwischen Valenz- und Leitungsband) angeregt. Dabei wird unterschieden zwischen **intrinsischer Absorption** (Elektronen werden vom Valenzband in das Leitungsband angeregt) und **extrinsischer Absorption** (Elektronen werden z.B. von einer Störstelle mit einem Energieniveau innerhalb der Bandlücke in das Leitungsband angeregt).

b) **Äußerer Photoeffekt**: Elektronen treten nach optischer Anregung aus dem Werkstoff heraus in den freien Raum.

Die Umkehrung der optischen Absorption ist die **Lichtemission**: Wenn angeregte Elektronen in einen Zustand niedrigerer Energie zurückgehen, strahlen sie die dabei freiwerdende Energie in Form von Lichtenergie (Lichtquanten oder Photonen) ab. Bei Übergängen vom Leitungs- in das Valenzband entspricht die Photonenenergie $h\nu$ dem Bandabstand W_g zwischen Valenz- und Leitungsband. Um unter dieser Voraussetzung eine Lichtemission im Bereich des sichtbaren Lichts zu erzeugen, müssen andere Halbleiterwerkstoffe als Silizium verwendet werden (Bild 4.3-17).

Die kontinuierliche Erzeugung von Überschußladungsträgern erfolgt durch den Betrieb von pn-Übergängen in Durchflußrichtung (Bild 4.3-2b, s. auch Fall Ic in Bild 4.3-3), wobei die Rekombination hinter der Energiebarriere erfolgt. Die dabei freiwerdende Energie wird bei **Leucht-** oder **Lumineszenzdioden** (**LEDs**, inkohärente Strahlung) und **Halbleiterlasern** (kohärente Strahlung) in Form von optischer Strahlung abgegeben, so daß diese Halbleiterbauelemente wirkungsvolle Lichtquellen darstellen. Durch Auswahl geeigneter Halbleiterwerkstoffe (vielfältige Möglichkeiten bieten dabei die Mischkristallen der Elemente Gallium-Arsen-Phospor-Indium) läßt sich die Wellenlänge des Lichts – und damit die Farbe der Strahlung – beeinflussen (s. Bild 4.3-17).

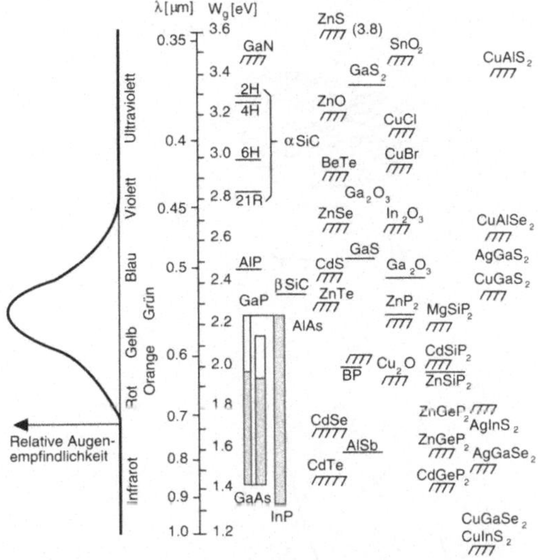

Bild 4.3-17 Spektrum des sichtbaren Lichts, zusammen dargestellt mit der relativen spektralen Empfindlichkeit des menschlichen Auges und dem Bandabstand W_g von Halbleiterwerkstoffen (vgl. Bild 2.3-3). Auf der rechten Seite sind bei den entsprechenden Bandabständen diejenigen Halbleiterwerkstoffe eingezeichnet, die in dem dazugehörenden Spektralbereich über Band-Band-Übergänge Lichtstrahlung aussenden oder mit großer Empfindlichkeit detektieren können (nach [3.2]).

Große praktische Bedeutung haben Leuchtdioden und Halbleiterlaser, die aus Halbleiterwerkstoffen des Legierungssystems Ga-Al-In-P-As hergestellt werden: Die Emission erfolgt im Bereich des rot-gelben Lichts.

Ein Beispiel für ein Halbleiterbauelement, bei dem der *äußere* Photoeffekt ausgenutzt wird, ist die **Photozelle** (Bild 4.3-18).

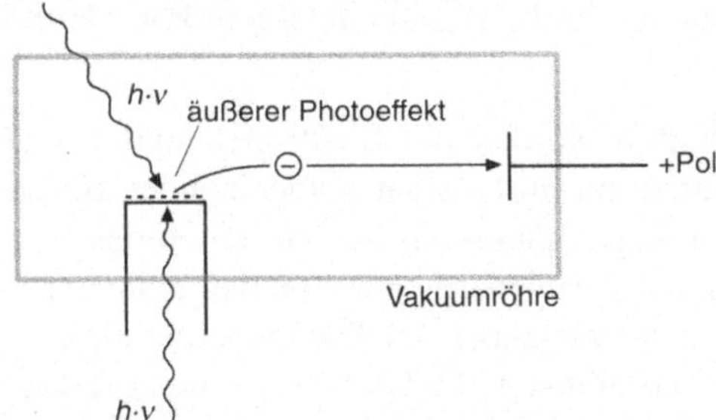

Bild 4.3-18 Prinzip der **Photozelle**: Bei optischer Bestrahlung der Photokathode in einer Vakuumröhre werden Elektronen emittiert, die elektrostatisch von einer Anode angezogen werden. Der Anodenstrom ist ein Maß für die pro Zeiteinheit erzeugte Anzahl der Elektronen. Die spektrale Empfindlichkeit der Photokathode ist proportional zur **Quantenausbeute** η für die Photoemission bei der entsprechenden Wellenlänge.

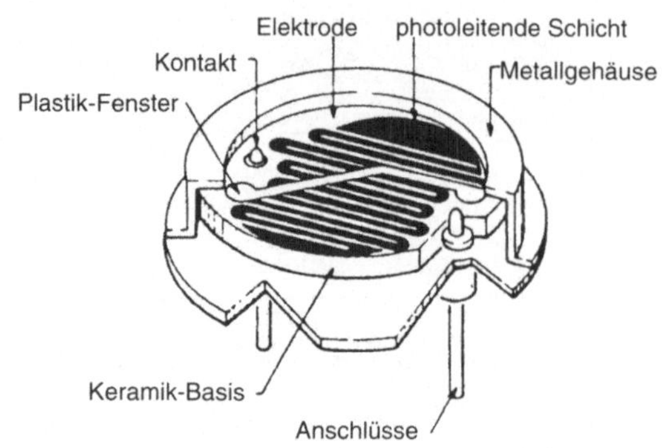

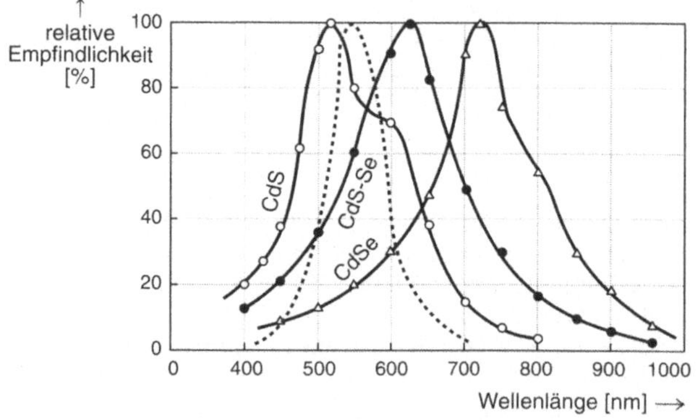

Bild 4.3-19 Aufbau und spektrale Empfindlichkeit von Photoleitern aus Kadmium-Schwefel-Selen-Verbindungen (nach [4.8]).

Das Prinzip des Photoleiters als weiteres optoelektronisches Bauelement war bereits in Bild 4.2-3 erläutert worden. Bild 4.3-19 zeigt eine Ausführungsform und die Wellenlängenabhängigkeit der Empfindlichkeit von Photoleitern aus verschiedenen Kadmium-Verbindungen.

Bei den **Photodioden** werden die Elektronen und Löcher von optisch erzeugten Elektron-Lochpaaren am pn-Übergang voneinander getrennt. Das Ergebnis ist eine Verkleinerung der Raumladung auf beiden Seiten des Übergangs, diese führt zu einer Verschiebung der Fermienergien auf beiden Seiten relativ zueinander (und damit zur Entstehung einer von außen meßbaren Spannung, s. Abschnitt 4.3.1 und Bild 4.3-20). Im Prinzip ergibt sich die Umkehrung des Effekts in Bild 4.3-2. Dort wurde durch Anlegen einer äußeren Spannung die Raumladung verkleinert, hier führt die Verkleinerung der Raumladung zur Entstehung einer von außen meßbaren (abgreifbaren) **Photospannung (Prinzip der Solarzelle)**.

Neben den beschriebenen gibt es eine große Anzahl weiterer optischer Sensoren; eine ausführlichere Behandlung erfolgt in [0.3].

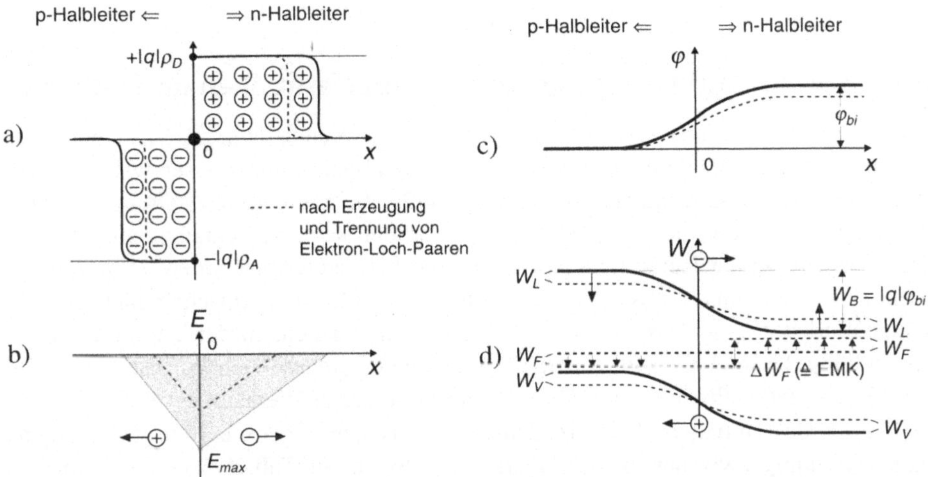

Bild 4.3-20 Entstehung einer Photospannung bei optischer Bestrahlung eines pn-Übergangs :

In der Raumladungszone wird durch Absorption optischer Strahlung ein Elektron-Loch-Paar gebildet, das durch Einwirkung des elektrischen Feldes (Konsequenz der Bandverbiegung) getrennt wird. Das Elektron bewegt sich in das n-Gebiet, das Loch in das p-Gebiet. Auf diese Weise *verkleinert* sich auf beiden Seiten des pn-Übergangs die Breite und Ladung der Raumladungszone. Die Integration der Poissongleichung (Verfahren wie in Bild 4.3-1) ergibt dann eine Abnahme der elektrischen Feldstärke und damit der Barrierenhöhe im Bändermodell. Da außerhalb der Raumladungszone der energetische Abstand zwischen den Bandkanten und den Fermienergien durch die Dotierung festgelegt ist, stellt sich als Konsequenz der Elektron-Loch-Paarbildung eine Verschiebung der Fermienergien von p- und n-Material gegeneinander ein: Es entsteht - wie beim Thermoelement, wenn auch aus grundsätzlich verschiedenen Ursachen – eine von außen meßbare Spannung (auch **elektromotorische Kraft EMK** genannt), d.h. es liegt ein spannungserzeugender (galvanischer) Effekt vor (**Prinzip der Solarzelle**). In den Darstellungen sind die Größen ohne (durchgezogen) und nach (gestrichelt) der Erzeugung und Trennung von Elektron-Lochpaaren graphisch dargestellt:

a) Ortsabhängigkeit der Raumladungen (ρ_D und ρ_A sind die Konzentrationen der Donatoren und Akzeptoren im n- und p-Halbleiter)

b) Ortsabhängigkeit der elektrischen Feldstärke *E*.

c) Ortsabhängigkeit des elektrischen Potentials φ.

d) Bändermodell

5 Keramiken und Gläser

5.1 Aufbau und Fertigungstechnik von Keramiken und Gläsern

Traditionell werden unter dem Begriff **Keramik** gebrannte Töpfereierzeugnisse aus Ton und anderen Mineralien bezeichnet. Durch Zugabe von Wasser wird aus den Rohmaterialien eine formbare Masse hergestellt, die nach der Gestaltung des Produkts getrocknet und bei 900 bis 1200°C gebrannt wird. Mit zunehmender technischer Bedeutung der Keramiken ist dieser Begriff ausgedehnt worden: Man versteht darunter in der angelsächsischen Literatur sogar alle anorganischen nichtmetallischen Werkstoffe, so daß auch die Halbleiter dazu zählen. In der Tat sind bei der Aufstellung der in optoelektronischen Bauelementen eingesetzten Werkstoffe in Bild 4.3-17 typische Halbleiter (wie GaAs)- und keramische Werkstoffe (wie SnO_2 und andere Oxide) enthalten. Auch in den physikalischen Eigenschaften gibt es keine klare Trennung zwischen beiden Werkstoffgruppen. In Tab. 5.1-1 sind technisch wichtige keramische Verbindungen zusammengestellt, Tab. 5.1-2 zeigt die elektrischen Eigenschaften halbleiterähnlicher Keramiken.

Tab. 5.1-1 Zusammensetzung und Kristallstruktur kristalliner Phasen ausgewählter keramischer Verbindungen (nach [0.5])

I. Oxide (a)	Klasse	Zusammensetzung	Kristallstruktur	Mineralname
	binäre Oxide	BeO	Wurzit (hex)	Bromellit
		ZnO	Wurzit (hex)	Zinkit
		MgO	Steinsalz (kub)	Periklas
		NiO	Steinsalz (kub!	Bunsenit
		TiO_2	Rutil (tetr)	Rutil
		ZrO_2	Baddeleyit (mkl)	Baddeleyit
		SiO_2	Quarz (trig)	Quarz
		Al_2O_3	Korund (hex)	Korund
		Fe_2O_3	Korund (hex)	Hämatit
		Fe_3O_4	Spinell (kub)	Magnetit
	Silikate	$Al_9Si_3O_{19}$	Nesosilik. (rhom)	Mullit
		$ZrSiO_4$	Nesosilik. (tetr)	Zirkon
		$MgSiO_3$	Inosilik. (rhom)	Enstatit
		$MgSiO_4$	Nesosilik. (rhom)	Forsterit
		$CaSiO_3$	Inosilik. (trkl)	Wollastonit
		$LiAlSiO_4$	Nesosilik. (trig)	Eukryptit
		$LiAlSi_2O_6$	Inosilik. (mkl)	Spodumen
		$Mg_2Al_4Si_5O_{18}$	Cyclosilik. (rhom)	Cordierit
		$Ca_2MgSi_2O_7$	Sorosilik. (tetr)	Akermanit

I. Oxide (b)

Klasse	Zusammensetzung	Kristallstruktur	Mineralname
Aluminate	$MgAl_2O_4$	Spinell (kub)	Spinell
	$Y_3Al_5O_{12}$	Granat (kub)	Yttrium-Granat
	$Na_2Al_{22}O_{34}$	Magnetoplumbit (hex)	β-Korund
Ferrite	$(Fe,Zn,Ni,Mg)Fe_2O_4$	Spinell (kub)	Spinellferrite
	$(Ba,Sr,Pb)Fe_{12}O_{19}$	Magnetoplumb.	hexag. Ferrite
	$(La,Ca,Y)FeO_3$	Perowskit (rhom)	Orthoferrite
	$(Y,La)_3FesO_{12}$	Granat (kub)	Granatferrite
Titanate	$(Mn,Co,Ni)TiO_3$	Ilmenit (trig)	Pyrophanit
	$(Ca,Ba,Sr)TiO_3$	Perowskit (rhom)	Perowskit
	$Pb(Ti,Zr)O_3$	Perowskit (rhom)	"PZT"
	Al_2TiO_5	Pseudobrookit (rhom)	"Tialit"
weitere	$Li(Nb,Ta)O_3$	Ilmenit (hex)	synth.
	$MgCr_2O_4$	Spinell (kub)	Chromit
	$YBa_2Cu_3O_7$	Perowskit (rhom)	"YBCO"

II. Nichtoxide

Klasse	Zusammensetzung	Kristallstruktur
Kohlenstoff	C	Graphit (hex), Diamant (kub)
Karbide	SiC	Wurzit (hex), Diamant (kub)
	TiC	Steinsalz (kub)
	B_4C	rhomboedrische Struktur
Nitride	AlN	Wurzit (hex)
	BN	Wurzit (hex), Diamant (kub)
	Si_3N_4	Phenakit (hex)
Boride, Silicide	TiB_2	AlB_2 (hex)
	AlB_{12}	UB_{12} (kub)
	$MoSi_2$	(hex)

III. Oxid-Nichtoxid-Verbindungen

Klasse	Zusammensetzung	Kristallstruktur	
Oxynitride	Al_3O_3N	Spinell (kub)	"Alon"
	$Si_{6-x}Al_xO_xN_{8-x}$ $x = 0–4,2$	Phenakit (hex)	"β-Sialon"
	$Y_x(Si,Al)_{12}(N,O)_{16}$ $x < 1$	(trig)	"α-Syalon"

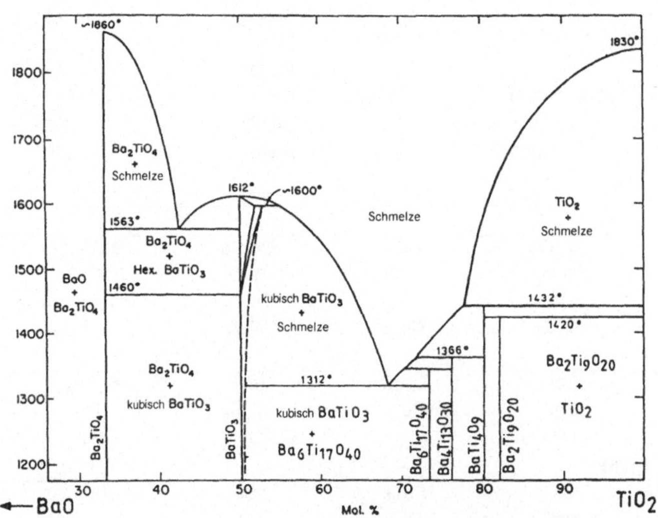

Bild 5.1-1 Zustandsdiagramm des Systems Bariumoxid–Titandioxid. Besondere technische Bedeutung hat die Mischphase Bariumtitanat $BaTiO_3$ (nach [0.5]).

Tab. 5.1-2 Elektrische Eigenschaften ausgewählter Keramiken

a) Bandabstand W_g (vgl. Bild 2.3.3)

b) Ladungsträgerbeweglichkeiten (vgl. Abschnitte 4.1 und 2)

c) Leitungstyp: Die **amphoteren** Werkstoffe können sowohl eine p-, wie eine n-Leitfähigkeit annehmen.

a)

Werkstoff	W_g [eV]	Werkstoff	W_g [eV]	Werkstoff	W_g [eV]
$BaTiO_3$	2,5...3,2	AgI	2,8	Ga_2O_3	4,6
C, Diamant	5,2...5,6	KCl	7	CoO	4
Si	1,1	MgO	>7,8	GaP	2,25
α-SiC	2,8...3	Al_2O_3	> 8	Cu_2O	2,1
PbS	0,35	TiO_2	3,05...3,8	CdS	2,42
PbSe	0,27...0,5	CaF_2	12	GaAs	1,4
PbTe	0,25...0,3	BN	4,8	ZnSe	2,6
Cu_2O	2,1	CdO	2,1	CdTe	1,45
Fe_2O_3	3,1	LiF	12	$CdGeAs_2$	0,5

b)

	Beweglichkeit [cm²/V·s]			Beweglichkeit [cm²/V·s]	
Werkstoff	**Elektronen**	**Löcher**	**Werkstoff**	**Elektronen**	**Löcher**
Diamant	1800	1200	PbS	600	200
Si	1400	500	PbSe	900	700
Ge	3900	1900	PbTe	1700	930
InSb	10000	1700	AgCl	50	
InAs	23000	200	KBr, 100 K	100	
InP	3400	650	CdTe	600	
GaP	150	120	CaAs	8000	3
Al N		10	SnO_2	160	
FeO		1	$SrTiO_3$	6	
MnO			Fe_2O_3	0,1	
CoO		≈0,1	TiO_2	0,2	
NiO			Fe_3O_4		0,1
GaSb	2500...4000	1400	$CoFe_2O_4$	10^{-4}	10^{-8}
As_2S_3	1		$BaTiO_3$(+La)	0,5	0,1
CdGeAs	1000		$AgInSe_2$	200	

c)

n-leitfähig					
TiO2	Nb_2O_5	CdS	Cs_2Se	$BaTiO_3$	Hg_2S
V_2O_8	MoO_2	CdSe	BaO	$PbCrO_4$	ZnF_2
U_3O_8	CdO	SnO_2	Ta_2O_5	Fe_3O	
ZnO	Ag_2S	Cs_2S	WO_3		
p-leitfähig					
Ag_2O	CoO	Cu_2O	SnS	Bi_2Te_3	MoO_2
Cr_2O_3	SnO	Cu_2S	Sb_2S_3	Te	Hg_2O
MnO	NiO	Pr_2O_3	CuI	Se	
amphoteres Verhalten					
$Äl_2O_3$	SiC	FbTe	Si	Ti_2S	
Mn_3O_4	PbS	UO_3	Ce		
Co_3O_4	PbSe		Sn		

Durch Mischung mehrerer keramischer Werkstoffe lassen sich keramische **Mischphasen** (Keramik-Legierungen) herstellen, deren Zusammensetzung in komprimierter Form durch *Zustandsdiagramme* beschrieben wird (s. Abschnitte 1.4.2). Bild 5.1-1 zeigt das Zustandsdiagramm des Systems $BaO–TiO_2$ mit der technisch besonders wichtigen intermediären Phase **Bariumtitanat** ($BaTiO_3$).

Ein typisches Kennzeichen vieler (aber nicht aller) keramischer Verbindungen sind die hohen Schmelz- oder Sublimationspunkte (Tab. 5.1-3).

Tab. 5.1-3 Schmelzpunkte und Massendichten einiger keramischer Verbindungen (nach [0.5]).

Stoffklasse	Keramik	ρ (g/cm³)	T_m (°C)
Elemente	C (Graphit)	2,27	3800*
	C (Diamant)	3,51	
binäre Stoffe	TiC	4,94	3017
	TiN	5,21	2950
	MgO	3,58	2825
	SiC	3,20	2760
	ZrO_2	6,27	2700
	B_4C	2,52	2450
	AlN	3,26	2400*
	Al_2O_3	3,97	2050
	Si_3N_4	3,21	1910*
	SiO_2 (Quarz)	2,65	1725
	TiO_2	4,23	1860
ternäre Stoffe	$MgAl_2O_4$	3,59	2135
	$Y_3Al_2O_{12}$		
	Al_2TiO_5	3,15	1860
	$Al_6Si_2O_{13}$	3,16	1840
	$BaTiO_3$	5,81	1625
quaternäre Stoffe	$SiAl_2O_2N_2$	3,10	1830*
	$Mg_2Al_4Si_5O_{18}$	2,50	1470

* Zersetzung bzw. Sublimation

Allein schon wegen der hohen Schmelzpunkte sind die meisten keramischen Werkstoffe bei Temperaturen unterhalb 800°C sehr spröde (s. Diskussion in Abschnitt 2.1.2) und können mechanisch nur mit großem Aufwand bearbeitet werden. Die Herstellung komplizierter mechanische Formen erfolgt nach einem völlig anderen Prinzip (**Pulvertechnologie**): Der Werkstoff wird zunächst zu einem feinen Pulver vermahlen, in die gewünschte Form gebracht und danach durch mechanisches Pressen oder mit Hilfe eines Bindemittels verfestigt. Bei einer anschließenden Wärmebehandlung bei hohen Temperaturen tritt eine erhebliche Zunahme der Dichte und Festigkeit ein: Dieser Prozeß wird als **Fritten** oder **Sintern** bezeichnet. Grundsätzlich läßt sich die **Sintertechnik** nicht nur bei keramischen Werkstoffen, sondern auch bei Metallen, Gläsern und Kunststoffen mit erheblichen praktischen Vorteilen einsetzen.

Bei weiterentwickelten Pulvertechniken ist die Pulvermischung so zusammengesetzt, daß Bestandteile beim Sinterprozeß flüssig werden oder miteinander chemisch reagieren (**Flüssigphasen-** und **Reaktionssintern**, Bild 5.1-2a). Nach dem Sinterprozeß besteht das Werkstück aus einer Vielzahl fest (mit einem geringen Anteil an Poren) miteinander verbundener Kristallkörner, die durch Korngrenzen voneinander getrennt werden. Wie in Bild 1.4-14 treten an den Korngrenzen **intergranulare Ausscheidungen** oder sogar **Korngrenzenphasen** auf (Bild 5.1-2b).

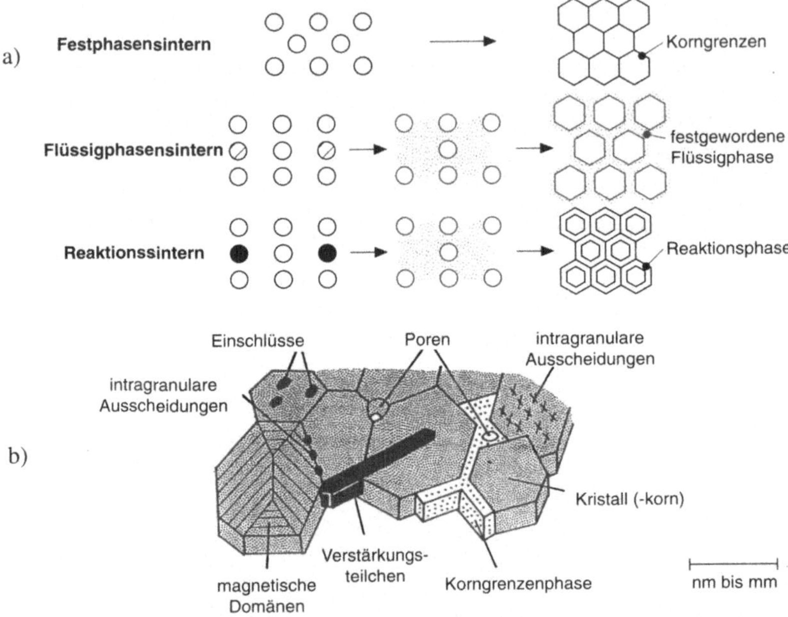

Bild 5.1-2 a) Verschiedene Sinterverfahren mit den entsprechenden Gefügeformen
b) Schematischer Aufbau eines polykristallinen keramischen Werkstoffgefüges (nach [0.5]).

Bei einigen keramischen Werkstoffen kann die Erstarrung aus der Schmelze so durchgeführt werden, daß die nichtkristalline (**amorphe**) Struktur der Schmelze erhalten bleibt: Diese werden als **Gläser** bezeichnet. Bei **Silikatkeramiken** liegt eine der Ursachen für dieses Verhalten darin, daß SiO_2-Moleküle in eine tetraedrische SiO_2^{4-}- Konfiguration übergehen (Bild 5.1-3a). Bei einem schnellen Abkühlen bilden die Tetraeder zunächst ein ungeordnetes Netzwerk (Bild 5.1-3b). Nur bei einem sehr langsam verlaufenden Abkühlungsprozeß wird die kristalline Quarzstruktur (Bild 5.1-3c) angenommen. Durch Einbau von Fremdatomen (Natrium, Bild 5.1-3d) läßt sich die glasartige Struktur in (Bild 5.1-3b) stabilisieren, so daß auch bei einer anschließenden Wärmebehandlung kein Übergang in den kristallinen Zustand (Bild 5.1-3c) mehr möglich ist.

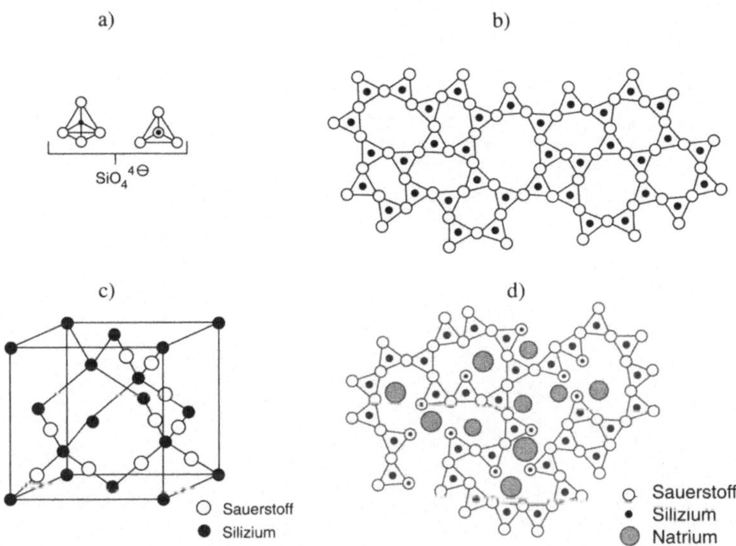

Bild 5.1-3 Quarzglas und Quarzkristall:
a) Strukturen von Silikationen: SiO_4^{4-}-Tetraeder
b) Struktur von Quarzglas
c) Struktur von Quarzkristall
d) Struktur des Quarzglases mit einer Stabilisierung der Struktur durch eingelagerte Natriumatome.

Bild 5.1-4 zeigt die Zusammensetzung und Eigenschaften einiger Glassorten.

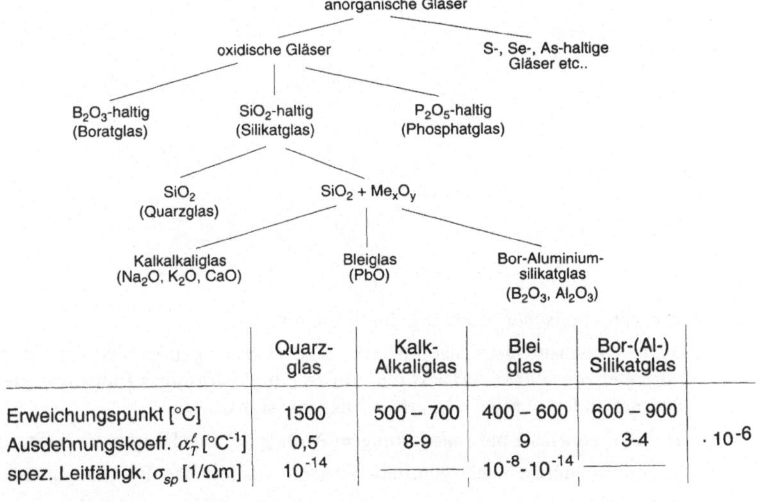

	Quarz-glas	Kalk-Alkaliglas	Blei glas	Bor-(Al-) Silikatglas	
Erweichungspunkt [°C]	1500	500 – 700	400 – 600	600 – 900	
Ausdehnungskoeff. α_T^ℓ [$°C^{-1}$]	0,5	8-9	9	3-4	$\cdot 10^{-6}$
spez. Leitfähigk. σ_{sp} [$1/\Omega m$]	10^{-14}	——	10^{-8}-10^{-14}	——	

Bild 5.1-4 Glassorten und deren Eigenschaften (nach [2.4])

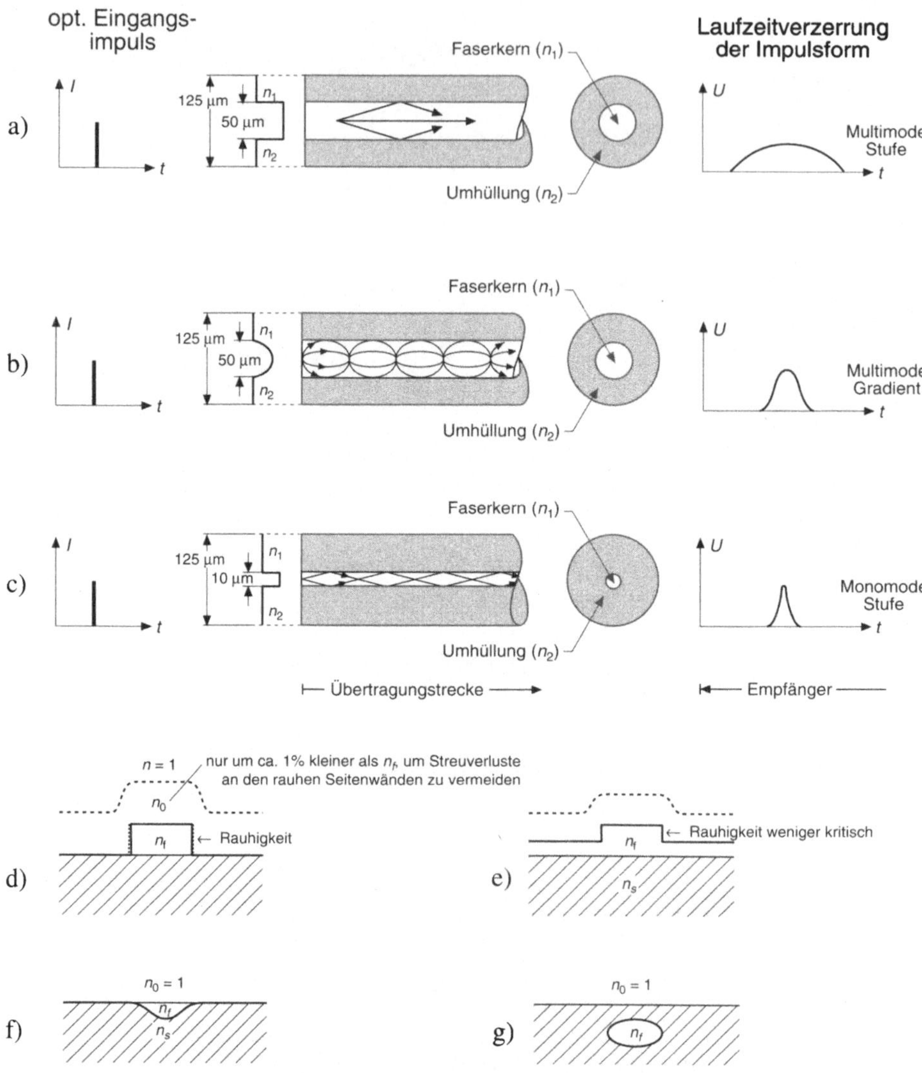

Bild 5.1-5 Übertragung optischer Strahlung durch Lichtwellenleiter

a) bis c) **Glasfaserleiter** (nach [0.3]): Zusätzlich eingetragen ist das Übertragungsverhalten, das charakterisiert wird durch ein pulsförmiges Eingangssignal I(t) und ein mehr oder weniger verzerrtes Ausgangssignal U(t).

a) Multimodefaser mit *stufenförmigem* Anstieg des Brechungsindex *n* (Stufenprofil)

b) Multimodefaser mit *kontinuierlichem* Anstieg des Brechungsindex *n* (Gradientenfaser)

c) Monomodefaser mit kleinem Faserquerschnitt und Stufenprofil

d) bis g) **Streifenleiter** (nach [0.3 und 0.5]): Wellenleiter lassen sich auch aus dünnen optisch transparenten Schichten herstellen, die z.B. über Photolithographie- und Ätzprozesse in eine Streifenform überführt werden können. Auch eine Herstellung durch Diffusion innerhalb vorgegebener lateraler Strukturen ist möglich. Durch Abdeckung der Streifenleiter mit zusätzlichen Schichten können die optischen Eigenschaften modifiziert werden.

d) aufliegender Streifenwellenleiter

e) Rippenwellenleiter

f) diffundierter oder ionenausgetauschter Streifenwellenleiter

g) vergrabener Streifenwellenleiter

Gläser werden nach ihrem Hauptbestandteil an glasformendem Oxid (SiO_2, B_2O_3, P_2O_5, bzw. GeO_2) als **Silikate**, **Borate**, **Phosphate** oder **Germanate** klassifiziert. Ein Modifikation der Zusammensetzung erfolgt in der Regel durch Zugaben von Al_2O_3, Bi_2O_3, PbO, Erdalkalioxiden (MO, M = Mg, Ca, Sr, Ba) und Alkalioxiden (M_2O, M = Li, K, Na, Rb, Cs). Reine **Borat**- oder **Phosphatgläser** werden aufgrund ihrer geringen Feuchtigkeitsbeständigkeit nicht häufig verwendet. B_2O_3 bildet jedoch eine wichtige Komponente in einigen niedrigschmelzenden Silikatgläsern. Die Erweichungstemperatur reicht von etwa 970 K für Alkaligläser bis etwa 1850 K für reines Quarzglas. Der thermische Ausdehnungskoeffizient liegt zwischen etwa 0,5 ppm/K (Quarzglas) und ca. 9 ppm/K (Alkaliglas). In **Alkaligläsern** haben die Alkaliionen einen lockernden Einfluß auf die Mikrostruktur. Dies äußert sich in niedrigen Erweichungstemperaturen, relativ hohen thermischen Ausdehnungskoeffizienten, einer erhöhten ionischen Leitfähigkeit und einer Abnahme der chemischen Beständigkeit. In **Bleialkaligläsern** sind eine niedrige Erweichungstemperatur mit – im Vergleich zu Alkaligläsern – besseren elektrischen Eigenschaften verknüpft.

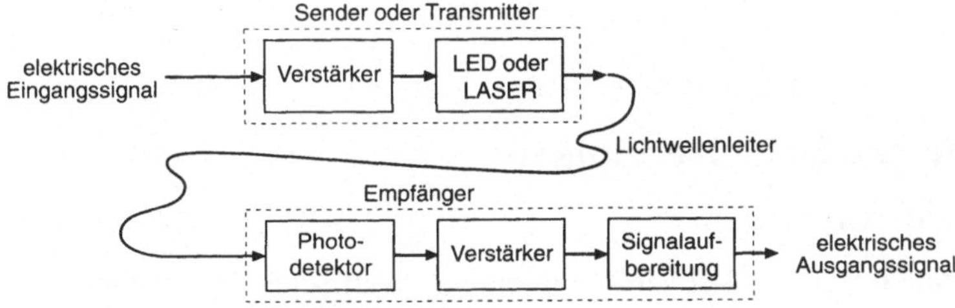

Bild 5.1-6 optische Signalübertragung durch Lichtwellenleiter

Der gerichtete Transport optischer Strahlung über Lichtwellenleiter (Bild 5.1-5) hat in den vergangenen Jahren erheblich an Bedeutung gewonnen. Bild 5.1-6 zeigt den

Aufbau eines optischen Übertragungssystems mit Einsatz von Lichtwellenleitern. Es ist offensichtlich, daß durch Verwendung von Lichtwellenleitern die Strahlungsführung in optischen Systemen erheblich vereinfacht werden kann. Anorganische Glasfasern werden überwiegend aus Quarzglas hergestellt, die mit verschiedenen Zusätzen (darunter Germaniumoxid GeO_2) dotiert werden.

Das *plastische Verhalten* von Gläsern wird im Gegensatz zu den meisten Metallen beschrieben durch eine Dehnung ε, die nicht nur von der angelegten Spannung σ abhängt, sondern auch bei konstanter mechanischer Belastung mit der Zeit immer weiter zunimmt. Dieses Verhalten wird als **viskos** bezeichnet und durch die Gleichung beschrieben:

$$\sigma = \eta \cdot \dot{\varepsilon} \tag{5.1-13}$$

mit einer **Viskosität** η, die meist mit der Temperatur abnimmt.

Viele Gläser lassen sich bereits bei Temperaturen um 800° gut verarbeiten. Ein einfaches Formgebungsverfahren ist das **Glasblasen** (Bild 5.1-7).

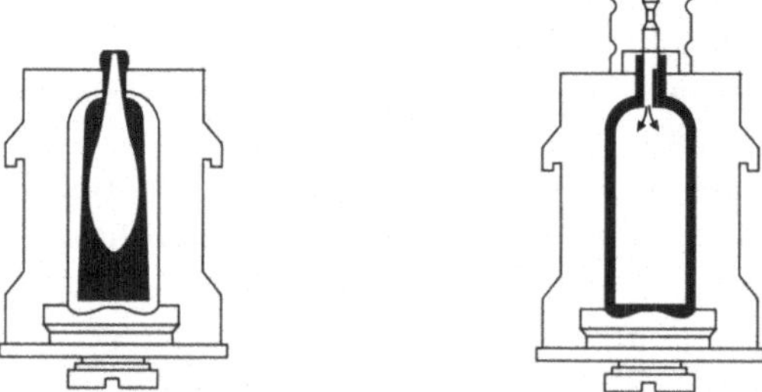

Bild 5.1-7 Herstellen einer Glasflasche durch Glasblasen (nach [2.3]).

5.2 Dielektrische Keramiken

5.2.1 Isolatoren

Als **Isolatoren** werden Werkstoffe mit einem spezifischen Widerstand von mehr als $10^6 \Omega m$ bezeichnet. In der Elektrotechnik finden sie vielfältige Anwendungen bei der Trennung von Leitern, als Passivierung gegenüber der Außenwelt, als mechanisch feste Unterlage (**Substrat**), als Bauelementsockel u.a. Bei den zuletzt genannten Anwendungen ist die Wärmeleitfähigkeit von großer Bedeutung, da die von den Bauelementen erzeugte Wärmeleistung nach außen abgeführt werden muß. Weiterhin ist neben der Isolationseigenschaft die **Durchschlagsfeldstärke** wichtig, d.h. die maximale Feldstärke, bei der die Isolationsfunktion noch aufrechterhalten werden kann.

Im folgenden wird ein Überblick über die Eigenschaften und Hauptanwendungen isolierender Keramiken und Gläser gegeben. Eine ausführliche Behandlung ist in [0.5] zu finden. Tab. 5.2-1 enthält wichtige Leistungsdaten der anorganischen Isolatorwerkstoffe.

Tab. 5.2-1-1 Leistungsdaten von Keramiken und Gläsern für Isolatoranwendungen (nach [0.5]).

Material		spez. Gewicht	Wärmeleitfähigkeit bei 300K	therm. Ausdehnungskoeffizient 300...600K	Zugfestigkeit	Druckfestigkeit	Thermoschockverhalten	tanδ (111Hz, 300K)	ε_r (111Hz, 300K)	Durchschlagsfeldstärke	spezif. Widerstand (300K)
		[10^3kg/m^3]	[W/mK]	[ppm/K]	[MPa]	[MPa]				[MV/m]	[Ωcm]
Quarzporzellan	$(Na,K)_2 \cdot Al_2O_3 \cdot SiO_2$	2,4	2,5	6,0	48	352	Fair	0,008...0,020	5,0...6,5	6,1...13,0	10^{14}
Zirkon	$ZrO_2 \cdot SiO_2$	3,7	5	4,3...4,8	96	524	Good	0,001	8,0...9,6	6,3...11,5	$>10^{14}$
Steatit	$MgO \cdot SiO_2$	2,8	3	6,9...7,8	100	650	Moderate	0,0008...0,0035	6	7,9...13,8	10^{17}
Forsterit	$2MgO \cdot SiO_2$	2,8	2,5...4	10,0	76	550	Poor	0,0005...0,001	5,8...6,7	7,9...11,9	10^{17}
Cordierit	$2MgO \cdot 2Al_2O_3 \cdot 5SiO_2$	2,2...2,9	2...3	2,2...2,4	65	400	Excellent	0,003...0,005	4,1...5,3	5,5...9,1	10^{16}
Alumniumoxid	Al_2O_3 (85...99,9%)	3,85...3,9	14...40	8,0	260	3400	Good	0,001 ...0,0001	8,8...10,1	9,9...15,8	$>10^{16}$
Spinell	$MgO \cdot Al_2O_3$	2,8	7	6,6	95	1710	Fair	0,0004	7,5	11,9	10^{14}
Mullit	$3Al_2O_3 \cdot 2SiO_2$	2,6...3,2	4	4,3...5,0	90	1200	Fair	0,005	6,2...6,8	7,8	10^{14}
Magnesiumoxid	MgO	3,3...3,5	16...4	10...13	90	950	Fair	0,0001	8,9	8,5...11,0	$>10^{14}$
Berylliumoxid	BeO	2,8...2,95	160...280	7...8	120	1600	Good	<0,0001...0,001	6	9,5...13,8	$>10^{16}$
Zirkoniumdioxid	ZrO_2	5,43...5,56	8...20	4,3...8,3	148	940	Poor	0,01	12	≈5,0	10^{9}
Thoriumdioxid	ThO_2	9,7	14	5,3...9,0	115	1524	Poor	0,0003	13,5	≈5,3	10^{10}
Hafniumdioxid	HfO_2	9	1,5	6,5	90	1386	Poor	0,01	12	—	10^{8}
Cerdioxid	CeO_2	7	12	10,0	88	1386	Poor	0,0007	15	—	10^{9}
Spodumen	$Li_2O \cdot Al_2O_3 \cdot SiO_2$	2,4	5	2,0	30	900	Good	0,005	6,5...7,5	—	10^{11}
Bornitrid	BN	2,2...2,3	15...30	4,5	25	250	Good	0,001	4,2	35,6...55,4	10^{14}
Siliziumnitrid	Si_3N_4	3,2...3,4	12...30	2,5...3,5	410	2000	Excellent	0,0001	6,1	15,8...19,8	10^{13-14}
Pyroceram		2,4...2,6	2...4	0,2...0,4	64	—	Good	0,0017...0,013	5,5...6,3	9,9...11,9	10^{12}
Glasgebundener Glimmer		2,6...3,8	0,5	10...14,5	69	214	Fair	0,0015...0,003	6,4...9,2	10,6...23,7	10^{14}
Glimmer		2,6...3,8	0,3...0,8	18...27		221		0,0002	5,4...8,7	39,5...79,1	10^{16}
Glas	$Na_2O \cdot CaO \cdot SiO_2$	2,0...8,0	0,1...2	5...9	<34	697	Fair	0,0005...0,01	4,0...8,0	7,8...13,2	10^{12}
Quarzglas	SiO_2	2,2	0,1	0,4...0,5	55	1130	Excellent	0,0003	3,8...5,4	15,...25,0	10^{14-18}
Aluminiumnitrid	AlN	2,61...2,93	40...260	4,03...6,09	441	—		0,0001	8,8...8,9	15	10^{13}

Für zahlreiche traditionelle Isolatoranwendungen bei Lagern und Stützen, Körper für Sicherungen, Lampen und Röhren, sowie als Überzug von Keramik, Porzellan oder Metall werden aufgrund ihrer leichten Verarbeitbarkeit und geringen Materialkosten ***Gläser*** (Abschnitt 5.1) eingesetzt.

Alkaligläser sind preiswert und sehr weit verbreitet, sie werden überall dort eingesetzt, wo keine hohen Anforderungen gestellt werden müssen, wie z.B. in Kolben von Allgebrauchslampen, Sicherungen, usw. **Borosilikatgläser** werden als Substratmaterial und wegen der guten Anpassung der Ausdehnungskoeffizienten als Material für Metalldurchführungen (Mo, W, Kovar) verwendet. **Alumosilikatgläser** werden zur Herstellung von Kolben für Hg-Hochdrucklampen genutzt. Das sehr teure **Quarzglas** wird in Anwendungen eingesetzt, in denen große Temperaturgradienten auftreten können oder eine hohe UV-Durchlässigkeit gefordert wird.

Wichtige ***keramische Isolatoren*** sind die **Porzellane**, die aufgrund ihrer mechanischen Eigenschaften und des relativ niedrigen Preises bevorzugt in der Hochspannungstechnik eingesetzt werden. Konventionelle Porzellane bestehen aus Tonen, Flußmitteln und Füllstoffen (s. Tab 5.2-2).

Tab. 5.2-2 Zusammensetzung (in Gew.-%) und Sintertemperaturen einiger Porzellane (nach [0.5]).

	Quarzporzellan	Steatit	Forsterit	Cordierit	Zirkon
Feldspat	25-30	—	—	—	—
Kaolin	25-60	5-7	5-10	40 50	10-20
Talk	—	80-90	60-70	35~5	10-20
$Mg(OH)_2$	—	—	20-45	—	—
$(Ba,ca)CO_3$	0-5	5-8	5-8	0-2	6-8
$ZrSiO_4$	—	—	—	—	55-70
Al_2O_3	—	—	—	12-15	—
SiO_2	25-40	—	—	—	—
Sintertemperatur	1450-1650K	1530-1770K	1550-1650K	1520-1620K	1570-1670

Tone sind Alumosilikate wie **Kaolin** $Al_2(Si_2O_5)(OH)_4$ in der Form sehr feinkörniger (Korngröße ca. 1 µm) plättchenförmiger Partikel. Als Flußmittel dienen **Feldspate** $(K,Na)AlSi_3O_8$, die beim Brand des Porzellans eine Glasphase bilden. Füllstoffe sind Quarzsand SiO_2 (**Quarzporzellan**) und Aluminiumoxid Al_2O_3 (**Tonerdeporzellan**). Zur Herstellung werden Quarz und Feldspat auf Korngrößen unter 50 µm gemahlen und mit Ton und Wasser aufgeschlämmt. Die Formgebung erfolgt durch Vergießen eines noch fließfähigen **Schlickers** (mit ca. 25-35% Wasseranteil) in Gipsformen oder Drehen einer plastisch verformbaren Masse (mit ca. 20-30% Wasseranteil). Das Sintern erfolgt je nach Zusammensetzung bei Temperaturen zwischen 1450 und 1650 K. Bild 5.2.1-1 zeigt als Anwendungsbeispiel den Querschnitt durch einen Porzellanisolator.

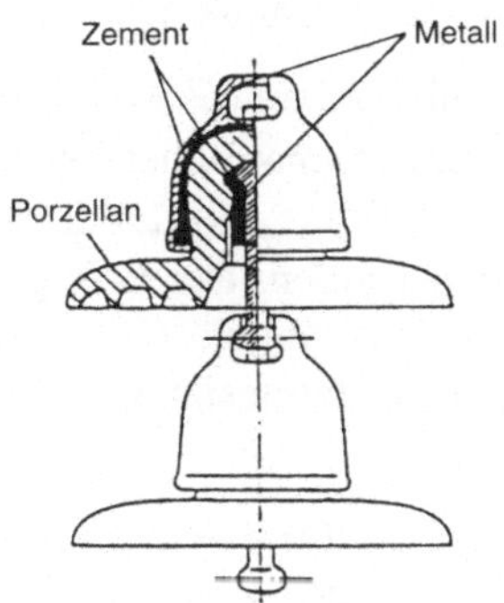

Bild 5.2-1 Teilquerschnitt durch einen Kappenisolator aus Porzellan (nach [0.5]).

Für Hochfrequenzanwendungen oder bei hohen Temperaturbelastungen sind konventionelle Porzellane aufgrund ihrer relativ großen dielektrischen Verluste und ihres thermischen Ausdehnungskoeffizienten ungeeignet. Hier werden Vertreter *feldspatfreier* Porzellane eingesetzt. Typische Zusammensetzungen sind in Tabelle 5.2.1-2 und die wichtigsten thermischen und elektrischen Eigenschaften in Tabelle 5.2.1-1 aufgeführt. **Steatit** wird aufgrund seines relativ kleinen dielektrischen Verlustfaktors für Hochspannungs-Hochfrequenzanwendungen wie Mastfüße, Hochleistungskondensatoren und Abspannisolatoren von Sendeanlagen genutzt. **Cordierit** weist einen kleinen thermischen Ausdehnungskoeffizienten auf und wird daher als Trägermaterial für Hochleistungsdrahtwiderstände und Heizelemente angewandt. **Forsterit** zeigt einen sehr ähnlichen Ausdehnungskoeffizienten wie Ti-Metall und wurde daher bis in die 70er Jahre für Hochleistungskomponenten verwendet, in denen Isolator-Metall-Übergange erforderlich waren. Heute sind diese durch Aluminiumoxid-Metall-Verbundkomponenten abgelöst.

Isolatoren mit hohen Anforderungen an die thermischen, mechanischen und elektrischen Eigenschaften werden häufig aus ***Aluminiumoxidkeramik*** gefertigt. Der Al_2O_3-Anteil in diesen Keramiken beträgt zwischen 94 und 99,9 Gew.%. Der übrige Anteil sind Flußmittel wie Talk(um), Kaolin oder MgO. Aluminiumoxid wird aus dem Mineral **Bauxit** gewonnen. Die Herstellung der Keramik erfordert im Falle von reinem Al_2O_3 entweder ein Sintern bei Temperaturen von über 2000 K oder ein Heißpressen (s.[0.5]). Standardqualitäten werden mit den gewünschten Flußmittelzusätzen vermahlen und zwischen 1600 und 1700 K gesintert.

Die Wärmeleitfähigkeit κ steigt von etwa 1,4 W/(m K) für Keramik mit 85% Al_2O_3-Gehalt auf 4 W/(m K) für 99.9%ige Al_2O_3-Keramik. Dabei werden sehr breite Streuungen von κ für verschiedene Al_2O_3-Keramiken mit gleicher nomineller Konzentration gemessen, da die Art und die Verteilung der Fremdanteile einen großen Einfluß auf κ hat. Der dielektrische Verlustfaktor $\tan\delta$ nimmt von etwa $1 \cdot 10^{-3}$ für 85%ige Al_2O_3-Keramik auf $4 \cdot 10^{-5}$ für 99,9%ige Keramik ab.

Aluminiumoxidkeramik wird überall dort eingesetzt, wo ausgezeichnete dielektrische Eigenschaften in Verbindung mit mechanischer Festigkeit und hoher Temperaturbelastbarkeit gefordert sind. Dies wird ergänzt durch die Möglichkeit, hochwertige Metall-Keramikverbindungen herzustellen. Der Erfolg der Mo-Mn-Verbindungstechnik, welche die Ti-Forsterit-Technik abgelöst hat, beruht maßgeblich auf der Tatsache, daß Al_2O_3 selbst in Wasserstoffatmosphäre bei hohen Temperaturen seine isolierenden Eigenschaften behält.

Der hohe Isolationswiderstand selbst bei Temperaturen um 1300 K und die Temperaturwechselbelastbarkeit machen Al_2O_3-Keramik geeignet als Substratmaterial für Hochtemperaturgassensoren oder hochwertige Massenartikel wie Zündkerzen. Heißgepreßte, transparente Al_2O_3-Keramiken dienen als Lampenkolben für Na-Dampflampen, da Quarzglas gegenüber dem heissen Na-Dampf chemisch nicht stabil ist.

Aluminiumnitrid ist ein geeignetes Substratmaterial für allerhöchste thermische Anforderungen. Es zeigt eine ähnlich hohe Wärmeleitfähigkeit wie BeO, ohne dessen Nachteile hinsichtlich des hohen Rohstoffpreises und der Toxizität zu haben. Der spezifische Widerstand ist etwas geringer als für Al_2O_3 und BeO, er ist jedoch ausreichend für alle Substratanwendungen. Ein weiterer Vorteil von AlN-Substraten oder Sockeln für Silizium-Halbleiterbauelemente ist die nahezu vollständige Übereinstimmung der thermischen Ausdehnungskoeffizienten von Si und AlN.

Die Herstellung der Keramik geschieht durch Heißpressen oder durch Sintern hinreichend feiner reaktiver Pulver (Korngrößen $< 1\ \mu m$) unter Zusatz von Sinterhilfsmitteln wie Y_2O_3, YF_3, CaO usw. bei Temperaturen zwischen 2050 und 2300 K.

Die Wärmeleitfähigkeit von reinen AlN-Einkristallen liegt bei 320 W/(m K) und ist damit höher als die des gut wärmeleitenden Al-Metalls mit 210 W/(m K).

Bild 5.2-2 zeigt einen Vergleich der Leistungsdaten verschiedener Isolatorwerkstoffe für Anwendung als Substrat oder Bauelementsockel.

Für den Zusammenbruch der Isolationseigenschaften oberhalb der Durchbruchsfeldstärke gibt es verschiedene physikalische Ursachen: Beim **thermischen Durchschlag** entsteht unter dem Einfluß hoher Feldstärken auch bei niedrigen Leckströmen eine starke Verlustleistung, so daß die Temperatur des Isolators ansteigt. Hierdurch wird der Stromfluß weiter vergrößert, d.h. die Verlustleistung und der damit verbundene Temperaturanstieg nehmen unbegrenzt zu bis zur (manchmal nur örtlichen) Zerstörung des Isolators. Der **dielektrische Durchschlag** kann auf verschiedene Mechanismen zurückgehen: Beim **Lawinendurchbruch** werden einzelne Elektronen so stark beschleunigt, daß sie beim Zusammenstoß mit Atomen weitere Elektronen

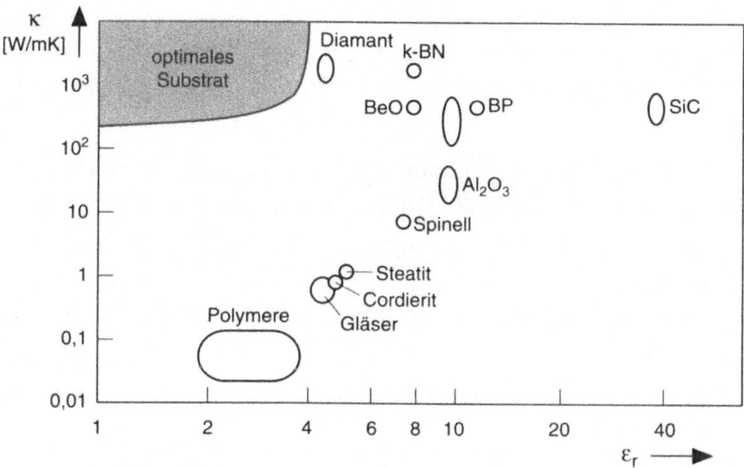

Bild 5.2-2 Wärmeleitfähigkeit κ und Dielektrizitätszahl ε_r für verschiedene Substratmaterialien (nach [0.5]).

losschlagen, die dann ihrerseits beschleunigt werden (s. [0.5]. In anderen Modellen bewirkt die bei der Elektronenbewegung freiwerdende Energie lokal Veränderungen in den chemischen Bindungen, so daß Fehlstellen im Isolator erzeugt werden.

5.2.2 Kondensatoren

Für die Kapazität eines Plattenkondensators mit der Querschnittsfläche A und dem Plattenabstand d ergibt sich nach (2.4-16b) die Beziehung:

$$C = \varepsilon_r \varepsilon_o \frac{A}{d} \tag{5.2-1}$$

Grundsätzlich kommen als Dielektrika nur gut isolierende Werkstoffe in Frage.

In der Praxis besteht eine technische Herausforderung darin, bei Kondensatorbauelementen eine möglichst große Kapazität innerhalb eines minimalen Volumens herzustellen. Dabei müssen die Kondensatoreigenschaften nach Möglichkeit unempfindlich sein gegenüber Schwankungen der Umgebungstemperatur und der Lagerung über längere Zeiten; häufig wird ein zuverlässiger Betrieb auch bei höheren Spannungen und Temperaturen gefordert. Schließlich müssen die Herstellungskosten in einem vorgegebenen Rahmen bleiben. Aufgrund dieser Rahmenbedingungen haben sich verschiedene Bauformen von Kondensatoren entwickelt, bei denen alle isolierenden Werkstoffgruppen eingesetzt werden. Die Ausführungsformen werden nach unterschiedlichen Gesichtspunkten optimiert. Nach (5.2-1) lassen sich große Kapazitäten erreichen über

1. *große Kondensatorflächen A* (**Folienkondensatoren**): Die hierfür eingesetzten Folien bestehen aus Polymeren oder Papier; sie werden im Abschnitt 6 behandelt.
2. *große relative Dielektrizitätszahl* ε_r: Bei den organischen Materialien (Abschnitt 6) und bei den Gläsern gibt es hierfür keinen sehr großen Spielraum. Weit günstigere Voraussetzungen sind aber bei Verwendung von Spezialkeramiken (**keramische Kondensatoren**) gegeben.
3. *geringer Plattenabstand d* (**Elektrolytkondensatoren**): Diese wichtige Technik wird in [0.1] erläutert.

Bild 5.2-3 zeigt die Einsatzgebiete der verschiedenen Kondensatortypen.

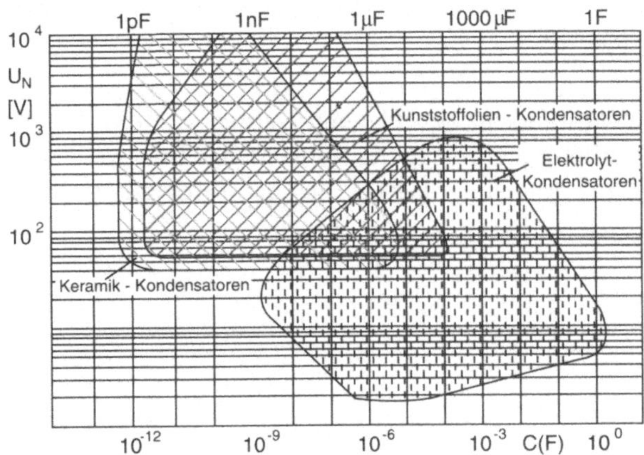

Bild 5.2-3 Einsatzgebiet der verschiedenen Kondensatortechniken, aufgeteilt nach Betriebsspannung U_N und Kapazität (nach [5.1])

Aufgrund des großen Isolationsvermögens vieler Keramiken wurden keramische Kondensatoren bereits in der Frühzeit der Elektrotechnik hergestellt. Als Dielektrikum wurde z. B. das natürliche Mineral **Glimmer** (eine Silikatverbindung, die vorzugsweise in Plattenform kristallisiert) verwendet. Wegen ihrer niedrigen Verluste, sowie einer großer Spannungsfestigkeit und Lebensdauerstabilität werden Glimmer(**Mica**)-Kondensatoren zwar immer noch eingesetzt, eine weit größere Anwendungsbreite haben aber Kondensatoren mit hierfür speziell entwickelten keramischen Werkstoffen.

Die Auswahl der Keramiken erfolgt nach der Spezifikation der Kondensatoren. Deshalb werden nach DIN 45 910 die Keramikkondensatoren in die folgenden Klassen eingeteilt:

- **Klasse 1**: Kondensatoren mit geringem Temperaturkoeffizienten (**NP0-Kondensatoren**), niedrigen Verlusten und geringer Spannungsabhängigkeit (Anwendung: Schwingkreise, Filter)
- **Klasse 2**: Kondensatoren mit großer Dielektrizitätszahl, eine nichtlineare Abhängigkeit der Kapazität von der Temperatur und Spannung , sowie höhere Verluste sind zugelassen (Anwendung: Kopplung, Entstörung, Siebung)
- **Klasse 3**: **Sperrschichtkondensatoren** mit höchster Kapazität, aber erheblicher nichtlinearer Abhängigkeit von der Temperatur und Spannung, Einsatz nur bei relativ kleinen Betriebsspannungen möglich (Anwendung: Kopplung, Entstörung, Siebung)

Im folgenden werden zunächst keramische Kondensatoren der Klasse 2 besprochen. Eine besondere Bedeutung hierbei hat der Ionenkristall Bariumtitanat (Bild 5.2-4):

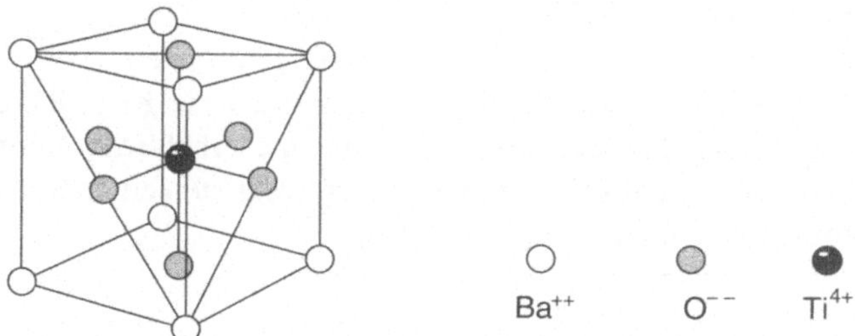

Bild 5.2-4 Kristallstruktur des Ionenkristalls (Perovskit-Struktur) Bariumtitanat ($BaTiO_3$). Bei nicht zu hohen Temperaturen geht die Kristallstruktur in einen Zustand niedrigerer freier Energie über, bei dem das Titanion etwas aus der zentralen Lage verschoben ist. Dadurch entsteht ein permanentes Dipolmoment: In Anlehnung an die spontane magnetische Polarisation ferro*magnetischer* Werkstoffe (Abschnitt 8.2) werden Bariumtitanat und andere Werkstoffe mit vergleichbarem Verhalten als **ferroelektrisch** bezeichnet (s. auch Abschnitt 2.4.2).

Die physikalische Ursache für die sehr hohe relative Dielektrizitätskonstante von Bariumtitanat liegt darin, daß das kubisch raumzentrierte Titanion (Bild 5.2-4) wegen seines kleinen Durchmessers und seiner hohen Ladung (vierfach positiv geladen) innerhalb der kubischen Struktur durch äußere elektrische Felder relativ weit ausgelenkt werden kann und dabei ein großes Dipolmoment erzeugt. Die Dielektrizitätskonstante ist aber stark temperaturabhängig, da Bariumtitanat im Temperaturbereich zwischen -100 und +150°C zur Minimierung der freien Energie mehrmals seine Kristallstruktur ändert (Bild 5.2-5).

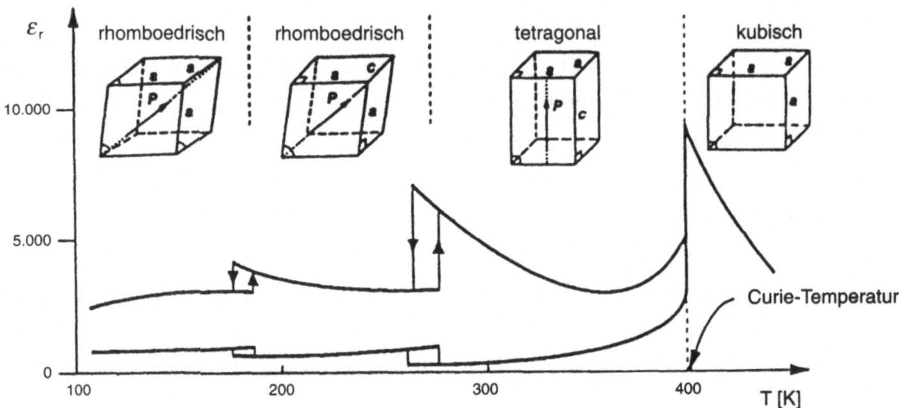

Bild 5.2-5 Abhängigkeit der Kristallstruktur und der damit korrelierten relativen Dielektrizitätszahl (Index *a* parallel, Index *c* senkrecht zur tetragonalen Achse) von der Temperatur. Bei jeder Phasenumwandlung durchläuft die Dielektrizitätszahl ein Maximum (nach [0.5]).

In der Umgebung einer Umwandlungstemperatur wird die Kristallstruktur instabil, bei den entsprechenden Phasenübergängen tritt eine erhebliche Vergrößerung der Dielektrizitätskonstanten auf (nach [0.5]). Gleichzeitig steigen aber auch die Verluste, d.h. der Verlustwinkel tanδ, an (Bild 5.2-6).

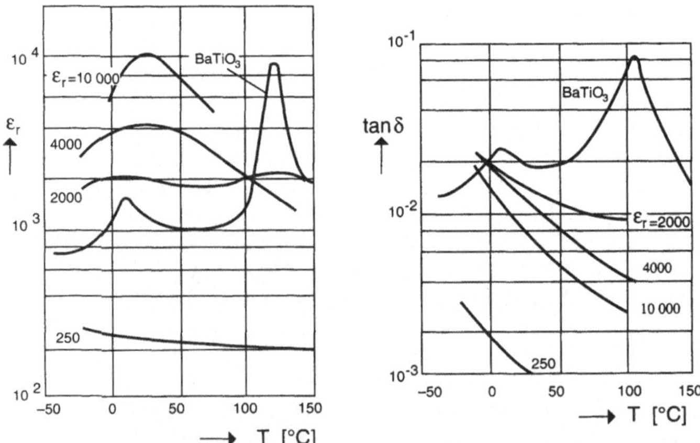

Bild 5.2-6 Gemessene Kurven der Temperaturabhängigkeit der relativen Dielektrizitätszahl und des Verlustwinkels für $BaTiO_3$. Die Maxima korrelieren mit den Temperaturen für die Phasenumwandlungen in Bild 5.2-5. Die weiteren Kurven beschreiben andere Keramikwerkstoffe: In der Regel ist eine verminderte Temperaturabhängigkeit verbunden mit einer Abnahme der relativen Dielektrizitätszahl (nach [2.4]).

Die Temperaturabhängigkeit der Dielektrizitätszahl und der dielektrischen Verluste sind die Ursache dafür, daß Bariumtitanat und abgewandelte Keramiken nur für die Herstellung von Kondensatoren der Spezifikation von *Klasse 2* verwendet werden können.

Eine Vergrößerung der Kondensatorfläche läßt sich durch eine Parallelschaltung vieler Plattenkondensatoren zu **Vielschichtkondensatoren** erreichen (Bild 5.2-7).

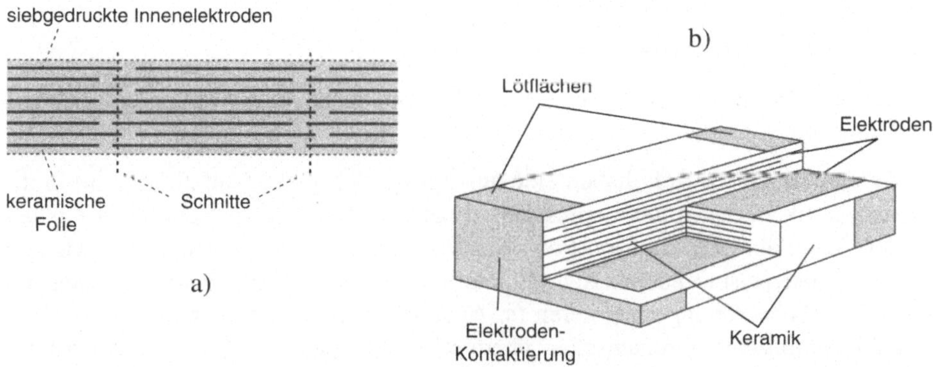

Bild 5.2-7 **Vielschichtkondensatoren** (nach [0.5]):

a) Keramische Folien (hell) werden über eine Siebdrucktechnik mit einer leitfähigen Dickschichtpaste (dunkel) bedeckt (Abschnitt 3.2.2). Anschließend erfolgt eine Trennung entlang der eingezeichneten Schnittlinien.

b) Nach einer Außenmetallisierung der getrennten Systeme aus a) erhält man die Parallelschaltung einer Vielzahl von Plattenkondensatoren.

Die Anforderungen von Klasse-1-Kondensatoren lassen sich nicht mit den beschriebenen ferroelektrischen Keramiken realisieren, so daß andere Keramiken mit niedrigerer Dielektrizitätszahl eingesetzt werden müssen, die auf Temperaturkonstanz optimiert werden. Dabei kommen Keramiken der Mischkristallreihe $Sr(Ti,Zr)O_3$, Mischungen aus dem System TiO_2–ZrO_2–SnO_2, sowie BaO–TiO_2– Nd_2TiO_5 zur Anwendung (s. [0.5]).

Nach dem heutigen Stand der Technik lassen sich mit Bariumtitanat relative Dielektrizitätszahlen bis zu 15 000 erreichen. Noch höhere Werte bis ca. 25 000 lassen die keramischen **Relaxormaterialien** (s. [0.5]) zu, allerdings mit einer höheren Temperatur- und Spannungsabhängigkeit.

Kondensatoren der Klasse 3 bestehen aus halbleitenden Keramiken mit isolierenden Korngrenzen (**Sperrschichtkondensatoren**), die aufgrund der geringen Dicke des Dielektrikums sehr hohe effektive Dielektrizitätszahlen aufweisen – aber auch hohe Verluste und eine geringe Spannungsfestigkeit. Kondensatoren dieser Bauart sind durch die modernen Vielschichtkondensatoren weitgehend vom Markt verdrängt worden.

5.3 Keramische Sensoren

5.3.1 Elektronenleitende Sensoren

Keramische Werkstoffe finden eine Vielzahl von Anwendungen in der Sensorik aus den folgenden Gründen:

- Keramische Werkstoffe haben eine außerordentlich große Variationsbreite in ihren physikalischen (und chemischen) Eigenschaften: Einige Keramiken können den Strom über den Transport von Elektronen und Ionen ähnlich gut wie Metalle leiten, andere sind hochwertige Isolatoren; die Dielektrizitätszahlen können um viele Größenordnungen variieren (s. Abschnitt 5.2), weiterhin gibt es eine Vielzahl thermischer, mechanischer, chemischer und magnetischer Wechselwirkungen, die sich in der Praxis gut verwerten lassen.
- *Die Tatsache, daß sich keramische Werkstücke im allgemeinen nur in polykristalliner Form über Sintertechniken herstellen lassen (Abschnitt 5.1), ist nicht unbedingt ein Nachteil,* da viele der in den Bauelementen ausgenutzten elektrischen Eigenschaften auch in polykristallinem Material vorhanden sind. Die Sintertechnik ist außerdem sehr kostengünstig, während die Herstellung derselben Werkstoffe in *einkristalliner* Form allein wegen der meist hohen Schmelztemperaturen sehr aufwendig und kostenintensiv ist.
- in einigen Fällen werden bewußt Korngrenzeneigenschaften ausgenutzt, so daß die Verwendung polykristallinen Materials ohnehin zwingend ist.

Die Fähigkeit vieler keramischer Werkstoffe, die elektrische Ladung sowohl über Elektronen, als auch über Ionen zu transportieren, war bereits in Abschnitt 2.3.1 beschrieben worden. Bild 5.3-1 zeigt die Temperaturabhängigkeit der spezifischen Leitfähigkeit einiger elektronenleitender keramischer Verbindungen.

Die in Bild 5.3-1 nahezu horizontal verlaufenden Kurven beschreiben charakterisieren metallisch leitende Keramiken oder halbleiterähnliche Keramiken mit einer großen konstanten Dotierungskonzentration (wie im Sättigungsbereich der Kurve in Bild 4.1-4). Bei den schräg verlaufenden Kurven dagegen wird die elektrische Leitfähigkeit bestimmt entweder

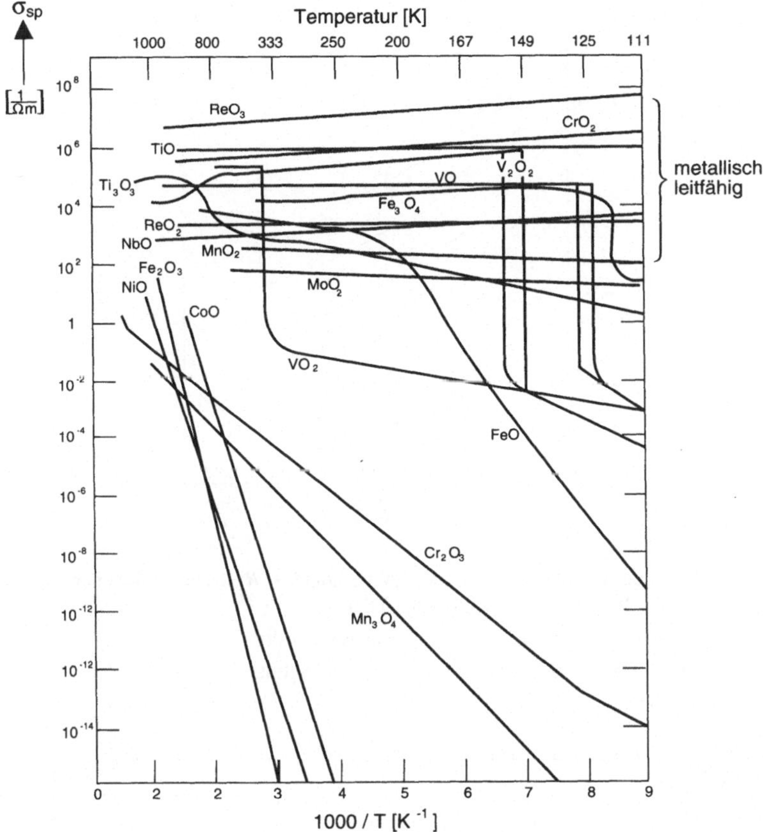

Bild 5.3-1 Temperaturabhängigkeit der Elektronenleitfähigkeit ausgewählter Oxidkeramiken (nach Band 1, Abschnitt 4.1.2, und [5.2])

- durch eine konstante Ladungsträger*dichte*, aber mit einer Ladungsträger*beweglichkeit*, die – im Gegensatz zu den Halbleitern – stark mit steigender Temperatur zunimmt (Hopping-Leitung), oder
- durch einen Anstieg der Ladungsträgerdichte durch Übergänge von Elektronen aus dem Valenz- in das Leitungsband wie im intrinsischen Bereich von Bild 4.1-4.

Besonders der erstgenannte Effekt läßt sich zur Herstellung empfindlicher Temperatursensoren ausnutzen, deren *Widerstand* mit der Temperatur abnimmt (keramische **Heißleiter**- oder **NTC-Widerstände**, s. [0.5]). Diese preisgünstigen Sensoren lassen sich auch in einer Bauform realisieren, die besonders niedrige Ansprechzeiten ($\ll 1\,\text{s}$) zuläßt und finden überall dort Anwendung, wo keine Eichfähigkeit (die bei den PT 100-Widerständen gegeben ist) zwingend erforderlich ist.

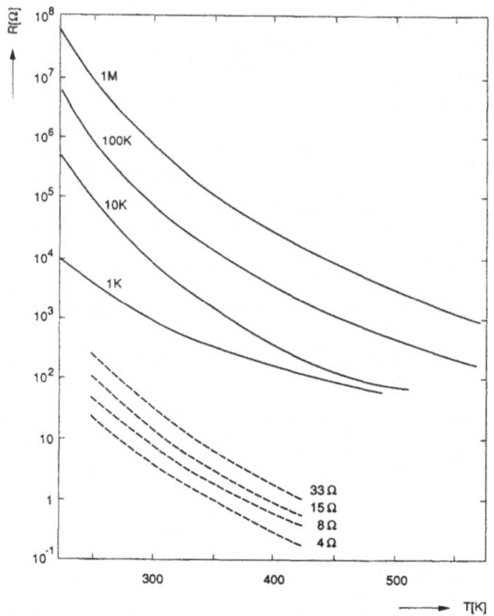

Bild 5.3-2 Temperaturabhängigkeit des Widerstandes R in verschiedenen kommerziellen NTC-Widerstandstypen (nach [0.5])

(——) Miniaturheißleiter als Temperaturfühler

(- - - -) NTC-Widerstände als Stromstoß-Schutz

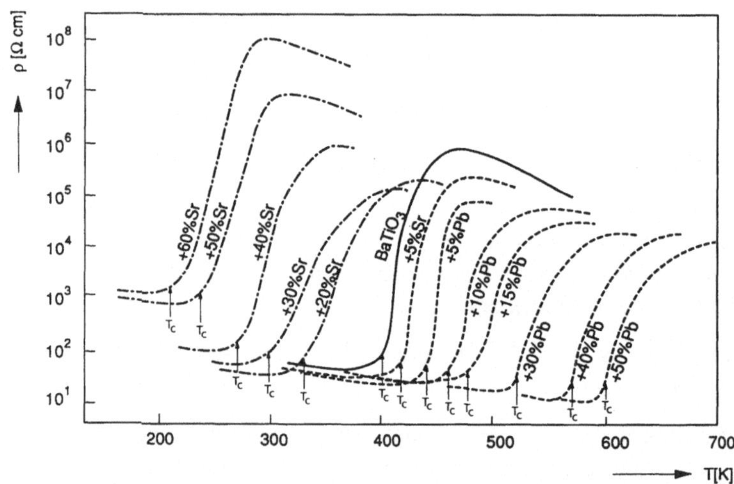

Bild 5.3-3 Temperaturabhängigkeit des spezifischen Widerstands von PTC-Keramik auf der Basis von donator-dotiertem $BaTiO_3$ (———), $(Ba,Pb)TiO_3$ (-----) und $(Ba,Sr)TiO_3$ (-·-·-·-). T_C (Pfeile) stellt die Curie-Temperaturen der Mischkristalle dar (nach [0.5]).

Eine noch stärkere Temperaturabhängigkeit in einem vorgegebenen engen Temperaturbereich haben keramische **Kaltleiter**- oder **PTC-Widerstände** [0.5], s. Bild 5.3-3. Bei einer Serienschaltung in einem Stromkreis können PTC-Widerstände als elektronische Sicherung verwendet werden. Bei einer Temperaturerhöhung auf Werte oberhalb der Curie-Temperatur (Bild 5.3-3) vergrößert sich der Widerstand schlagartig, so daß der Stromfluß gedrosselt wird. Kühlt sich daraufhin die Temperatur wieder ab, dann wird erneut ein Stromfluß freigegeben. Diese Technik ist in Fernsehgeräten weit verbreitet.

Bei **Metalloxid-Gassensoren** wird die elektrische Leitfähigkeit an der Oberfläche der Keramik durch chemische Reaktionen beeinflußt. Wie in Bild 1.2-13 zu erkennen, können bei der Anlagerung von Molekülen an der Oberfläche Elektronen an die Keramik abgegeben oder aus ihr abgezogen werden, in beiden Fällen ändert sich die Oberflächenleitfähigkeit. Der Widerstand des Gassensors ist also ein Maß für die Dichte der absorbierten Mokelüle und damit für deren Gasdruck in der Umgebungsatmosphäre. Solche Sensoren können die An und Abwesenheit oxidierbarer Gase anzeigen und damit für den Brandschutz eingesetzt werden. Bild 5.3-4 zeigt verschiedene Aufbauformen dieser Sensoren. Weitere resistive Keramiksensoren werden in [0.3] und [0.5] beschrieben.

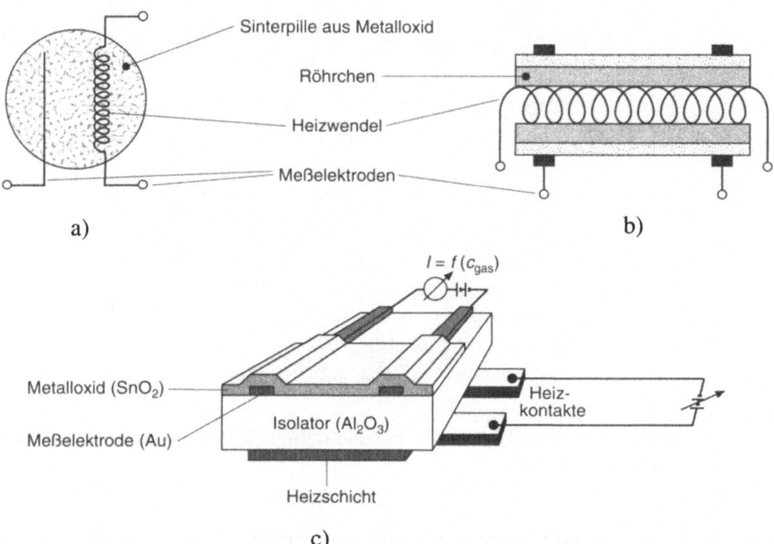

Bild 5.3-4 Verschiedene Ausführungen von Metalloxid-Gassensoren [0.3]. Die Sensoren müssen über eine elektrische Heizung auf die erforderliche Reaktionstemperatur gebracht werden; gemessen wird der Widerstand des Keramikkörpers.

a) Sinterkörper mit eingeschlossener Heizwendel

b) Sinterkörper mit separater Heizwendel

c) Dick- und Dünnschichtsensor mit separater Heizschicht.

5.3.2 Ionenleitende Sensoren

Die Fähigkeit zur Ionenleitung ist eine der besonders attraktiven Eigenschaften vieler keramischer Verbindungen. Bild 5.3-5 zeigt die Temperaturabhängigkeit der spezifischen Leitfähigkeit für ausgewählte Ionenleiter (**Feststoffelektrolyte**).

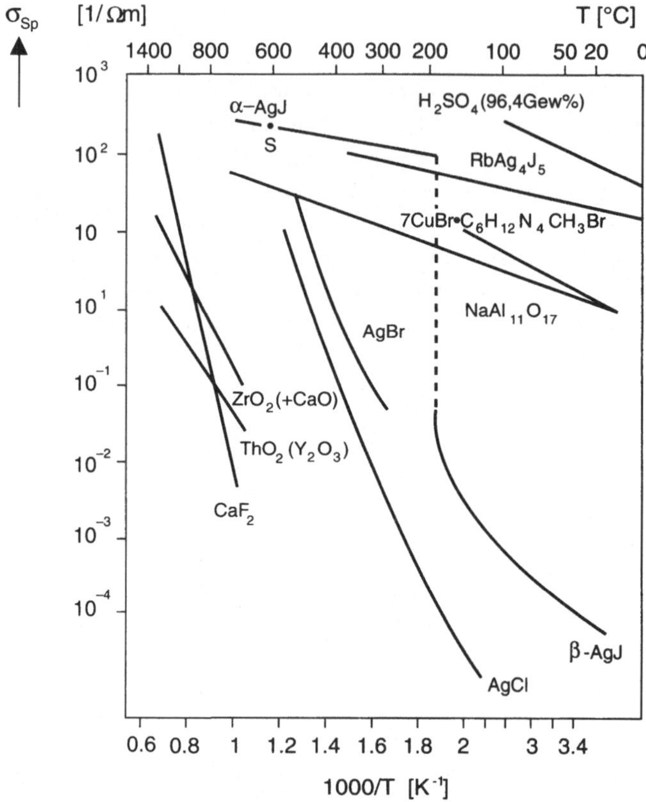

Bild 5.3-5 Temperaturabhängigkeit der Ionenleitfähigkeit verschiedener Ionenverbindungen (siehe [0.1] und [5.2])

Die Ionenleitfähigkeit läßt sich mit großem Vorteil in der Gassensorik einsetzen [0.5], insbesondere wenn das zu detektierende Gasatom selbst in dem keramischen Festkörper zur Ionenleitung beiträgt. Zur Sauerstoffmessung trennt man zwei Gasräume mit den Sauerstoffpartialdrücken p_{O1} und p_{O2} durch einen keramischen Sauerstoff-Ionenleiter, der auf beiden Seiten mit einer porösen Platinschicht versehen ist (Bild 5.3-6).

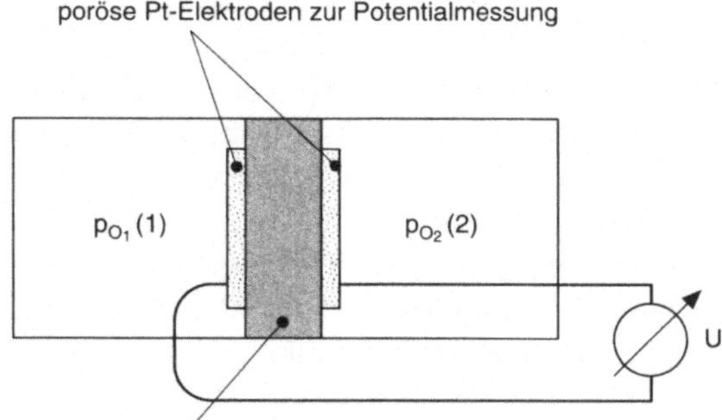

Bild 5.3-6 Prinzip des Festelektrolyt-Sensors mit unterschiedlichen Sauerstoffpartialdrücken p_{O1} und p_{O2} in den Kammern (1) und (2) [0.5]. Die gemessene Spannung U ergibt sich aus den beiden anliegenden Drücken über die **Nernst-Gleichung**:

$$U = \frac{kT}{4|q|} \ln \frac{p_{O_2}(1)}{p_{O_2}(2)} \qquad (5.3\text{-}1)$$

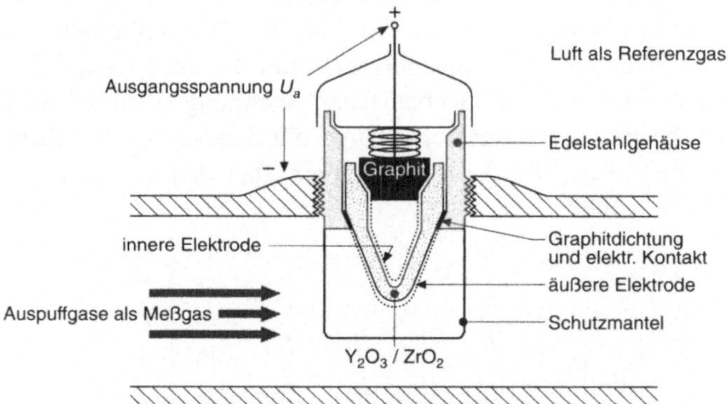

Bild 5.3-7 **λ-Sonde** [0.3]: Oberhalb (Luft als Referenzgas) und unterhalb (Auspuffgase als Meßgas) des sauerstoffleitenden Feststoffelektrolyten (ZrO_2/ Y_2O_3) befinden sich zwei getrennte Bereiche mit unterschiedlichen Sauerstoffpartialdrücken. Die unterschiedlichen Sauerstoffkonzentrationen erzeugen über dem Ionenleiter eine Diffusionskraft, die ihrerseits einen Stromfluß von Sauerstoffionen bewirkt. Die Beweglichkeit der Sauerstoffionen (O^{2-}) bestimmt die elektrolytische Leitfähigkeit. Dazu ist eine Aufheizung auf mindestens 500°C erforderlich.

Kennzeichnend ist, daß der Sauerstoff in gasförmigem Zustand elektrisch neutral ist, aber nur in ionisierter Form (O^{2-}) durch den Feststoffelektrolyten geleitet werden kann, d.h. er muß auf der *einen* Seite des Sensors negativ aufgeladen, auf der *anderen* hingegen entladen werden. Dadurch baut sich zwischen der inneren und äußeren Elektrode eine Ladungs-Doppelschicht – und damit eine elektrische Spannung (EMK) – auf. Diese ist ein Maß für die Differenz der Sauerstoffpartialdrücke.

Sind die beiden Gasdrücke verschieden, dann diffundiert der Sauerstoff durch den Ionenleiter von dem Gebiet hohen Partialdrucks in das mit einem niedrigen. Beim Eintritt in den Ionenleiter nehmen die ursprünglich neutralen Sauerstoffatome zwei negative Ladungen auf, die sie beim Austritt auf der gegenüberliegenden Seite des ionenleitenden Keramikplättchens wieder abgeben. Auf der Platinschicht der Eintrittsseite entsteht also eine positive Ladung, auf der Austrittsseite eine negative; die entstehende Spannung ist ein Maß für die Menge der durchtretenden Sauerstoffatome. Bild 5.3-7 zeigt die **Lambdasonde** als praktisch besonders wichtiges Anwendungsbeispiel für eine ionenleitende Keramik.

5.3.3 Piezo- und pyroelektrische Sensoren

Nicht nur zur Herstellung von Kondensatoren lassen sich hochisolierende Keramiken mit Vorteil als Dielektrikum einsetzen, sondern auch bei vielfältigen Sensoranwendungen. Die gebundene Ladung $\sigma_Q{}^{geb}$ an den Stirnflächen des Dielektrikums – gegenüber den Platten des Kondensators (s. Bild 2.4-7) – läßt sich nämlich auch durch Umwelteinwirkung erzeugen: Beim **piezoelektrischen Effekt** [0.3 und 0.5] ist sie z. B. das Ergebnis einer anliegenden mechanischen Spannung (Bild 5.3-8). Die resultierende dielektrische Verschiebungsdichte hängt mit den sechs möglichen mechanischen Spannungszuständen (Bild 2.1-2) zusammen über den Tensor $((d_{ik}))$ der piezoelektrischen Koeffizienten:

$$\vec{D} = ((d))\vec{\sigma} = \begin{pmatrix} d_{11} & d_{12} & d_{13} & d_{14} & d_{15} & d_{16} \\ d_{21} & d_{22} & d_{23} & d_{24} & d_{25} & d_{26} \\ d_{31} & d_{32} & d_{33} & d_{34} & d_{35} & d_{36} \end{pmatrix} \begin{pmatrix} \sigma_1 \\ \sigma_2 \\ \sigma_3 \\ \sigma_{23} \\ \sigma_{31} \\ \sigma_{12} \end{pmatrix} \qquad (5.3\text{-}2)$$

Quarz wird in einkristalliner Form als piezoelektrischer Werkstoff eingesetzt, wenn es auf eine besonders große Temperaturstabilität und Güte ankommt. Weitaus verbreiteter sind bei anderen Anwendungen ferroelektrische Keramiken wie das bereits in Abschnitt 5.2.2 behandelte Bariumtitanat, sowie Mischkristalle aus dem System Bleizirkonat-Bleititanat (**PZT**, Bild 5.3-9). Ebenfalls eingesetzt werden piezoelektrische organische Polyvinylidenfluorid(PVDF)-Folien.

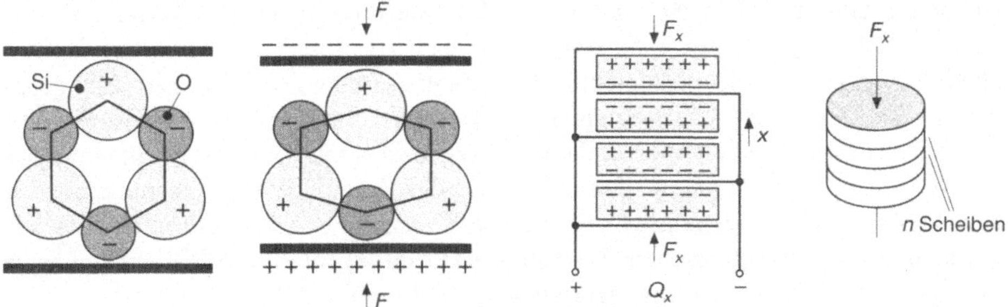

Bild 5.3-8 Anwendung des longitudinalen piezoelektrischen Effekts in Quarz (SiO_2) bei Kraftaufnehmern (nach [0.3], Abschnitt 4.2.2 und [5.3]). Dargestellt ist jeweils die Lage der Silizium- und Sauerstoffatome vor und nach Einwirkung der mechanischen Kraft *F*: Die Verschiebung bewirkt eine Trennung der Ladungsschwerpunkte und damit die Entstehung von Oberflächenladungen an den Stirnflächen.

Weiterhin ist dargestellt der typische Aufbau von Kraftsensoren. Mehrere piezoelektrische Elemente werden an den Stirnflächen mit Hilfe einer Metallschicht kontaktiert und in einer Polung hintereinandergeschaltet, bei der an gemeinsamen Elektroden jeweils gleiche Oberflächenladungen abgegriffen werden können.

Kennzeichen des piezoelektrischen Effekts: **Ladung fließt in die Elektroden nur bei einer *Änderung* der mechanischen Spannung, d.h. es werden nur mechanische Spannungs*änderungen* gemessen, keine zeitlich unveränderlichen mechanischen Spannungen!**

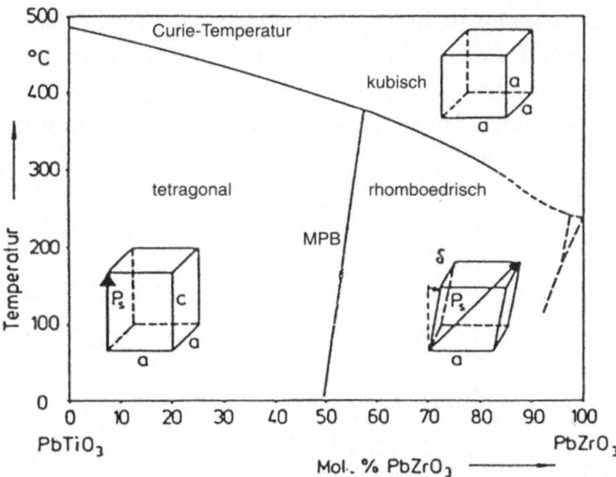

Bild 5.3-9 Phasendiagramm des Mischsystems Bleizirkonat-Bleititanat $Pb(Zr_xTi_{1-x}O_3)$, nach [0.5]. Unterhalb der Linie, welche die Curie-Temperatur beschreibt, hat der Werkstoff eine feste (spontane) elektrische Polarisation, d.h. die Flächenladung σ_Q^{geb} ist in Bild 2.4-7 auch in Abwesenheit eines äußeren Feldes vorhanden: Solche Werkstoffe werden als **ferroelektrisch** bezeichnet (s. Abschnitt 2.4.2). Für piezoelektrische Anwendungen wird meist eine Zusammensetzung in der Umgebung der MPG (morphotroper Phasenübergang)-Linie gewählt.

Neben der beschriebenen Anwendung als Kraftsensoren (abgeleitet davon: als keramisches Mikrofon) werden PZT-Keramiken auch zur Spannungserzeugung in Gaszündern verwendet (die piezoelektrisch erzeugten Spannungen können sehr große werden, so daß ein Zündfunken entsteht), weiterhin als Schwingungssensoren. Der piezoelektrische Effekt ist auch umkehrbar. Wenn man eine elektrische Spannung an die Kondensatorplatten anlegt, dann zieht sich der Keramikkörper zusammen wie in Bild 5.3-8. Anwendungsmöglichkeiten ergeben sich bei der motorlosen elektrischen Erzeugung einer mechanischen Bewegung (**Aktuator**), bei der Schallerzeugung in Lautsprechern, Ultraschallschwingern u. a. (s. [0.3] und [0.5]).

Eine weitere wichtige Anwendung ferroelektrischer Keramiken ist mit der Temperaturabhängigkeit der spontanen Polarisation verbunden (**pyroelektrischer Effekt**, s. [0.5]). Wird die spontan entstandene gebundene Oberflächenladung im Dielektrikum σ_Q^{geb} bei einer bestimmten Temperatur durch freie Ladungen auf den Kondensatorplatten neutralisiert, dann ergibt sich dort ein Überschuß an freien Ladungen, wenn bei einer Temperatur*änderung* σ_Q^{geb} variiert, d.h. an den Kondensatorplatten ist eine Spannung meßbar, die mit der Größe der Temperatur*änderung* korrelierbar ist. In dieser Beziehung verhalten sich pyroelektrische Sensoren wie piezoelektrische: Es werden nur *Änderungen* der Umweltgröße angezeigt.

Der große Vorteil pyroelektrischer Sensoren liegt in der extrem hohen Empfindlichkeit gegenüber Temperaturänderungen. Es lassen sich auch Werte weit unterhalb eines Tausendstel Grad Celsius erfassen. Aus diesem Grund finden sie heute umfangreiche Einsatzmöglichkeiten in Bewegungsmeldern (Lichtschaltung, Einbruchsicherung u.a.). Auch in der Infrarottechnik gibt es viele vorteilhafte Anwendungen, weil pyroelektrische Sensoren im Gegensatz zu den optoelektronischen Halbleitersensoren (Abschnitt 4.3.4) nicht auf niedrige Temperaturen gekühlt zu werden brauchen.

6 Polymere (K.-W. Lienert und H. Schaumburg)

Organische chemische Verbindungen bestehen im wesentlichen aus Molekülen, die Kohlenwasserstoffketten enthalten. Ein wesentliches Kennzeichen in diesen Verbindungen ist die bereits in Abschnitt 1.2 eingeführte **kovalente Bindung** zwischen den Atomen. Diese Bindung kann – wie das Beispiel der kovalent gebundenen Kohlenstoffatome im Diamantkristall (Bild 1.2-8) zeigt – außerordentlich stark sein. In Bild 1.2-2 waren als Beispiele für organische Verbindungen bereits die Moleküle *Methan* und *Methanol* aufgeführt. Werden in diesen Molekülen wiederholt H-Atome durch CH_3-Gruppen ersetzt, dann können langgestreckte Kohlenwasserstoffketten entstehen mit einem Aufbau wie in Bild 6.1a. Ketten mit drei C-Atomen heißen **Propan**, mit vier **Butan**, mit fünf **Pentan** usw. Durch eine veränderte Anordnung der Bindungen erhält man bei gleicher Zusammensetzung des Moleküls die **Strukturisomere**. Hierdurch entsteht eine sehr große Vielfalt von Molekülformen (Bilder 6.1a bis c).

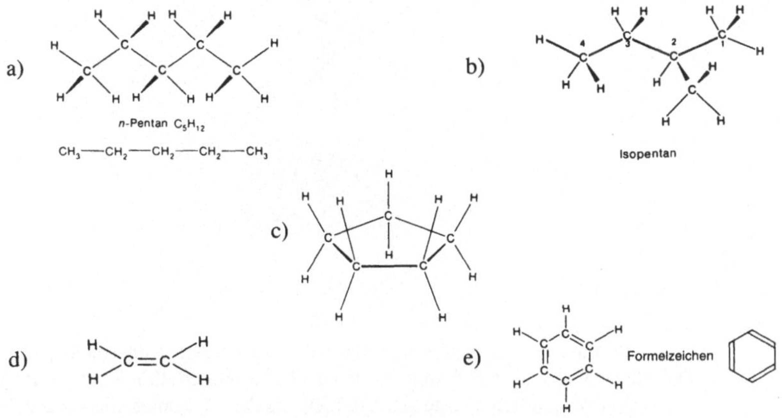

a) *n*-Pentan C_5H_{12}

$CH_3—CH_2—CH_2—CH_2—CH_3$

b) Isopentan

c)

d) $H_2C=CH_2$

e) Formelzeichen

Bild 6.1 Organische Moleküle mit Einfach- und Doppelbindungen (nach [6.1])

a) n[ormal]-Pentan mit der Strukturformel $H_3C–CH_2–CH_2–CH_2–CH_3$ als Beispiel für eine linear aufgebaute Kohlenwasserstoffkette.

b) Isopentan als Beispiel für ein Strukturisomer des Pentans: An ein Kohlenstoffatom sind zwei CH_3-Gruppen gebunden.

c) Die Kohlenwasserstoffketten können sich auch zu **Ringen** zusammenschließen. Dargestelltes Beispiel: Cyclopentan.

d) Die Kohlenstoffatome können auch Doppelbindungen bilden: In diesem Fall werden zwei H-Atome aus benachbarten C-Atomen durch eine zusätzliche Bindung ersetzt. Dargestelltes Beispiel: Ethylen.

e) Benzol als Beispiel für ein zyklisches Molekül mit alternierenden Einfach- und Doppelbindungen

Ein **Polymer** ist nach der IUPAC(International Union of Pure and Applied Chemistry)-Definition eine Substanz, die aus Molekülen aufgebaut ist, in denen eine Art oder mehrere Arten von Atomen oder Atom-Gruppierungen wiederholt aneinandergereiht sind. Diese Bedingung wird von den in Abschnitt 6.1 eingeführten Kohlenwasserstoffketten erfüllt: Durch die fortgesetzte chemische Bindung von kleineren Molekülen (***Mono*meren**) können lange Molekülketten (***Poly*mere** oder **Makromoleküle**) mit einem Molekulargewicht von mehr als 100 000 gebildet werden (Bild 6.2).

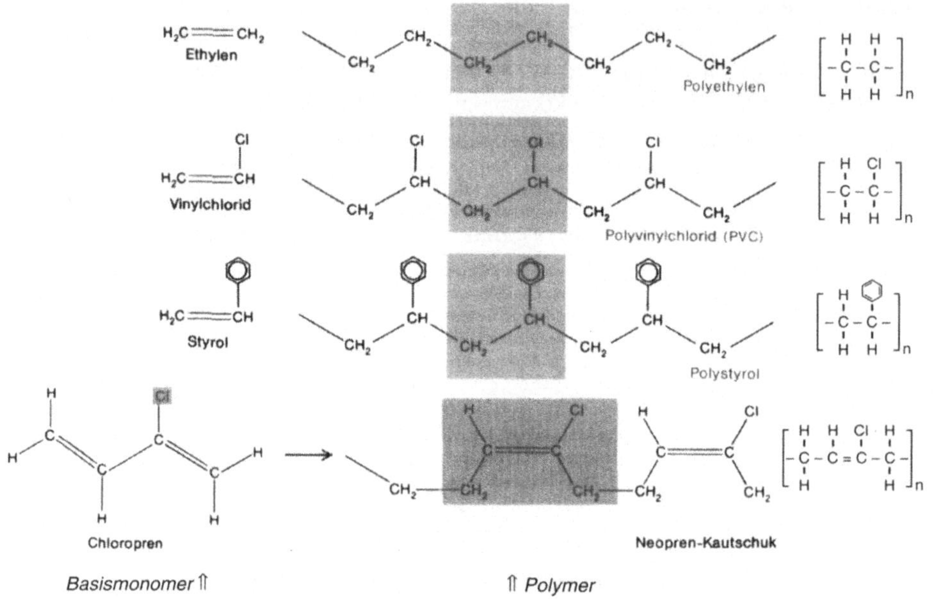

Bild 6.2 Beispiele für den Aufbau von Polymeren aus Monomeren (nach [6.1]): Durch Verkettung von z. B. Ethylenmolekülen als Monomer erhält man durch Polymerisation Polyethylenketten. Dargestellt sind jeweils das Monomer, die ausgedehnte Kettenstruktur und die Kurzschreibweise des Polymers, die in Tab. 6.1 verwendet wird.

Bei der Herstellung von Polymeren gibt es verschiedene **Bildungsreaktionen**. Dabei wird unterschieden zwischen

- **Polymerisaten**, der Zusammenfügung einer Vielzahl gleichartiger Monomere, z.B. über eine katalytische Reaktion (Beispiele: Polyethylen, Polyacetylen),
- **Polykondensaten**, dem Zusammenfügen über eine chemische Reaktion zwischen zwei Monomeren, die besonders reaktionsfähige Endgruppen enthalten, wobei eine Abspaltung von Endprodukten wie H_2O oder Methanol eintritt, die aus dem Polykondensat entfernt oder chemisch gebunden werden müssen (Beispiele: Polyamide, Polyester) und
- **Polyaddukten,** dem Zusammenfügen über eine chemische Reaktion unter Umlagerung von H-Atomen *ohne* Abspaltung von Reaktionsprodukten (Beispiele: Polyurethane, Epoxide).

Die Eigenschaften von Polymeren werden für die meisten Anwendungszwecke mit unterschiedlichen Hilfsstoffen maßgeschneidert. Dabei müssen neben der Optimierung auf die spätere Funktion auch Faktoren wie dauernde Verträglichkeit der Komponenten untereinander und mit der Umwelt, die spätere Entsorgung und Auflagen aus sicherheitstechnischer, toxikologischer und ökologischer Sicht berücksichtigt werden. Hilfsstoffe, häufig als **Additive** bezeichnet, sind Gleit- und Trennmittel, Stabilisatoren, Antistatika, Flammschutzmittel, Farbstoffe und Pigmente, Weichmacher, Haftvermittler, Füllstoffe, Treibmittel usw. In der Praxis werden vielfach Polymermischungen (**Polymerlegierungen** oder **Blends**) verwendet, die aus verschiedenen Polymersorten zusammengesetzt sind, so daß sich wichtige Eigenschaften der Einzelkomponenten ergänzen.

Eine Vielzahl von Polymeren bildet zusammen ein **Polymernetzwerk** oder **Makromolekül**, in dem sich die einzelnen Bereiche völlig ungeordnet als **amorphes Netzwerk**, z.B. in einer **Polymerschmelze**, bereichsweise geordnet als **teilkristallines Netzwerk** oder (fast) vollständig geordnet als **kristallines Netzwerk** aneinanderlagern können (Bild 6.3). Polymere mit einem unregelmäßigen Kettenaufbau können häufig nicht kristallisieren; regelmäßig aufgebaute hingegen gehen in einen kristallinen oder teilkristallinen Zustand über.

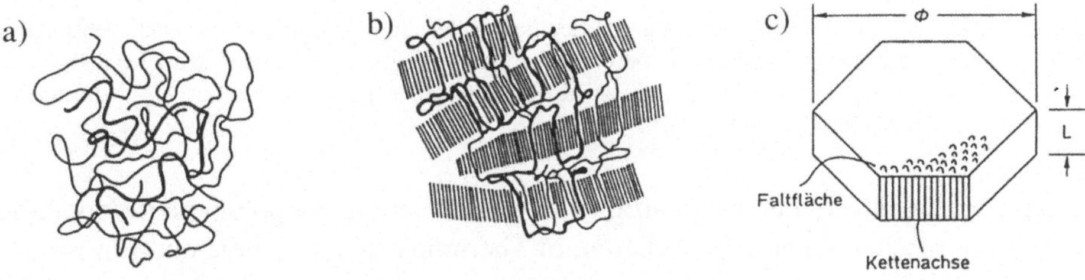

Bild 6.3 Polymernetzwerke (nach [0.6])

a) Struktur einer Polymerschmelze

b) Zweiphasenpolymer mit einer kristallinen und einer amorphen Phase (teilkristallines Polymer)

c) Beispiel für einen Polymereinkristall

Der Aufbau des Polymernetzwerks hat unmittelbare Auswirkungen auf die mechanischen Eigenschaften. Dabei muß aber noch die Temperaturabhängigkeit berücksichtigt werden. Bei hohen Temperaturen oberhalb der **Schmelztemperatur** T_m zeigen Polymere wie Gläser (Abschnitt 5.1) ein viskoses Verhalten. Auch unterhalb von T_m können sich die einzelnen Polymerketten noch frei durchdringen, einzelne Kettensegmente können sich bewegen. Erst bei einer Abkühlung auf Temperaturen unterhalb der **Glastemperatur** T_g kommt diese Bewegung zum Erliegen. Wird die Polymerschmelze hinreichend schnell abgekühlt, dann wird die Schmelze in den amorphen **Glaszustand** "eingefroren". Grundsätzlich sind Polymernetzwerke mit einem großen kristallinen Anteil weniger elastisch als amorphe (d.h. sie haben z.B. einen größeren Schubmodul *G*). Bild 6.4 zeigt die Temperaturabhängigkeit des Schubmoduls für amorphe und teilkristalline, sowie den Bereich der gummielastischen (s.u.) Polymere.

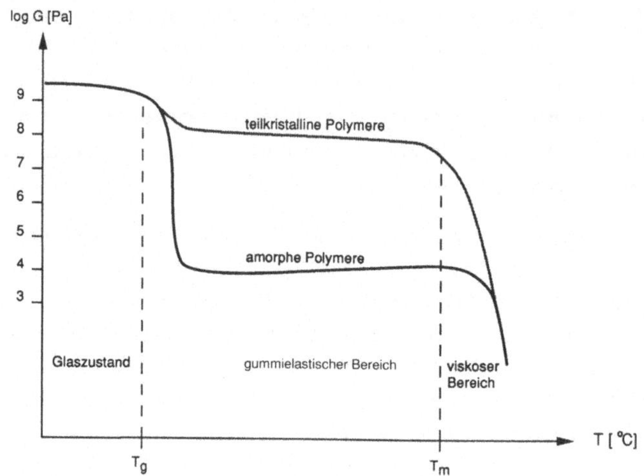

Bild 6.4 Schematische Darstellung (idealisiert) des Schubmoduls *G* von der Temperatur für verschiedene Polymere. Die Ausdehnung der einzelnen Bereiche hängt von dem Aufbau der Polymeren ab (T_g = Glasübergangstemperatur, T_m = Schmelztemperatur, nach [0.6]).

In der Fachliteratur findet man häufig eine Klassifizierung der polymeren Werkstoffe nach ihren mechanischen Eigenschaften in Thermoplaste, Duromere und Elastomere (*strukturelle Klassifizierung*).

a)

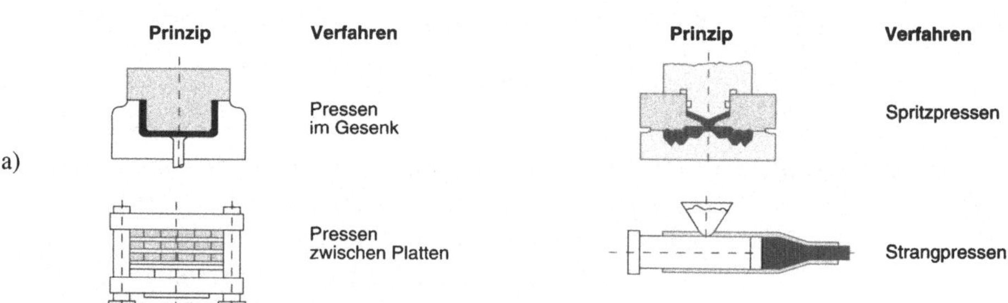

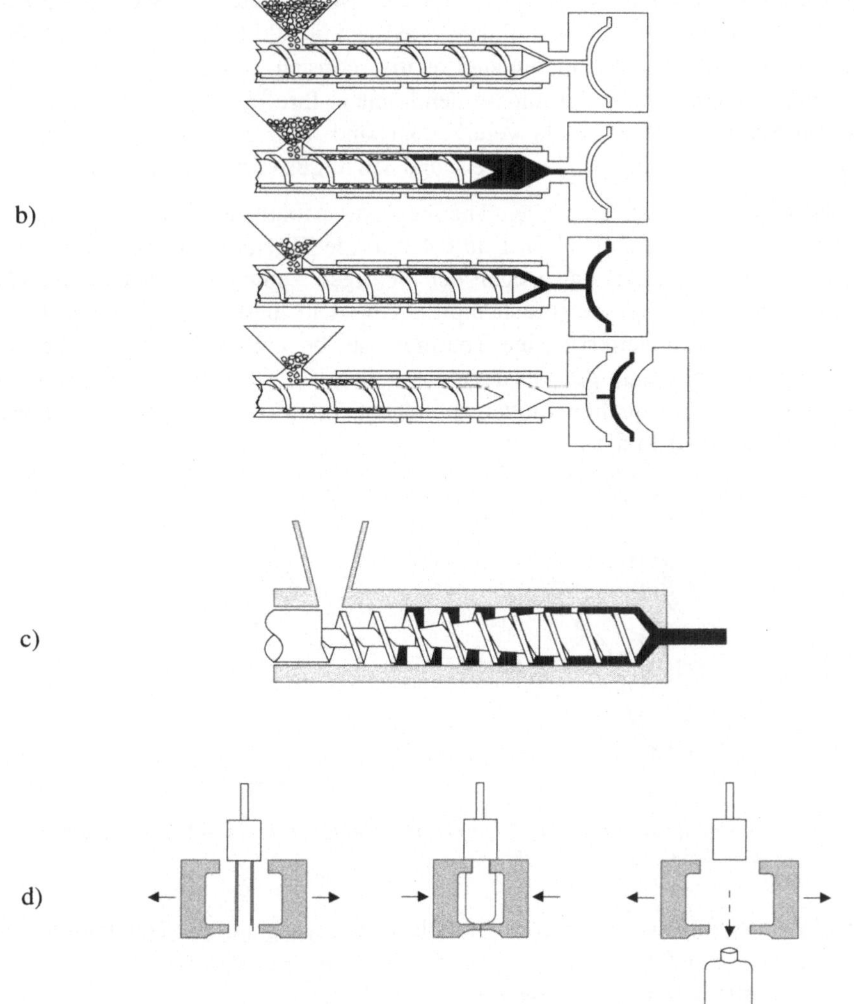

Bild 6.5 Verarbeitung von Thermoplasten (nach [0.1])

a) **Preßverfahren**

b) **Spritzguß** (diskontinuierliche Fertigung): Der Ausgangsstoff (**Granulat**) gelangt über einen Trichter auf eine Schnecke, welche das Granulat in eine beheizte Zone transportiert. Dort wird es in den viskosen Zustand (dunkel gezeichnet) überführt und homogenisiert. Durch eine schnelle Bewegung, z.B. über eine Hydraulik, wird die Schnecke nach rechts geschoben, so daß die Spritzgußmasse über eine Düse in die vorgesehene Form gelangt.

c) **Extrudieren** (kontinuierliche Fertigung): Die Schnecke selbst erzeugt den Überdruck an der Düse, aus der das Material gleichmäßig herausgedrückt wird.

d) **Blasverfahren**: Herstellung einer Plastikflasche

Thermoplaste bestehen aus *unvernetzten* linearen Makromolekülen wie z.B. in Bild 6.3a, wobei auch ein gewisser kristalliner Anteil wie in Bild 6.3b zugelassen ist. Die Bindungen zwischen den Polymeren sind relativ schwach, so daß Thermoplaste bei hohen Temperaturen leicht verformt werden können. Ihre Bezeichnung rührt daher, daß sie im Schmelzzustand leicht verarbeitbar sind, also eine besonders einfache Formgebung ermöglichen, z.B. über **Preß-** und **Spritzgußverfahren** (Bild 6.5).

Der praktische Einsatz der amorphen Thermoplaste erfolgt meist bei Temperaturen unterhalb der Glastemperatur. Nach Bild 6.4 sind die Thermoplaste dort wenig elastisch (großer Schubmodul) und wegen der niedrigen Temperatur auch wenig plastisch verformbar, d.h. spröde (bruchempfindlich). Um diesem Effekt entgegenzuwirken, werden häufig teilkristalline Thermoplaste bevorzugt, bei denen die Gebrauchstemperatur oberhalb der Glastemperatur liegt. In diesem Fall hat die Spannungs-Dehnungs-Kurve qualitativ einen ähnlichen Verlauf wie bei den plastisch verformbaren Metallen (Bild 6.5).

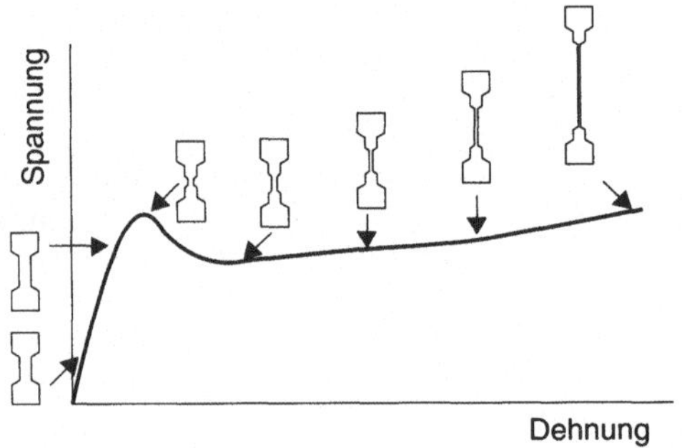

Bild 6.4 Spannungs-Dehnungs-Diagramm eines teilkristallinen Polymers oberhalb der Glastemperatur (nach [0.1]).

In der Elektrotechnik werden die Thermoplaste überwiegend zur Herstellung von Isolierstoffen verwendet. Nach ihren technischen Eigenschaften (s. Tab. 6.1) und Herstellungskosten werden sie eingeteilt in

a) **Massenkunststoffe**: Polyethylen (PE), Polystyrol (PS), Polypropylen (PP), Polyvinylchlorid (PVC).

b) **technische Thermoplaste**: Polyamide (PA), gesättigte Polyester (PBT und PET), Styrol-Acrylnitril-(SAN) und Acrylnitril-Butadien-Styrol-Copolymerisate (ABS), Polymethylmetacrylat (PMMA), Polyoxymethylen (POM), Polyphenylenoxid (PPO), Polycarbonate (PC).

c) **spezielle Thermoplaste/Polymere**: Polyacetylen, Fluorpolymere, Schwefelpolymere (Polyphenylensulfid PPS, Polysulfone PSU, Polyethersulfone PES), Polyarylate (PAR), Polyether(ether)ketone (PE(E)K), Polyimide.

Duromere sind *hochvernetzte* Makromoleküle (eine **Vernetzung** ist eine Verknüpfung von benachbarten Ketten durch kovalente Bindungen oder auch mechanische Verhakungen) und in der Umgangssprache als **Harze** bekannt. Sie werden in der Regel unterhalb der Glastemperatur eingesetzt und sind daher spröde. In der Elektrotechnik werden sie zur Herstellung von Gehäusen, als Vergußmassen und Klebemittel eingesetzt. Hierfür werden überwiegend Phenolharze (PF), Epoxidharze (EP), Polyurethane (PUR) und ungesättigte Polyester (UP-Harze) verwendet (s. Tab. 6.1).

Elastomere (***gummi***artige Polymere) können oberhalb der Glastemperatur durch mechanische Spannungen in ihren Dimensionen sehr stark (z.B. auf das zehnfache der Ausgangslänge ohne Last) verändert werden und trotzdem (in guter Näherung) nach Wegnahme der Spannung wieder in ihre ursprüngliche Gestalt zurückkehren. Diese Eigenschaft entsteht durch eine im Vergleich zu den Duromeren geringere Vernetzung der Makromoleküle. Eine Verstärkung der Vernetzung von Elastomeren (**Vulkanisieren**) reduziert die Gummielastizität beträchtlich. In Bild 6.5 sind Spannungs-Dehnungs-Kurven für Elastomere dargestellt.

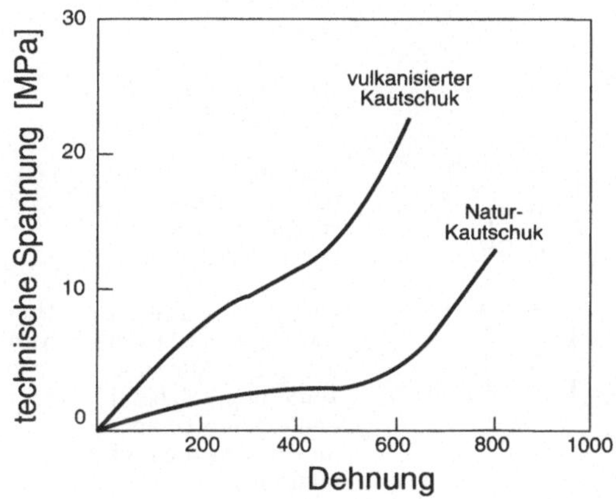

Bild 6.5 Vergrößerung des Elastizitätsmoduls (Steigung der Spannungs-Dehnungs-Kurve) von Naturkautschuk durch Vulkanisieren (teilweise nach [0.1]).

In der Elektrotechnik werden bevorzugt Polybutadien (PB) und Silikone eingesetzt zur Herstellung von Draht- und Kabelummantelungen.

In der folgenden Tab. 6.1 sind die für die Elektrotechnik wichtigen Polymere mit ihrem chemischen Aufbau, sowie den charakteristischen Eigenschaften und Anwendungen zusammengestellt.

Tab. 6.1 Charakteristische Eigenschaftungen und Anwendungen der für die Elektrotechnik wichtigen Polymere

Polymer	Strukturformel	Kurzbeschreibung	Anwendungen in der Elektrotechnik
Thermoplaste...			
Polyethylen (PE)	$\left[-\overset{H}{\underset{H}{C}}-\overset{H}{\underset{H}{C}}- \right]_n$	**LDPE** [low density polyethylene]: Krist.grad 40-50% technischer Schmelzpunkt bei 132° **HDPE** [high density polyethylene]: Krist.grad 60-80% niedrige Dauergebrauchstemperatur	Wenige Anwendungen wegen niedriger Dauergebrauchstemperatur Schläuche für Anschlußenden HF-Kabeln und Isolation in Radar-Anlagen, bei denen es auf äußerste Verlustarmut ankommt
Polystyrol (PS)	$\left[-\overset{H}{\underset{H}{C}}-\overset{H}{\underset{C_6H_5}{C}}- \right]_n$	beständig gegen Säuren, Laugen und Mineralöl, geringe Wasseraufnahme gute elektrische Eigenschaften: Durchschlagsfestigkeit 20-30 kV/mm, spezifischer Widerstand > 10^{16} Ωcm	Gehäuse für Elektrogeräte, Spulenkörper, Relaisteile, Vergußmassen
Polypropylen (PP)	$\left[-\overset{H}{\underset{H}{C}}-\overset{H}{\underset{CH_3}{C}}- \right]_n$	niedrige Dichte von 0,90-0,91 g/cm^3, kristallin, technischer Schmelzpunkt bei 170°	Gehäuseteile und Batteriegehäuse
Polyvinylchlorid (PVC)	$\left[-\overset{H}{\underset{H}{C}}-\overset{H}{\underset{Cl}{C}}- \right]_n$	muß durch Zusätze Beständig gemacht werden gegen Alterung, Witterung, Pilzbefall und erhöhte Temperatur, Entsorgung problematisch	Ummantelung von Kabeln, Drähten, Anschlußdrähten und Litzen
Polyamide (PA)	$\left[-\underset{O}{\underset{\Vert}{C}}-R_1-\underset{O}{\underset{\Vert}{C}}-\underset{H}{N}-R_2-\underset{H}{N}- \right]_n$ $R_1 = C_4H_6$ $R_2 = C_6H_{12}$	Schmelztemperaturen im Bereich 200–300°C hohe Zähigkeit, Abriebfestigkeit, Steifigkeit und Kriechstromfestigkeit brennbar, hohe Wasseraufnahme (bis zu 12 Gewichtsprozent)	Geräteteile, Gehäuse, Präzisionsteile, Schläuche, Ummantelungen von Kabeln und Drähten. Mit Glasfaserverstärkung für Spulenkörper für Großtransformatoren Drahtlacke (Overcoatlacke, Backlacke) Härter für Epoxidharze

Fortsetzung Tab. 6.1

Polymer	Strukturformel	Kurzbeschreibung	Anwendungen in der Elektrotechnik
...Thermoplaste			
Aramide (Spezial-Polyamide)	s. Spezialliteratur	thermisch und chemisch außerordentlich beständig, Glasübergangstemperaturen im Bereich 250°–400°C; unschmelzbar und Zersetzung bei Temperaturen über 400°C	im Verbund mit Polyimiden als Trennisolation in Transformatoren und Motoren
Polyester (gesättigt, PBT, PET)		hohe Festigkeit, Steifheit, Maßbeständigkeit, Chemikalienbeständigkeit und Transparenz	Spulenkörper, Stecker, Steckleisten und Gehäuse, Trennisolation (Nutisolationen)
Polyethylenterephthalat (PET)	$\left[-\mathrm{CH_2-CH_2-O-CO-C_6H_4-CO-O}-\right]_n$		als Folie eingesetzt zur Herstellung von Ton- und Bildträgern sowie Computerbändern
Styrol-Acrylnitril-Copolymerisate (SAN)	$\left[-\mathrm{CH_2-CH(C_6H_5)}-\right]_n\left[-\mathrm{CH_2-CH(C{\equiv}N)}-\right]_m$	erhöhte chemische Beständigkeit gegen Benzin, Öle und Fette	Gehäuse für Computer, Büromaschinen und Haushaltsgeräte
Acrylnitril-Butadien-Styrol-Copolymerisate (ABS)	s. Spezialliteratur	verbesserte Schlagzähigkeit, Steifigkeit und Wärmebeständigkeit	Gehäuse für Computer, Büromaschinen und Haushaltsgeräte
Polymethylmethacrylat (PMMA, Plexiglas)	$\left[-\mathrm{C(CH_3)(COOCH_3)-CH_2}-\right]_n$	optisch transparent, glasartig, beständig gegen Wasser, Öle und Umwelteinflüsse	Spulenkörper, Schalter und Relaisteile, optisch transparente Isolation und Gehäuse, polymere Lichtwellenleiter
Polyoxymethylen (POM)	$\left[-\mathrm{O-CH_2}-\right]_n$	große Härte, Steifheit und Festigkeit, sowie eine gute Reib- und Verschleißfestigkeit bei gutem Gleitvermögen, Kristallinitätsgrad von 50–80%, Kristallschmelzpunkt liegt bei 180°C	Funktionsgruppen in elektrischen Steuergeräten, Präzisionsteile für Radio- und Fernsehgeräte und Komponenten für den Telefonbau

Fortsetzung Tab. 6.1

Polymer	Strukturformel	Kurzbeschreibung	Anwendungen in der Elektrotechnik
...Thermoplaste			
Polyphenylenoxid (PPO)	$\left[-O-C_6H_2(CH_3)_2- \right]_n$	optisch transparent, hochtemperaturbeständig, flammwidrig mit guter Chemikalien- und Hydrolysebeständigkeit	Gehäuse von elektrischen Haushaltsgeräten, Radios, Fernsehern, Kameras, Projektoren und Schreibmaschinen
Polycarbonate (PC)	$\left[-O-C_6H_4-C(CH_3)_2-C_6H_4-O-C(=O)- \right]_n$	optisch transparent, exzellente Zähigkeit, Glasübergangstemperaturen bis zu 150°C, hoher Schmelzpunkt	Bauteile in der Radio- und TV-Industrie, Gehäuse, Spulenkörper, flammwidrige Umhüllungen von Kondensatoren und CD-Platten, Sicherheitsverglasungen, Leiterplatten, Stecker, optische Datenspeicher und polymere Lichtwellenleiter
Spezielle Polymere			
Polyacetylene	$\left[-CH=CH- \right]_n$	Nach Dotierung z.B. mit Jod, Lithium oder Silberperchlorat werden Polyacetylene elektrisch leitfähig	z. B. in Kunststoffbatterien, wenn die Probleme der Verarbeitung sowie der Sauerstoffempfindlichkeit gelöst werden können
Polytetrafluorethylen (PTFE)	$\left[-CF_2-CF_2- \right]_n$	gute mechanische, chemische, thermische Beständigkeit und hervorragende dielektrische Eigenschaften (z.B. beim Polytetrafluorethylen eine frequenzunabhängige relative Dielektrizitätszahl von 2.0), nicht brennbar und witterungsbeständig	Geräteteile, Schläuche, Dichtungen, Antihaftbeschichtungen usw., die extremen thermischen Belastungen (250°C) und agressiven Chemikalien ausgesetzt sind Kabel- und Drahtummantelungen und dünnschichtige Dielektrika, Einsatz in der Luft– und Raumfahrt, Verkehrstechnik
Polyvinylidenfluorid (PVDF)	$\left[-CH_2-CF_2- \right]_n$	piezo- und pyroelektrische Eigenschaften	piezo- und pyroelektrische Bauelemente und Sensoren, Bewegungsmelder

Fortsetzung Tab. 6.1

Polymer	Strukturformel	Kurzbeschreibung	Anwendungen in der Elektrotechnik
...Spezielle Polymere			
Polyphenylensulfid (PPS)	$[-S-C_6H_4-]_n$	Hochtemperaturthermoplaste mit hoher Festigkeit, Härte, Steifheit und Maßbeständigkeit, große Flammfestigkeit und hervorragende Chemikalienbeständigkeit, Dauergebrauchstemperatur bei ca 220°C, gute dielektrische Eigenschaften	Steckerverbindungen, Leiterplatten, Umhüllungsmassen, Spulenkörper und Isolierfolien
Polysulfone (PSU)	$[-O-C_6H_4-C(CH_3)_2-C_6H_4-O-C_6H_4-SO_2-C_6H_4-]_n$	amorphe transparente Kunststoffe mit hoher thermischer Stabilität, gutes Kriechverhalten, gute dielektrische Eigenschaften	Gehäuse für Halogenlampen, transparente Gehäuse, flexible und temperaturbeständige (bis 180°C) gedruckte Leiterplatten und Filme für Kondensatoren
Polyethersulfone (PES)	$[-SO_2-C_6H_4-O-C_6H_4-]_n$		
Polyarylate (PAR)	s. Spezialliteratur	hohe Dimensionsstabilität bis ca.140°C, hohe Zähigkeit, flammwidrig	Spulenkörper, Schalter und Relaisteile, optisch transparente Isolation und Gehäuse, polymere Lichtwellenleiter
Polyaryletherketone (Polyether(ether)-ketone) (PE(E)K)	$[-C_6H_4-CO-]_n\,[-C_6H_4-O-]_m$	teilkristalline Thermoplaste mit guter Chemikalienbeständigkeit, hoher Zug- und Biegefestigkeit, Schlagzähigkeit und Wärmeformbeständigkeit	Kabel-, Draht- und Litzenummantelungen in speziellen Anwendungen (Luft- und Raumfahrt, Erdölindustrie)
Polyimide	$[-N(CO)_2C_6H_2(CO)_2N-C_6H_4-O-C_6H_4-]_n$	hohe Dauergebrauchstemperatur (über 250°C), Thermostabilität, flammwidrig, hervorragende dielektrische Eigenschaften	Polyimid*filme* zur Herstellung von flexiblen temperaturbeständigen gedruckten Schaltungen und zur Isolation von Drähten und Kabeln. Als chemisch hochreine und partikelarme Lacke werden Lösungen von Polyimiden und photostrukturierbaren Polyimiden zur Herstellung von integrierten Schaltungen eingesetzt.

Fortsetzung Tab. 6.1

Polymer	Strukturformel	Kurzbeschreibung	Anwendungen in der Elektrotechnik
Duromere:			
Phenolharze	s. Spezialliteratur	**Novolake**: löslich und schmelzbar, nach Zusatz eines Härters duroplastisch **Resole**: selbsthärtend	Laminate für Leiterplatten, Hartpapier und Distanzstücke im Transformatorenbau, Schaltgerätebau, Kollektorköpfe in Elektromotoren, Verguß von Schaltungen, hydrolysebeständige Imprägnierungen und Überzüge von elektrischen Wicklungen, Lackierungen von Dynamoblechen
Epoxidharze	$-\overset{H}{\underset{}{C}}-\overset{H}{C}-R-\overset{H}{C}-\overset{H}{C}-$ (je zwei C über O verbrückt) R = organischer Rest	spannungsfrei, reißfest, beständig gegen Witterungseinflüsse und übliche Chemikalien wie Wasser, Öle, Laugen, Säuren, gute dielektrische Eigenschaften, exzellente Haftung	Bindemittel für Lacke, Gießharze, Klebstoffe, Vergußmassen für Transformatoren jeder Art und Größe, Imprägniermittel für Motorwicklungen, Umhüllungsmaterial für integrierte Schaltungen, Basismaterialien für Leiterplatten, Verguß von Schaltungen, von bestückten Leiterplatten und von Zündgeräten in der Kfz-Technik
Polyurethane	$\left[-\underset{\underset{O}{\Vert}}{C}-\overset{H}{N}-R_1-\overset{H}{N}-\underset{\underset{O}{\Vert}}{C}-O-R_2-O-\right]_n$ R_1, R_2 organische Reste	niedrige Dauergebrauchstemperatur: Zersetzung strukturabhängig ab ca. 120°C, gutes Tieftemperaturverhalten und gute Temperaturwechselfestigkeit	Verguß von Transformatoren und Kabelmuffen, zum Imprägnieren von elektrischen Windungen und zum Überzug von Leiterplatten in der Kfz- und Luftfahrtindustrie, Drahtlacke
Polyester (ungesättigt, UP-Harze)	s. Spezialliteratur	hohe Dauergebrauchs- (155°- 180°C) und Erweichungstemperaturen (360°- 380°C), kautschukelastisch, vulkanisierbar	Tränk-, Träufel- und Gießharze zur Imprägnierung von Rotoren, Statoren, Transformatoren, Spulen, Drosseln usw.

Fortsetzung Tab. 6.1

Polymer	Strukturformel	Kurzbeschreibung	Anwendungen in der Elektrotechnik
Elastomere			
Polybutadien (PB)	$\left[-\underset{H}{\overset{H}{C}} - \underset{H}{C} = \underset{H}{C} - \underset{H}{\overset{H}{C}} - \right]_n$	kautschukelastisch, vulkanisierbar	Kabelummantelungen und Stecker
Silikone	$\left[-\underset{R}{\overset{R}{Si}} - O - \right]_n$	abhängig von der Struktur mechanisch, thermisch und chemisch sehr beständig	flüssige Silikone als Dielektrika in Flüssigkeitstransformatoren Imprägnieren von Wicklungen, Vergießen von bestückten Leiterplatten (Kfz-Elektronik), Pufferschicht in integrierten Schaltkreisen, Schläuche und Ummantelungen von Litzen

Man erkennt, daß die weit überwiegende Anzahl der Anwendungen von Polymeren in der Elektrotechnik bei isolierenden Schichten, Passivierungen, Substraten (s. Bild 5.2) und Gehäusen liegt. In diesem Sektor haben die Polymere inzwischen viele alternative Werkstoffe wie z.B. Holz, Luftisolation und keramische Isolatoren verdrängt, so daß sie in der Mehrzahl von elektrischen Geräten und Bauelementen anzutreffen sind.

Als *elektrisch aktiver* Werkstoff werden die Polymere zur Zeit noch vergleichsweise wenig eingesetzt. Beispiele hierfür sind:

- Folienkondensatoren (s. Bild 5.2-3),
- Feuchtesensoren (Folienkondensatoren mit durchlässiger Metallisierung: Die eindringende Feuchtigkeit verändert die Dielektrizitätskonstante, s. [0.3]),
- piezo- und pyroelektrische Sensoren mit einem vergleichbaren Anwendungsbereich wie in Abschnitt 5.3.3.

Polymerfolien lassen sich mit einfachen und kostengünstigen Verfahren in großen Flächen mit Dicken bis herunter in den Mikrometerbereich herstellen. Wird eine Folie von beiden Seiten mit einer Metallschicht bedeckt, dann entsteht ein **Folienkon-**

densator mit der Dielektrizitätskonstanten des Polymers. Die Herstellung der Metallelektroden kann auf zweierlei Weise durchgeführt werden:

1. Aufwickeln oder Aufstapeln von alternierenden Schichten aus Metall-und Polymerfolien, wobei jeweils jede zweite Metallschicht mit demselben Außenkontakt verbunden wird,
2. Ein- oder beidseitiges Bedampfen der Polymerfolie mit einem Metall, meist Aluminium.

Tab. 6.2 zeigt typische dielektrische Leistungsdaten einiger Polymere. Die Dielektrizitätskonstanten sind durchweg vergleichsweise niedrig, hohe Kapazitätswerte lassen sich vor allem durch Verwendung dünner Folien und großer Kondensatorflächen erreichen.

Tab. 6.2 Dielektrische Eigenschaften einiger Polymere (nach [6.2])

	Abkürzung	ε_r	tgδ	TK_C
Polyethylen	PE	2,3	$<1\cdot10^{-4}$	$-4\cdot10^{-4}$
Polytetrafluorethylen	PTFE	2,1	$<1\cdot10^{-4}$	$-2,5\cdot10^{-4}$
Polypropylen	PP	2,2	$<3\cdot10^{-4}$	$-3\cdot10^{-4}$
Polystyrol	PS	2,5	$<2\cdot10^{-4}$	$-1\cdot10^{-4}$
Polycarbonat	PC	3,0	$<2\cdot10^{-4}$	$+5\cdot10^{-5}$
Polyester	PE	3,3	$<3\cdot10^{-4}$	$+5\cdot10^{-4}$
Polyvinylchlorid	PVC	≈ 5	$<2\cdot10^{-4}$	$+1\cdot10^{-2}$

Die Ausführungsformen von Kunststoffolienkondensatoren sind nach DIN 41379 genormt (in Klammern jeweils die Folienstärken und Durchschlagfestigkeiten):

- KC: Polycarbonatkondensator (2...200μm; ≤ 150V/μm)
- MKC: metallisierter Polycarbonatkondensator
- KT: Polyesterkondensator (1...100μm; ≤ 100V/μm)
- MKT: metallisierter Polyesterkondensator
- KS: Polystyrolkondensator (8...20μm; ≤ 75V/μm)
- KP: Polypropylenkondensator (1...100μm; ≤ 100V/μm)
- MMP: metallisierter Polypropylenkondensator

7 Verbundwerkstoffe

Werkstoffe, die mindestens aus zwei verschiedenen – miteinander nicht oder nur langsam reagierenden – Phasen bestehen, werden als **Verbundwerkstoffe** bezeichnet. Die Einlagerung einer zweiten Phase in die Matrix kann unterschiedlich sein, Bild 7 gibt eine Übersicht.

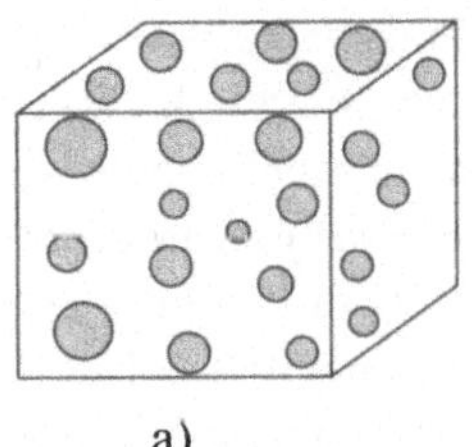

a)

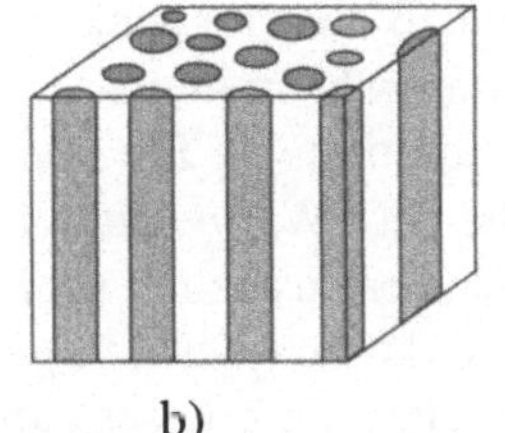

b)

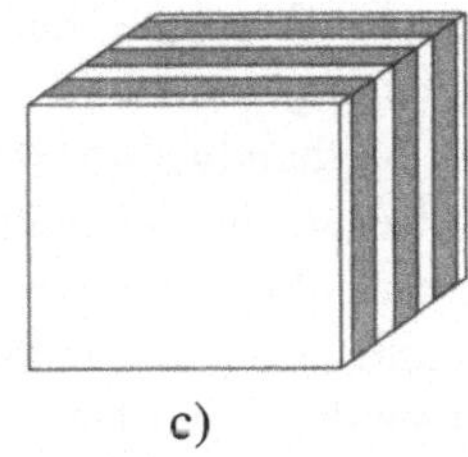

c)

Bild 7 Einteilung der Verbundwerkstoffe nach der Form der zweiten Phase in der Matrix (nach [2.2])

a) Kugeln (Beispiele: Hartmetalle, Cermets, glaskugelverstärkte Polymere, Beton)

b) Fasern (Beispiele: Glasfaserverstärkte Kunststoffe (GFK), kohlenstoffverstärkte Kunststoffe (CFK), Stahlbeton, Holz (Zellulosefasern in Lignin-Matrix))

c) Platten (Beispiele: Sperrholz, Sicherheitsglas)

Verbundwerkstoffe haben in vieler Beziehung überlegene Eigenschaften, wie im folgenden am Beispiel der mechanischen Härte und Zähigkeit gezeigt wird. Wie aus Tab. 2.1-3 hervorgeht, haben *keramische* Werkstoffe eine außerordentlich hohe Fließgrenze, d.h. sie sind mechanisch sehr hart. Dem steht aber entsprechend Tab. 2.1-4 eine sehr geringe Bruchzähigkeit gegenüber, d.h. Keramiken sind sehr spröde. Wenn einmal an einer Schwachstelle (z.B. einer mechanischen Beschädigung an der Oberfläche) ein Riß entstanden ist, dann wird sich dieser schnell ausbreiten und das Werkstück zerstören. Gegenmaßnahmen gegen diesen Effekt sind:

- Herstellung des Werkstücks in einer Form, bei der das Auftreten von Rißkeimen weniger wahrscheinlich ist, z.B. durch Verringerung der Größe (Beispiel: Ausziehen von Glas zu Glasfasern).
- Parallelschaltung möglichst vieler solcher Werkstücke (Beispiel: Verbindung von Glasfasern zu einem Strang). Dieses hat den Vorteil, daß sich der Bruch einer einzelnen Glasfaser nicht auf den gesamten Strang ausbreitet, d.h. durch den Bruch einer Einzelkomponente ist das gesamte System nur in verringertem Maß gefährdet.

Diese Maßnahmen verbessern die Eigenschaften einer Vielzahl von Fasern oder Nadeln nicht nur aus keramischen Werkstoffen, sondern gleichermaßen, wenn diese aus Metallen, sogenannte **Whisker**, oder Kunststoffen hergestellt werden. Das ist besonders ausgeprägt bei der sehr festen und steifen Aramidfaser (Abschnitt 6), die eine bevorzugte Orientierung der Ketten in Richtung der Faserachse aufweist.

Noch einmal erheblich verbessern lassen sich die Eigenschaften von Fasersträngen, wenn man sie in eine Matrix einbettet, welche als eine Art Klebstoff wirkt und die einzelnen Fasern fest miteinander verbindet. Hierdurch werden die Fasern gut gegen äußere Einflüsse geschützt, so daß die Möglichkeit einer Entstehung von Rißkeimen stark herabgesetzt wird. Die Matrix kann ihrerseits die Eigenschaften des so entstandenen Verbundwerkstoffes mitbestimmen: Einerseits kann sie nichtmechanische Eigenschaften wie die elektrische oder Wärmeleitfähigkeit in einer gewünschten Richtung beeinflussen, andererseits aber zusätzlich noch die mechanische Festigkeit verstärken. Besteht sie aus einem duktilen (plastisch gut verformbaren) Werkstoff, dann kann sie die in der Umgebung eines Faserrisses auftretenden Spannungskonzentrationen durch plastische Verformung auffangen und damit die Wirkung eines Risses "entschärfen". Abgesehen von dem Ort der Bruchstelle trägt dann auch die gebrochene Faser noch zur Festigkeit des Verbundwerkstoffes bei, da die Matrix auch die wichtige Aufgabe der Kraftübertragung von einer Faser auf die andere übernimmt.

Die Auswahl des Matrixmaterials hängt stark ab von den Anforderungen, die an den Verbundwerkstoff gestellt werden, insbesondere von der Einsatztemperatur. Ist diese nicht höher als 100 bis 200 Grad Celsius, dann wird gewöhnlich Kunststoff bevorzugt. Beispiele dafür sind **glasfaserverstärkter Kunststoff** (GFK), **kohlenstoffaserverstärkter Kunststoff** (CFK) und **aramidfaserverstärkter Kunststoff** (AFK), die heute in der Elektrotechnik vielfache Anwendungsmöglichkeiten bei der Herstellung von Gehäusen, Leiterplatten u.a. finden. Bei kurzer Faserlänge läßt sich die Verarbeitung von Fasern und thermoplastischem Kunststoff in einem kostengünstigen Spritzgußverfahren (Bild 6.5) durchführen. Eine erhöhte Festigkeit und Wärmebeständigkeit läßt sich dagegen nur durch den Einsatz von kontinuierlichen Fasern in einer Duromermatrix, wie z.B. Epoxidharz (Abschnitt 6), erreichen. Polyimidharze sind für Einsatztemperaturen bis 300°C geeignet. Verbundwerkstoffe mit Kunststoff-Matrix haben generell den Vorteil einer sehr niedrigen Dichte, so daß hochbelastbare Werkstücke mit geringem Gewicht hergestellt werden können. Nachteilig sind gegenwärtig noch die relativ geringen Werte der Bruchdehnung und der makroskopischen Bruchzähigkeit und die teilweise noch nicht ausgereifte Fertigungstechnik.

Das Gebiet der Verbundwerkstoffe befindet sich gegenwärtig in einer Phase schneller Entwicklung mit außerordentlich günstigen Voraussetzungen für die Zukunft. Es ist zu erwarten, daß eine Vielzahl neuer Systeme in naher Zukunft an Bedeutung gewinnen wird.

8 Magnetwerkstoffe

8.1 Dia- und Paramagnetismus

Magnetfelder treten auf zweierlei Weise in Erscheinung:

1. Das Vektorfeld $\vec{H}$ der **magnetischen Feldstärke** (Einheit A/m), das sich um stromdurchflossene Leiter (z.B. Spulen) und um Permanentmagnete (z.B. Stab- oder Hufeisenmagnete) herum ausbildet.
2. Das Vektorfeld $\vec{B}$ der **magnetischen Induktionsflußdichte** (Einheit 1 T [Tesla] = 1 V·s/m^2), das die Ursache für die **magnetische Induktion** ist. Ändert sich nämlich ein senkrecht einfallendes Feld innerhalb einer geschlossenen Leiterschlaufe (welche die Fläche A einschließt), dann wird eine elektrische Spannung U_{ind} induziert gemäß der Formel

$$U_{ind} = -A \cdot \frac{dB}{dt} \tag{8.1 - 1}$$

Beide Felder sind im Prinzip identisch, sie unterscheiden sich aber – allein aus Dimensionsgründen – um einen Proportionalitätsfaktor μ_o, die **Permeabilität des Vakuums** (Zahlenwert im Anhang B):

$$\vec{B} = \mu_o \vec{H} \tag{8.1 - 2}$$

Die Eigenschaften von Permanentmagneten – wie z.B. Stabmagneten – lassen sich über **magnetische Dipole** mit einem **magnetisches Moment** $\vec{\mu}$ charakterisieren, wobei $\vec{\mu}$ durch die Kraftwirkung in einem äußeren Magnetfeld festgelegt wird (Bild 8.1-1) . Auch unser Planet Erde hat ein permanentes Magnetfeld, deshalb werden die Pole eines Permanentmagneten, zwischen denen ein zeitlich unveränderliches Magnetfeld liegt, als **Nord**- und **Südpol** bezeichnet.

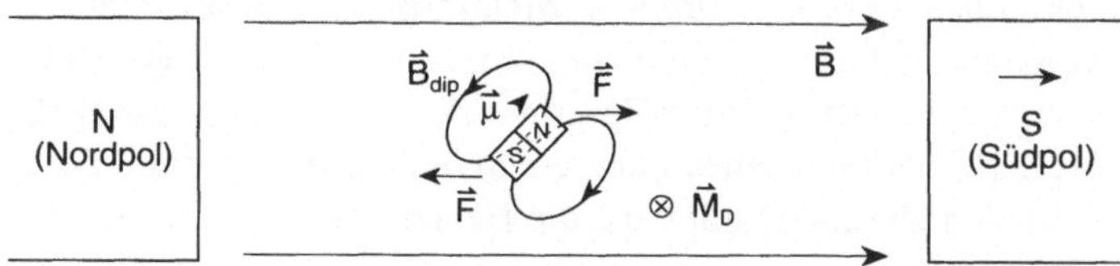

Bild 8.1-1 Vorgegeben ist das Feld einer magnetische Induktionsflußdichte zwischen den Polen zweier Permanentmagnete. Auf einen magnetischen Dipol mit dem Moment $\vec{\mu}$ wirkt in diesem Magnetfeld (wie auf einen elektrischen Dipol im elektrischen Feld in Bild 2.4-2) ein Drehmoment $\vec{M}_D$.

Bringt man in ein Magnetfeld $\vec{B}$ einen kleinen Permanentmagneten mit dem **magnetischen Moment** $\vec{\mu}$, dann ergibt sich analog zum elektrischen Dipol das Drehmoment

$$\vec{M}_D = \vec{\mu} \times \vec{B} \tag{8.1-3}$$

Die Einheit des *Drehmomentes* ist die Energie (V· A· s), damit ergibt sich als Dimension des magnetischen Momentes A· m^2.

Jeder Werkstoff enthält eine Vielzahl magnetischer Momente, da z. B. jedes Elektron über den **Elektronenspin** die Eigenschaften eines kleinen Permanentmagneten mit dem magnetischen Moment (**Bohrsches Magneton**)

$$\mu_B = 0{,}93 \cdot 10^{-23}\ \mathrm{A \cdot m^2} \tag{8.1-4}$$

hat. Je nach Zahl und Anordnung der Elektronen kann daher die Wechselwirkung eines Werkstücks mit einem äußeren Magnetfeld sehr schwach – aber auch sehr stark – sein. Zusätzlich zu dem Elektronenspin kann auch das magnetische Moment der Atomkerne (**Kernspin**) von Bedeutung sein. Addiert man alle magnetischen Momente eines Werkstoffs (nach den Regeln der Quantentheorie) und teilt das Gesamtmoment durch das Volumen, dann erhält man die **magnetische Dipoldichte** oder **Magnetisierung** $\vec{M}$.

Um die Wirkung eines äußeren Magnetfeldes $\vec{H}_o$ bei Anwesenheit magnetisierbarer Materie zu beschreiben, muß die Magnetisierung $\vec{M}$ zu $\vec{H}_o$ addiert werden , d.h. man erhält analog zur dielektrischen Verschiebungsdichte in Gleichung (2.4-7) die Beziehung:

$$\vec{H} = \vec{H}_o + \vec{M} \tag{8.1-5}$$

Die Magnetisierung ist bei **ferro-** und **ferrimagnetischen** Werkstoffen permanent vorhanden, bei den **paramagnetischen** Werkstoffen liegen die Verhältnisse ähnlich wie bei der *Orientierungspolarisation* in dielektrischen Werkstoffen (Bild 2.4.4c). Die einzelnen magnetischen Momente sind ohne ein äußeres Magnetfeld willkürlich ausgerichtet (so daß sie sich in ihrer Gesamtwirkung gegenseitig aufheben), werden aber durch die Kraftwirkung eines äußeren Magnetfeldes in eine Vorzugsorientierung gedreht. Analog zu (2.4-8) gilt dann die Beziehung

$$\vec{M} = \kappa \cdot \vec{H}_o \tag{8.1-6}$$

mit der **magnetischen Suszeptibilität** κ. Aus Gründen, die über die Quantentheorie verständlich werden (klassische Plausibilitätserklärung: Es werden Kreisströme induziert, die nach der Lenzschen Regel grundsätzlich dem erzeugenden Feld entgegengerichtet sind), führen Ladungen in allen Werkstoffen zu einem **diamagnetischen** Beitrag zur Suszeptibilität, der *negativ* ist, aber sehr kleine Werte besitzt (Tab. 8.1-1). Dieser Beitrag wird bei vielen Werkstoffen durch einen weit größeren

paramagnetischen Beitrag überdeckt mit einem *positiven* Beitrag zur Suszeptibilität (Tab. 8.1-1). Bei ferro- und ferrimagnetischen Werkstoffen ist die Suszeptibilität weitaus größer als bei den paramagnetischen, sie kann darüber hinaus auch stark temperatur- und feldabhängig werden.

Tab. 7.1.3-1: Magnetische Suszeptibilität einiger Werkstoffe (nach [2.4]).

Substanz	$\kappa \cdot 10^6$	
Bi	-153	
Au	-34	
Ag	-25	
Cu	-7,4	diamagnetisch
Ge	-7,7	
H_2O	-9	
CO_2	-0,012	
N2	-0,006	
Pt	+264	
Al	+21	paramagnetisch
O_2	+1,86	

Neben dem Beitrag der Orientierungspolarisation zum Paramagnetismus gibt es noch weitere, die allerdings dem Betrage nach kleiner sind (Bild 8.1-2). Im Gegensatz zu den anderen Beiträgen nimmt der mit der Orientierungspolarisation verbundene Beitrag zur magnetischen Suszeptibilität mit steigender Temperatur stark ab.

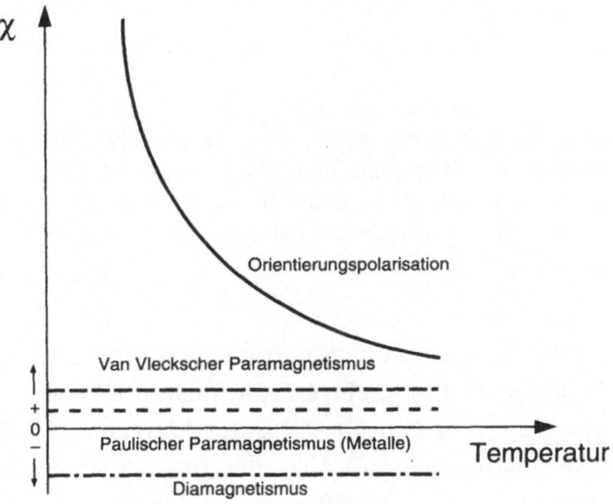

Bild 8.1-2 Temperaturabhängigkeit der dia- und paramagnetischen Effekte (nach [2.8])

8.2 Spontane Magnetisierung

8.2.1 Ferro-, Antiferro- und Ferrimagnetismus

In der Tab. 1.1-1, welche die Elektronenkonfiguration der Elemente zeigte, sowie im Periodensystem der Elemente wurde deutlich, daß bei den **Übergangselementen** (Gruppenbezeichnung b im Periodensystem) höherliegende Elektronenschalen eher besetzt wurden als weiter unten liegende. Diese Tatsache kann – insbesondere bei den 3d- und 4f-Übergangselementen – gravierende Auswirkungen auf die magnetischen Eigenschaften haben, da die Elektronen in den unvollständig besetzten Schalen bei nicht zu hohen Temperaturen eine Tendenz haben, **spontan** (d.h. ohne eine weitere äußere Einwirkung) eine parallele Ausrichtungen ihrer Spins – und damit der entsprechenden magnetischen Momente – anzunehmen (**spontane Magnetisierung**, [0.1]).

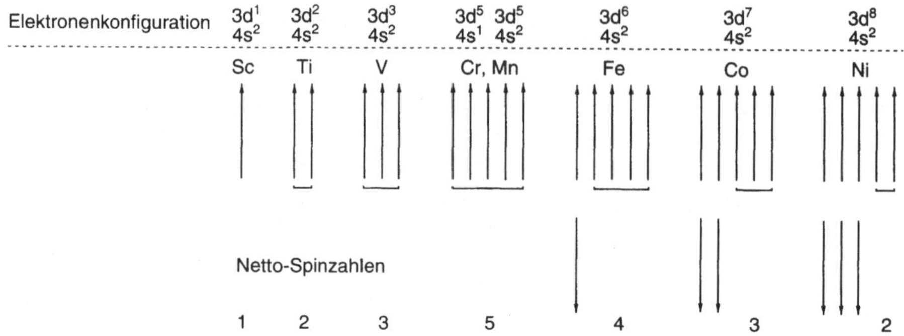

Bild 8.2-1 Elektronenbesetzung der 3d-Schale (max. 10 Elektronen): Maximal fünf Elektronen können dieselbe Spinrichtung haben, eine Vergrößerung der Elektronenzahl reduziert das resultierende magnetische Moment (Hundsche Regel, nach [2.4]). Die Netto-Spinzahlen müssen bei einer genaueren quantentheoretischen Rechnung modifiziert werden.

Obwohl Atome mit parallel ausgerichteten Spins weit größere magnetische Momente besitzen können als andere, ist es nicht gewährleistet, daß sich diese Tatsache auch nach außen hin auswirkt. In einem Kristallgitter können sich nämlich benachbarte Atome in *der* Weise ausrichten, daß sich die magnetischen Momente insgesamt exakt gegenseitig kompensieren (**Antiferromagnetismus** in Bild 8.2-2). Ist diese Kompensation nur unvollständig, so daß insgesamt eine – wenn auch möglicherweise schwache – spontane Magnetisierung übrigbleibt, dann bezeichnet man die Werkstoffe als **ferrimagnetisch**, bei einer vollständig parallel ausgerichteten Orientierung der magnetischen Momente als **ferromagnetisch**.

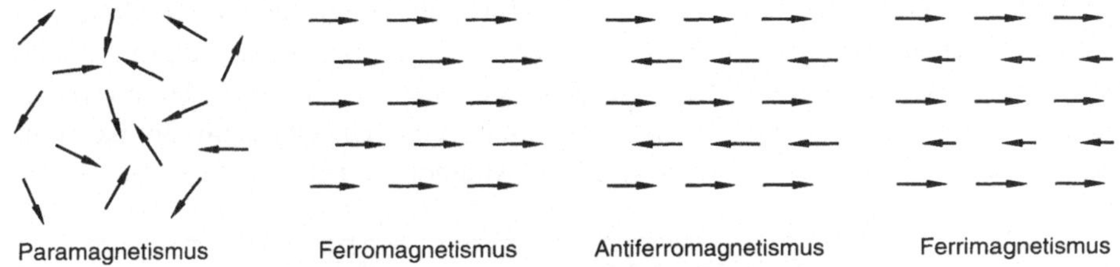

Bild 8.2-2 Relative Orientierung der magnetischen Momente von Atomen in para-, ferro-, antiferro- und ferrimagnetischen Werkstoffen. Bei den letzteren haben verschiedene Atome oder Ionen – in Abhängigkeit von ihrem Gitterplatz – unterschiedlich große magnetische Momente (nach [0.5]).

Von besonderer technischer Bedeutung sind die ferromagnetischen Metalle Eisen, Cobalt und Nickel und deren Legierungen, sowie Legierungen mit Seltenen Erden, wie z.B. Samarium oder Neodym. Die maximal mögliche **spontane Magnetisierung** wird als **Sättigungsmagnetisierung** $\vec{M}_s$ bezeichnet oder – nach (8.1-2) ausgedrückt in Einheiten der magnetischen Induktionsflußdichte – als **Sättigungspolarisation** $\vec{J}_s = \mu_0 \vec{M}_s$. Diese kann bei guten Ferromagneten in der Größenordnung von 1 Tesla liegen, sie entspricht damit einer Induktionsflußdichte, die sich elektromagnetisch (d.h. nicht spontan) nur über tonnenschwere Induktionspulen erreichen läßt!

Mit steigender Temperatur nimmt die Sättigungsmagnetisierung oder -polarisation jedoch ab und verschwindet oberhalb der **Curie-Temperatur** T_C vollständig (Bild 8.2-3, ausführliche Behandlung in [0.1]).

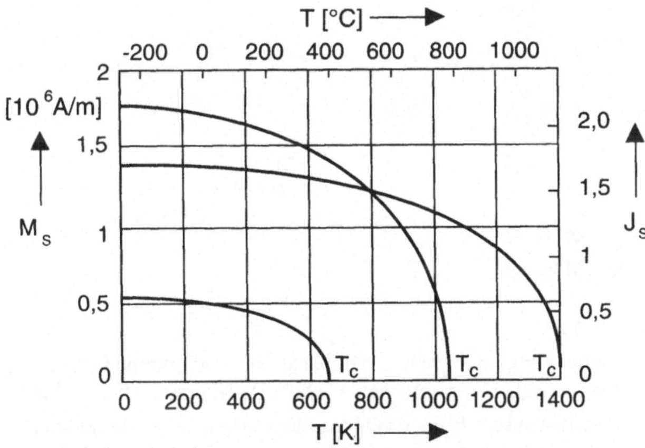

Bild 8.2-3 Temperaturabhängigkeit der Sättigungsmagnetisierung der ferromagnetischen Werkstoffe Eisen, Cobalt und Nickel: Oberhalb der Curie-Temperatur T_c verschwindet die spontane Magnetisierung, so daß der Werkstoff nur noch paramagnetische Eigenschaften hat (nach [2.4]).

*Ferri*magnetische Eigenschaften sind typisch für viele keramische Verbindungen, in denen die oben aufgeführten stark magnetisierten Atome eingebaut sind. In Ionenkristallen führt eine unterschiedliche Wertigkeit der Ionen zu Unterschieden im magnetischen Moment (Bild 8.2-4). Dieses kann auch eine Ursache sein für das ferrimagnetische Verhalten vieler Ferrite (Beispiel Magnetit in Bild 8.2-5).

Ion	Elektronenkonfigurationen der Schale					Magnetisches Moment des Ions (Bohrsche Magnetonen)	gemessen
Fe^{3+}	↑	↑	↑	↑	↑	5	5,9
Mn^{2+}	↑	↑	↑	↑	↑	5	5,9
Fe^{2+}	↑↓	↑	↑	↑	↑	4	5,4
Co^{2+}	↑↓	↑↓	↑	↑	↑	3	4,8
Ni^{2+}	↑↓	↑↓	↑↓	↑	↑	2	3,2
Cu^{2+}	↑↓	↑↓	↑↓	↑↓	↑	1	1,9

Bild 8.2-4 Elektronenkonfiguration in der 3d-Schale und Abschätzung der magnetischen Momente (Anzahl Bohrscher Magnetonen). Eine genauere Betrachtung muß quantentheoretisch durchgeführt werden, diese stimmt gut mit den gemessenen Werten in der letzten Spalte überein.

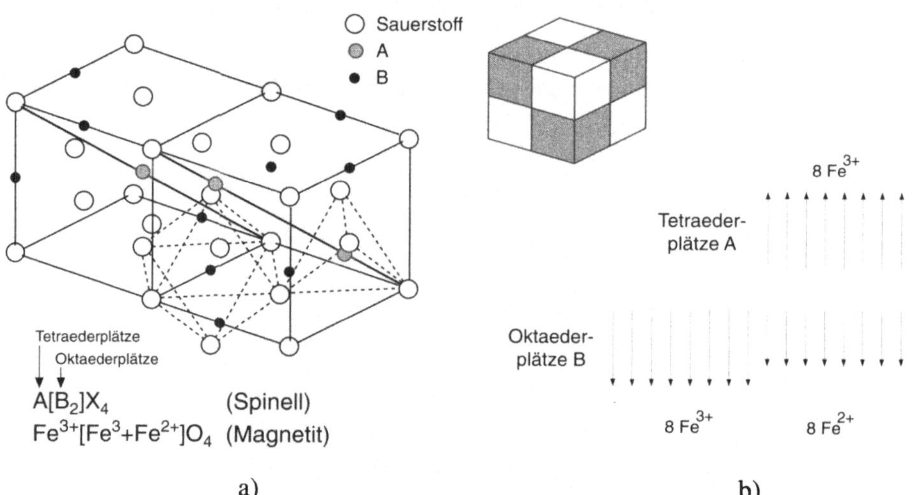

Bild 8.2-5 Zusammenhang zwischen Kristallstruktur und magnetischen Eigenschaften des ferrimagnetischen keramischen Werkstoffs Magnetit ($Fe_2O_3 \cdot FeO = Fe_3O_4$).

a) Spinellstruktur: Eine Einheitszelle besteht aus acht elementaren flächenzentrierten Würfeln von Sauerstoffionen. Die Metallionen befinden sich – wie eingezeichnet – auf A(Tetraeder-Gitterplätze)- und B(Oktaeder-Gitterplätze)-Positionen, sie haben unterschiedliche Wertigkeiten und damit auch unterschiedliche magnetische Momente (nach [0.5]).

b) Ferrimagnetische Ordnung (nach [2.8]).

8.2.2 Magnetische Domänen

Die *paramagnetischen* Werkstoffe erscheinen bei Abwesenheit eines äußeren Magnetfeldes magnetisch inaktiv, weil die einzelnen magnetischen Momente wie in Bild 8.2-2 beliebig verteilte Richtungen annehmen und sich damit gegenseitig aufheben. Auch die antiferromagnetischen Werkstoffe erscheinen unter denselben Voraussetzungen magnetisch inaktiv, da sich über eine geordnete antiparallele Ausrichtung die magnetischen Momente benachbarter Atome kompensieren. Dasselbe gilt auch – wenn auch im größeren Maßstab – für die *ferromagnetischen* Werkstoffe. Zwar bilden sich im Werkstoff größere Bereiche (genannt **magnetische Domänen** oder **Weißsche Bezirke**, z.B. mit einem Durchmesser oberhalb einiger Mikrometer) mit einer (überwiegend) parallelen spontanen Ausrichtung der magnetischen Momente, die magnetischen Momente benachbarter Bezirke können aber statistisch ausgerichtet sein, so daß sich die Magnetfelder im gesamten Werkstück gegenseitig weitgehend aufheben. Im Ergebnis können damit auch Werkstoffe mit einer spontanen magnetischen Polarisation bei Abwesenheit eines äußeren Magnetfeldes magnetisch inaktiv *wirken*.

Die treibende Kraft dafür, daß die Magnetisierung benachbarter Weißscher Bezirke vorzugsweise eine solche Ausrichtung annimmt, bei der ihre Wirkung nach außen kompensiert wird, ist der *Abbau* des nach außen wirkenden Magnetfeldes. Hierdurch wird die Energie des Gesamtsystems verringert (Bild 8.2-6).

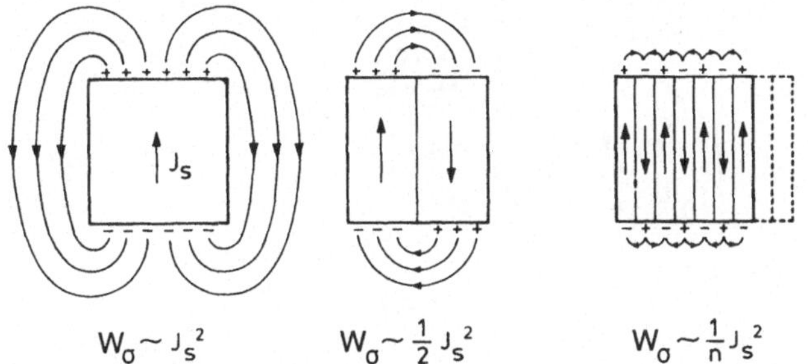

Bild 8.2-6 Abbau der magnetischen Feldenergie W_σ durch Bildung Weißscher Bezirke mit antiparalleler Ausrichtung der spontanen magnetischen Polarisation J_s in einem ferromagnetischen Werkstoff. Mit zunehmender Anzahl Weißscher Bezirke nimmt die Zahl und Stärke der nach außen wirkenden magnetischen Feldlinien – und damit die **Streufeldenergie** – ab (nach [0.5]).

Läßt man – wie in der Praxis meist gegeben – eine Ausrichtung der magnetischen Momente nicht nur in einer antiparallelen flächenhaften Orientierung zu, sondern in den drei Achsenrichtungen des kubischen Gitters (kubische Symmetrie), dann erhält man Anordnungen der Weißschen Bezirke wie z.B. in Bild 8.2-7.

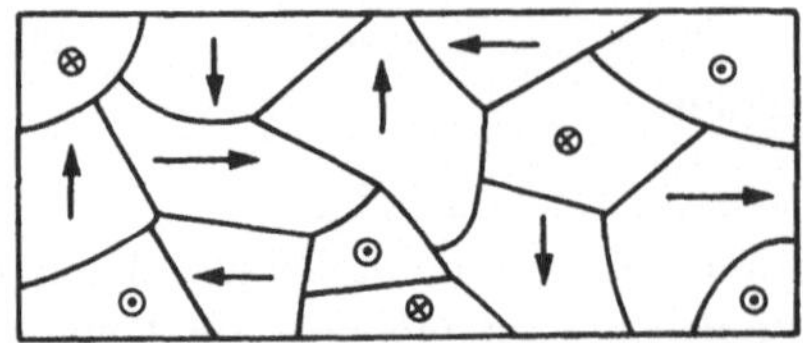

Bild 8.2-7 Dreidimensionale Ausrichtung der Magnetisierungsvektoren in Weißschen Bezirken in einem ferromagnetischen Werkstoff mit kubischer Symmetrie (nach [0.5]).

Zwischen benachbarten Weißschen Bezirken gibt es immer eine *Grenzfläche* (**Blochwand**) , in welcher der Magnetisierungvektor seine Richtung ändert. Dieser Prozeß erfolgt durch Drehung des Magnetisierungsvektors innerhalb der Wandebene (8.2-8). Ein solcher Vorgang erfordert zusätzliche Energie (**Blochwandenergie**), konsequenterweise wirkt daher die Ausbildung von Blochwänden der Minimierung der Streufeldenergie entgegen. Hierdurch wird die Aufteilung des Werkstücks in beliebig viele immer kleiner werdende Weißsche Bezirke nach unten begrenzt – es bildet sich schließlich der energetisch günstigste Kompromiß aus.

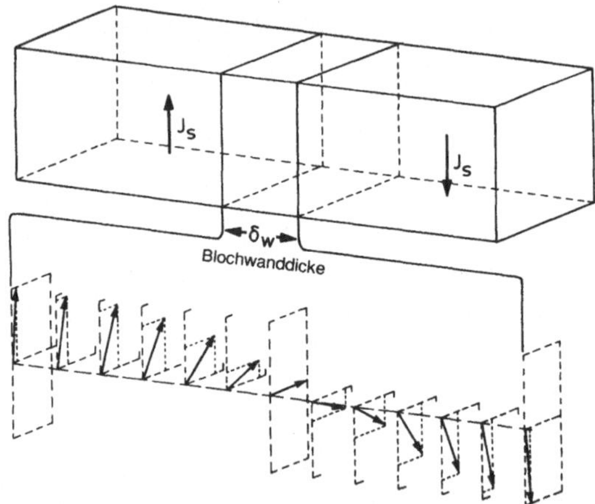

Bild 8.2-8 Verdrehung des Magnetisierungsvektors in einer Blochwand zwischen zwei Weißschen Bezirken mit antiparalleler Ausrichtung der Magnetisierung (nach [0.5]).

Bei *Anlegen eines äußeren Magnetfeldes* entsteht ein zusätzlicher Energiebeitrag. Die Energie eines magnetischen Momentes $\vec{\mu}$ im Feld der magnetischen Induktionsflußdichte $\vec{B}_a$ ist nämlich gegeben durch

$$W_\mu = -\vec{\mu} \cdot \vec{B}_a = -\mu \cdot B_a \cdot \cos\varphi \qquad (8.2\text{-}1)$$

Die Energie nimmt also ihren niedrigsten Wert an, wenn der Winkel φ zwischen dem magnetischen Moment $\vec{\mu}$ (oder den Magnetisierungsvektoren $\vec{M}_s$ oder $\vec{J}_s$) und dem äußeren Magnetfeld $\vec{B}_a$ Null ist, d.h. wenn diese Vektoren in dieselbe Richtung zeigen (s. auch Bild 8.1-1). Bei Anwesenheit eines äußeren Magnetfeldes wird aus diesem Grund die Gesamtenergie verkleinert, wenn der Volumenanteil derjenigen Weißschen Bezirke, die mit dem äußeren Feld einen energetisch günstigen kleineren Winkel bilden, größer ist als der Anteil energetisch ungünstig ausgerichteter Domänen (Bild 8.2-9). Diesem Prozeß entgegen wirkt wieder die Minimierung der Streufeldenergie, da diese bestrebt ist, die Anteile unterschiedlich ausgerichteter Domänen möglichst gleich groß zu machen.

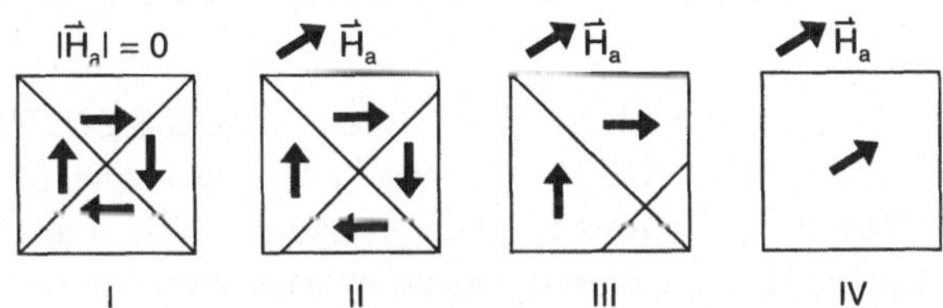

Bild 8.2-9 Änderung der Domänenstruktur unter Einfluß eines äußeren Magnetfeldes (magnetische Feldstärke oder Induktionsflußdichte): Zunächst vergrößern sich die Domänen mit einer energetisch günstigen Orientierung der Magnetisierung, dabei verschieben sich die Blochwände (**Blochwandverschiebung**). Bei sehr hohen Magnetfeldern wird die Magnetisierung schließlich aus der kristallographisch vorgegebenen energetisch günstigen **magnetisch leichten Richtung** gedreht (**Drehprozeß**).

Aus den vorangegangenen Betrachtungen ergibt sich, daß die Ausbildung der Domänenstruktur von einer Vielzahl von Energiebeiträgen abhängt. Die wichtigsten sind hier noch einmal zusammengestellt:

- Streufeldenergie
- Blochwandenergie
- Energie der magnetisierten Bereiche in einem äußeren Magnetfeld.

Diese Beiträge sind relevant, **wenn der Zustand minimaler Energie auch wirklich angenommen werden kann**, d.h. wenn nicht Energiebarrieren die Ausbildung der energieoptimalen Struktur verhindern. Solche idealen Voraussetzungen ergeben sich z.B. in dem Fall, daß ein Magnetwerkstoff unter Einwirkung eines festen äußeren Magnetfeldes von einer Temperatur oberhalb der Curie-Temperatur auf Werte darunter abgekühlt wird.

Wenn sich anschließend *einer* der Parameter ändert – z.B. das äußere Magnetfeld weggenommen wird – , dann hängt das Verhalten des Werkstücks davon ab, wie die Energiebarrieren auf dem Weg zur Annahme einer energieminimalen Struktur überwunden werden können. Dieser Gesichtspunkt wird im folgenden Abschnitt ausführlich behandelt.

8.2.3 Hart- und Weichmagnete

Magnetische Hysteresekurven charakterisieren die Änderung der Gesamtmagnetisierung eines Werkstücks, d.h. die Summe der Beiträge *aller* Domänen (Weißscher Bezirke), in Abhängigkeit von der Stärke eines von außen angelegten Magnetfeldes. Wie am Schluß des vorangegangenen Abschnitts vermerkt, ist das nicht nur eine Frage der minimalen Energie. Die gemessenen Effekte hängen stark davon ab, ob der Zustand minimaler Energie auch wirklich angenommen werden kann. In der Praxis kommt nämlich häufig der Fall vor, daß unüberwindbare Hindernisse die Ausbildung des Zustands minimaler Energie verhindern, so daß ein Zustand höherer Energie auf Dauer "eingefroren" bleibt.

Hierzu betrachten wir noch einmal die Verhältnisse in Bild 8.2-9. Wir nehmen an, daß im Zustand III das äußere Feld $\vec{H}_a$ abgeschaltet wird. Die Minimierung der Streufeldenergie würde es jetzt erfordern, daß das System "von selbst" wieder in den Ausgangszustand I übergeht. Für diesen Prozeß müssen zwei Vorgänge berücksichtigt werden.

1. **Kristallanisotropie** (Abhängigkeit der Werkstoffeigenschaften von der Kristallrichtung): In einem bestimmten Volumenbereich muß der Magnetisierungsvektor z.B. von der Orientierung ← in eine neue Orientierung ↑ senkrecht dazu umklappen. Dieser Prozeß kann durchaus einen erheblichen Energieaufwand erfordern. Die Vorzugsrichtung der Magnetisierung ist nämlich eng mit der Kristallstruktur des Werkstoffs verbunden. Bei Werkstoffen mit einer großen **Anisotropieenergie** ist die Magnetisierungsrichtung energetisch eng an bestimmte Kristallrichtungen (**Richtung der leichten Magnetisierung**) gebunden. Selbst beim Übergang auf eine andere *kristallographisch äquivalente* Kristallrichtung (bei einem hexagonalen Gitter wie in Bild 1.3-3 z.B. von [0001] in die entgegengesetzt gerichtete Richtung [$000\bar{1}$]) muß eine erhebliche Energiebarriere überwunden werden, bevor sich die Magnetisierung von der ursprünglichen Richtung "losreißt" und in die neue "umklappt". Diese Verhältnisse sind typisch für ferro- oder ferrimagnetische Werkstoffe (Metalle und Keramiken) mit einer *hexagonalen* oder *tetragonalen* Kristallstruktur. Bei anderen Werkstoffen mit einer *kubischen* Kristallstruktur hingegen ist die Anisotropieenergie häufig recht klein, so daß das Umklappen der Magnetisierung mit geringem Energieaufwand überwunden werden kann.

2. **Blochwandbeweglichkeit**: Die Vergrößerung und Verkleinerung von Weißschen Bereichen ist immer mit einer Verschiebung der Blochwände verbunden. Häufig nehmen diese Wände im Werkstoff bestimmte Vorzugsanordnungen und -richtungen an, um in der Wechselwirkung mit der Mikrostruktur des Werkstücks (Gitterfehler, Oberflächenform u.a.) einen Zustand minimaler Energie zu erreichen. Eine Verschiebung der Blochwände erfordert dann, daß sich die Blochwand von solchen Stellen (**Haftstellen** oder **Pinningzentren**) losreißen muß. Wenn die Blochwand danach wieder

einen neuen Gleichgewichtszustand annimmt, ist es wahrscheinlich, daß sie sich dann aus denselben energetischen Gründen wiederum an neuen Pinningzentren verankert.

Werkstoffe, bei denen gleichzeitig die Anisotropieenergie niedrig und die Blochwandbeweglichkeit hoch ist, werden als *weichmagnetisch* bezeichnet. Typisch für diesen Typ ist damit der Effekt, daß eine Struktur wie in Bild 8.2-9, Fall III, nach Wegnahme des äußeren Magnetfeldes "von selbst" wieder in den Zustand I übergeht. Eine niedrige Anisotropieenergie läßt sich durch Auswahl geeigneter Werkstoffe – häufig mit der weitgehend *isotropen kubischen* Kristallstruktur – erreichen. Hohe Blochwandbeweglichkeiten hängen in der Regel mit dem Kristall*gefüge*, d.h. der Zusammensetzung und Verteilung der *Festkörperphasen*, der Konzentration und

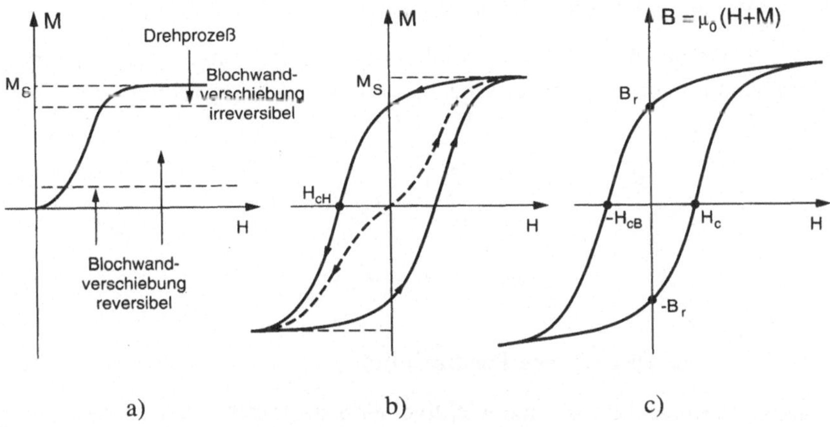

Bild 8.2-10 Hysteresekurven weichmagnetischer Werkstoffe:

a) Zunächst geht man von einem makroskopisch unmagnetisierten Werkstück aus (entsprechend Fall I in Bild 8.2-9, dieser Teil der Hysteresekurve heißt **Neukurve**). Mit steigendem äußeren Magnetfeld erhöht sich die Magnetisierung durch Blochwandverschiebungen (entsprechend den Fällen II und III in Bild 8.2-9), bis letztlich nur noch *eine* Domäne (oder sehr wenige) die Magnetisierung des Werkstücks bestimmt (Fall IV in Bild 8.2-9). Eine weitere Erhöhung der Magnetisierung in Richtung des äußeren Feldes auf den Wert der **Sättigungsmagnetisierung** ist nur noch dadurch möglich, daß die Magnetisierung aus der magnetisch leichten Richtung heraus in Richtung des äußeren Feldes verdreht wird (**Drehprozeß**).

b) Vollständige Hysteresekurve der Magnetisierung: Nach Verringerung des äußeren Magnetfeldes zurück auf den Wert Null geht die Magnetisierung nicht mehr auf den Ausgangswert zurück, da die Blochwandverschiebung durch Störungen im Werkstoff und an dessen Oberfläche behindert wird. Erst durch Anlegen eines Magnetfeldes entgegengesetzten Vorzeichens läßt sich die Magnetisierung noch weiter verkleinern.

c) Umrechnung der Kurve b) auf die Induktionsflußdichte $\vec{B}$. Kenngrößen sind die **Remanenz** B_r und die **Koerzitivkraft** H_{cB}.

Verteilung von *Gitterfehlern*, sowie der Form und Beschaffenheit der *Festkörperoberfläche* zusammen. In der Praxis werden die ursprünglichen Ausgangspositionen der Blochwände nur bei extrem störungsarm aufgebauten Werkstoffen wieder erreicht. Im Realfall wird die Blochwandbewegung durch Gitterinhomogenitäten wie Kristallfehler, Fremdatome und Fremdphasen behindert. Daraus ergibt sich, daß selbst nach vollständiger Beseitigung des äußeren Magnetfeldes eine Restmagnetisierung M_r deshalb übrigbleibt, weil die Domänen nicht mehr eine energetisch optimale Anordnung mit vollständiger magnetischer Kompensation annehmen können.

Das beschriebene magnetische Verhalten der Werkstoffe läßt sich gut charakterisieren durch **Hysteresekurven**, in denen man die Gesamtmagnetisierung (Summe aller magnetischer Momente der Domänen, geteilt durch das Gesamtvolumen des Werkstücks) in Abhängigkeit vom äußeren Magnetfeld aufträgt (Bild 8.2-10).

In der Praxis werden meistens Hysteresekurven vom Typ c in Bild 8.2-10 verwendet. Die Umrechnung auf die magnetische Induktionsflußdichte erfolgt über die Beziehungen:

$$\vec{B} \underset{(8.1\text{-}5)}{=} \mu_o\left(\vec{H}_o + \vec{M}\right) \underset{(8.1\text{-}6)}{=} \mu_o(1+\kappa)\vec{H}_o \tag{8.2-2}$$

$$\Rightarrow \vec{B} =: \mu_r \mu_o \vec{H}_o \tag{8.2-3}$$

mit der **relativen Permeabilität** $\mu_r := 1 + \kappa$ (8.2-4)

Die relative Permeabilität ist eine wichtige Werkstoffgröße zur Kennzeichnung von Weichmagneten, sie ist direkt mit der Steigung der Hysteresekurve korreliert. Da die Hysteresekurve nichtlinear ist, hängt die Permeabilität von der angelegten Feldstärke $\vec{H}_o$ ab. Ausgehend vom unmagnetisierten Zustand werden dabei auf der Neukurve typische Kennwerte definiert (Bild 8.2-11).

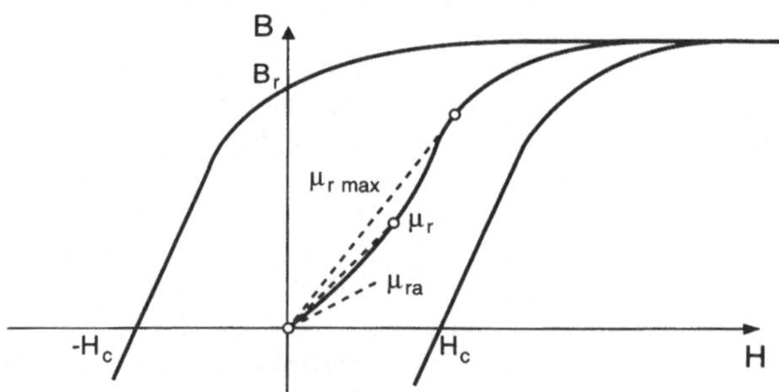

Bild 8.2-11 Definitionen der Permeabilität: μ_{ra} = Anfangspermeabilität, μ_r= Amplitudenpermeabilität (H muß angegeben werden), μ_{rmax} = maximal erreichbare Permeabilität

Will man nach Durchlaufen der Neukurve den ursprünglichen makroskopisch unmagnetisierten Zustand wiederherstellen, dann kann man das Werkstück auf Temperaturen oberhalb der Curie-Temperatur erhitzen und wieder abkühlen. Eine Alternative ist die Wechselfeldabmagnetisierung (Bild 8.2-12).

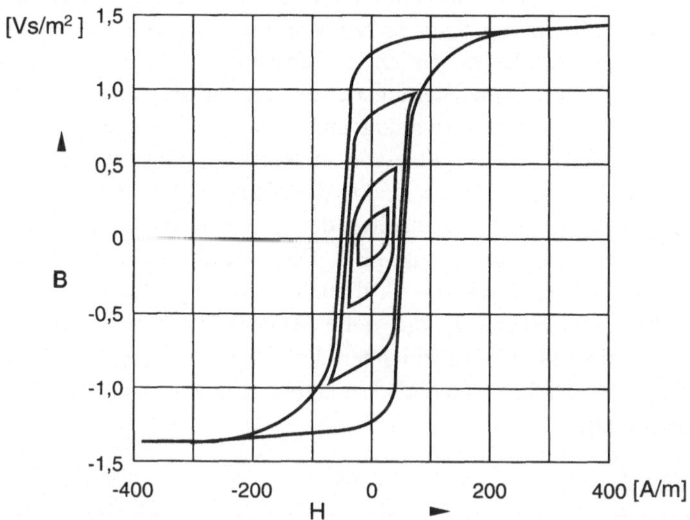

Bild 8.2-12 Wechselfeldabmagnetisierung eines Eisenwerkstückes: Die Amplitude des Magnetfeldes wird langsam auf Null reduziert, dadurch verkleinern sich Remanenz und Koerzitivfeldstärke (nach [2.4]).

Als *hartmagnetisch* werden solche Werkstoffe definiert, bei denen die Anisotropieenergie hoch und die Blochwandbeweglichkeit niedrig ist. Wiederum hängt die hohe Anisotropieenergie mit der Auswahl des Werkstoffs zusammen – wobei anisotrope hexa- und tetragonale Kristallstrukturen diese Bedingung häufig erfüllen. In diesem Fall nimmt die Magnetisierung spontan eine Orientierung entlang der *magnetisch leichten c-Achse* (s. Abschnitt 1.3) an. Die Blochwandbeweglichkeit hängt mit dem Gefüge zusammen. Eine hohe Dichte von Fehlstellen (Aussscheidungen,Versetzungen, Gitterfehler, "rauhe" Oberflächen, u.a.) setzen die Blochwandbeweglichkeit herab. Durch Einführung solcher Hindernisse für die Blochwandbewegung (insbesondere von Ausscheidungen) ist es damit möglich, auch Magnetwerkstoffe mit einer niedrigeren Kristallanisotropie nachträglich zu "härten".

Bei der Magnetisierung von hartmagnetischen Werkstoffen hängt die Form der Hysteresekurve stark von der Orientierung des äußeren Magnetfeldes relativ zur magnetisch leichten Achse (Bild 8.2-13 bis 14) ab.

Bei einer Abkühlung von Temperaturen oberhalb der Curie-Temperatur wirken auch hartmagnetische Werkstoffe mit hoher Anisotropieenergie zunächst magnetisch inaktiv (Bild 8.2-13a, Fall I). Zur Minimierung der Streufeldenergie haben die Weißschen Bezirke zunächst eine unterschiedlich ausgerichtete Magnetisierung. Für eine bleibende Veränderung der Domänenstruktur ist eine weit größere magnetische Feldstärke $\vec{H}_a^{\parallel}$ *in Richtung der spontanten Magnetisierung* erforderlich als bei Weichmagneten, da die magnetischen Momente durch die hohe Anisotropieenergie in ihrer ursprünglichen Kristallrichtung festgehalten werden. Eine Blochwandbewegung – durch welche sich einzelne Domänen auf Kosten anderer vergrößern – findet kaum statt. Typisch ist, daß die Magnetisierungsrichtungen ganzer Bereiche spontan in eine energetisch günstigere Kristallrichtung umklappen. Am Ende des Prozesses ist das gesamte Werkstück in einer einzigen energetisch günstigen Kristallrichtung magnetisiert wie in Bild 8.2-13a, Fall II, d.h. die Magnetisierung des Werkstücks erreicht den Sättigungswert $\vec{M}_s$ (in Einheiten der magnetischen Induktionsflußdichte ungefähr entsprechend der Remanenz $+\vec{B}_r$). Dieser Zustand – mit einem starken magnetischen Streufeld nach außen – wird auch nach Wegnahme des starken äußeren Magnetfeldes beibehalten, da die hohe Anisotropieenergie und die geringe Blochwandbeweglichkeit ein Zurückklappen der Magnetisierung einzelner Bereiche verhindert. Dieses ist der kennzeichnende magnetische Zustand eines **Dauer**- oder **Permanentmagneten**.

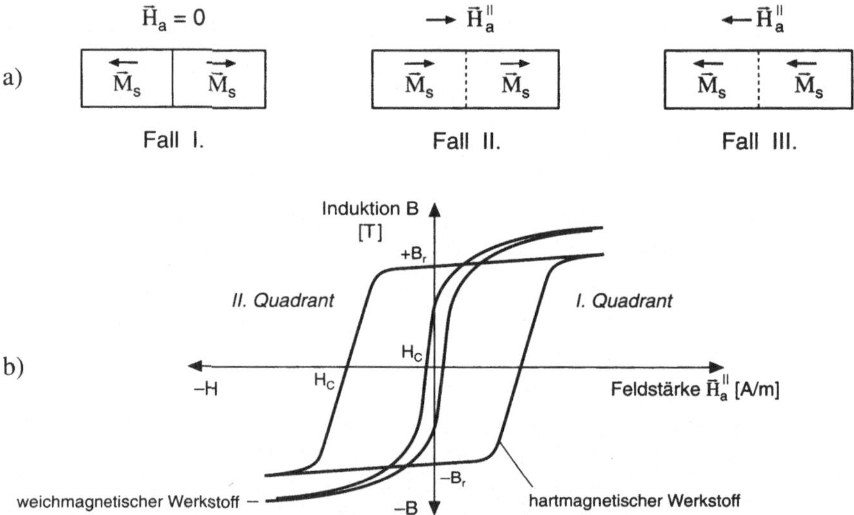

Bild 8.2-13 Hysteresekurven von hartmagnetischen Werkstoffen bei Wirkung eines äußeren Magnetfeldes *parallel* zur Magnetisierungsrichtung, d.h. das äußere Magnetfeld wirkt in Richtung der magnetisch leichten Achse:

a) Nach Überschreiten eines Grenzwertes dreht sich das Vorzeichen der Magnetisierung um, die Orientierung entlang der magnetisch leichten Achse bleibt aber erhalten.

b) Hysteresekurve zu a): Zum Vergleich ist auch die Hystereskurve eines weichmagnetischen Werkstoffes nach Bild 8.2-10 eingetragen.

Auch beim Umpolen des äußeren Magnetfeldes in die entgegengesetzte Richtung bleibt die ursprüngliche Magnetisierungsrichtung zunächst erhalten (Bild 8.2-13a, Fall III). Erst bei Erreichen eines Schwellwertes klappt die Magnetisierung des gesamten Werkstücks spontan in die entgegengesetzte Richtung, d.h. die Magnetisierung nimmt den entgegengesetzt gleichen Wert an. Das magnetische Verhalten wird vollständig beschrieben durch die magnetische Hysteresekurve in Bild 8.2-13b, mit den in Bild 8.2-10 definierten Kenndaten **Remanenz** $\vec{B}_r$ und **Koerzitivkraft** $\vec{H}_c^{\parallel} = \vec{H}_c$.

Liegt ein äußeres Magnetfeld $\vec{H}_a^{\perp}$ *senkrecht zu der durch die Kristallanisotropie vorgegebenen leichten Magnetisierungsrichtung*, dann ergibt sich eine völlig andere Hysteresekurve (Bild 8.2-14).

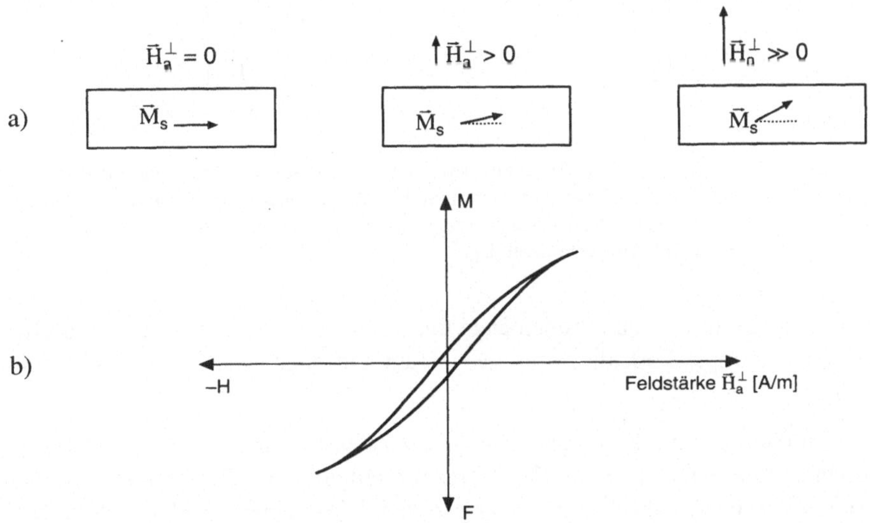

Bild 8.2-14 Hysteresekurven von hartmagnetischen Werkstoffen bei Wirkung eines äußeren Magnetfeldes *senkrecht* zur magnetisch leichten Achse:

a) Durch das äußere Magnetfeld wird die Magnetisierung in eine energetisch ungünstige Richtung gedreht. Nach Abklingen des äußeren Magnetfeldes kehrt die Magnetisierungsrichtung zum Abbau der magnetischen Feldenergie in die ursprüngliche magnetisch leichte Achse zurück.

b) Magnetische Hysteresekurve zu a): Die Steigung der Hysteresekurve ist wie in Bild 8.2-11 proportional zur Permeabilität des Magneten für die vorgegebenen Magnetisierungsrichtungen.

Bei den Hysteresekurven von Hartmagneten müssen also – je nach Richtung des äußeren Magnetfeldes – grundsätzlich zwei Typen unterschieden werden.

Schließlich gibt es noch eine andere Möglichkeit, auch in magnetisch isotropen – also potentiell weichmagnetischen Werkstoffen – die Magnetisierungsrichtung festzulegen und damit eine magnetisch leichte Achse zu definieren: Die Einführung einer **Formanisotropie** (Bild 8.2-15). In diesem Fall führt die Minimierung der Streufeldenergie zu einer Festlegung der Magnetisierungsrichtung in Richtung der Achse einer langgestreckten geometrischen Form (Draht, langgestreckter Quader, etc.).

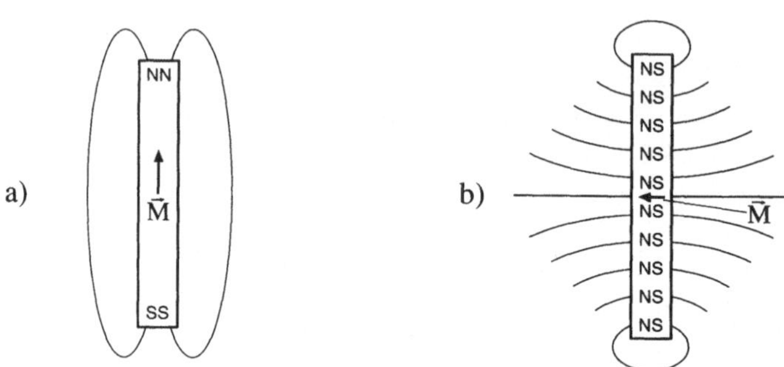

Bild 8.2-15 Formanisotropie: Bei langgestrecken geometrischen Formen ist die Anzahl freier magnetischer Pole – und damit die Energie des magnetischen Feldes – weitaus geringer, wenn die Magnetisierung ausgerichtet ist entlang der Werkstoffachse (a) und nicht senkrecht dazu (b)

Bei großen Quotienten aus Probenlänge und Probendurchmesser lassen sich über eine FormanisotropieWerkstücke mit ausgeprägt hartmagnetischen Eigenschaften herstellen.

Zur Charakterisierung der magnetischen Eigenschaften eines Werk*stoffs* (wegen der Formanistropie genauer: eines Werk*stücks*) werden in der Praxis meist die beiden Hysteresekurven in Bild 8.2-13b herangezogen. Diese unterscheiden sich in der Sättigungsmagnetisierung (Bild 8.2-10b), der Remanenz und der Koerzitivkraft.

Die **Sättigungsmagnetisierung** oder **-polarisation** als Grenzwert der Magnetisierung bei Wirkung hoher äußerer Feldstärken ist meistens charakterisiert durch die Dichte von Atomen mit hohem magnetischem Moment (wie Atome der Elemente Eisen, Cobalt und der Seltenen Erden (Samarium ist paramagnetisch, Gadolinium das einzige ferromagnetische Element dieser Klasse)) und deren magnetischer Ordnung (Abschnitt 8.2.1). Die Sättigungspolarisation erreicht in Metallegierungen Werte bis über 1 T, in Keramiken hingegen deutlich geringere Werte unter 0,5 T.

Die **Remanenz** $\vec{B}_r$ ist bei Weichmagneten in der Regel weit geringer als bei Hartmagneten, da unterschiedlich magnetisierte Domänen wie in Bild 8.2-9 die Gesamtmagnetisierung (makroskopische Magnetisierung) herabsetzen. Sie hängt nicht nur vom Werkstoff selbst, sondern auch von dessen Gefügestruktur ab, welche die

Blochwandbeweglichkeit beeinflußt. Bei Hartmagneten ist die Remanenz meist nur unwesentlich geringer als die Sättigungspolarisation (daher "rechteckige" Hysteresekurve wie in Bild 8.2-13b).

Die Größe der Koerzitivkraft oder Koerzitivfeldstärke H_c ist das in der Praxis wichtigste Unterscheidungskriterium zwischen Hart- und Weichmagneten: Als *obere* Grenze für *weich*magnetische Werkstoffe wird ein Wert von 1,5 kA/m, als *untere* Grenze für *hart*magnetische 10 kA/m, obwohl praktische Werte meist weitab von diesen Grenzen liegen.

8.3 Selbstinduktion von Spulen

In Gleichung (8.1-1) war gezeigt worden, daß die in einer geschlossenen Leiterschleife ((**Induktions-)Spule**, charakterisiert durch eine **Induktivität** L , s.u.) induzierte Spannung proportional ist zur zeitlichen Veränderung der magnetischen *Induktionsflußdichte*. Bei dem physikalischen Effekt der **Selbstinduktion** erzeugt eine Spannung u_L an den Spulenenden einen Spulenstrom i und darüber eine magnetische Induktionsflußdichte innerhalb der Spule, die dann ihrerseits eine entgegengerichtete Spannung induziert. Die Stärke der Induktionsflußdichte – und damit die Größe der Spuleninduktivität – wird nach Gleichung (8.2-3) verstärkt durch einen hochpermeablen Werkstoff (d.h. einen Werkstoff mit einer hohen relativen Permeabilität), der sich innerhalb der Spule befindet.

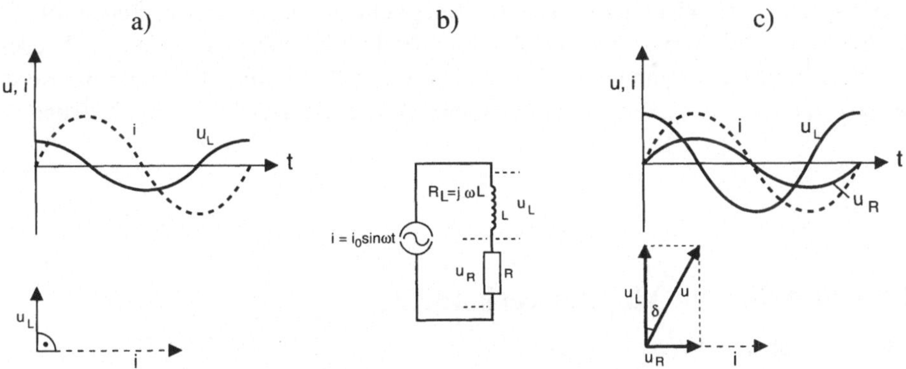

Bild 8.3-1 Phasenbeziehungen an einer Induktivität (analog zu den Bildern 2.4-8 und -9):

a) Verlustfreie Induktivität.

b) Ersatzschaltbild der verlustbehafteten Induktivität.

c) Phasenbeziehung der verlustbehafteten Induktivität.

Bei einer **verlustfreien** Spule mit der Induktivität L (Einheit: 1 Henry = 1 V·s/A) ist der Zusammenhang zwischen Strom und Spannung gegeben durch

$$u_L = L \cdot \frac{\mathrm{d}i}{\mathrm{d}t} \tag{8.3-1}$$

Aus der Beziehung (8.3-1) folgt, daß die Phase der Spannung derjenigen des Stroms um einen Winkel von 90° vorauseilt (Bild 8.3-1a). Eine **verlustbehaftete** Induktivität läßt sich z. B. durch einen Serienwiderstand R darstellen (Bild 8.3-1b), dieses führt zu einer Phasenverschiebung der Spannung um den Winkel δ (Bild 8.3-1c).

Als Verlustfaktor der Induktivität ergibt sich entsprechend (2.4-22) zu:

$$\tan\delta = \left|\frac{u_R}{u_L}\right| = \frac{R}{\omega \cdot L} \tag{8.3-2}$$

Die Induktivität einer Spule im Vakuum ergibt sich aus den Abmessungen der Spule über die Formel

$$L = \mu_0 n^2 \frac{A}{l} \tag{8.3-3}$$

(n = Windungszahl, A = Querschnitt der Spule, l = Spulenlänge). Bringt man in das Innere der Spule einen Kern mit der Permeabilität $\mu_r > 1$, dann vergrößert sich die Induktivität auf

$$L = \mu_r \cdot \mu_0 n^2 \frac{A}{l} \tag{8.3-4}$$

Hieraus geht eine wichtige Anwendungsmöglichkeit magnetischer Werkstoffe für die Elektrotechnik hervor: Die Verstärkung der Induktivität von Spulen für Nieder- und Hochfrequenzanwendungen. Eine hohe relative Permeabilität ist eines der Kennzeichen von Weichmagneten mit einer Hysteresekurve wie in den Bildern 8.2-10 und -11.

8.4 Metallische Magnetwerkstoffe

8.4.1 Metallische Weichmagnete

Weichmagnetische Werkstoffe aus den Elementen Eisen, Kobalt und Nickel, sowie vielfältige Legierungen davon, zeichnen sich durch eine hohe Sättigungsmagnetisierung aus – welche bei einem Einsatz als Kern von Induktionsspulen hohe *induzierte* Spannungen gewährleistet – und niedrige Koerzitivfeldstärken, die eine Selbstinduktion auch bei äußerst kleinen Spulenströmen ermöglichen.

Bei Verwendung von Magneten aus den reinen kristallinen Elementen (Fe, Co, Ni) muß eine deutliche Anisotropie in der Aufmagnetisierungskurve (Abhängigkeit der Hysteresekurve von der Richtung des äußeren Magnetfeldes relativ zu den Kristallachsen) berücksichtigt werden (Bild 8.4-1).

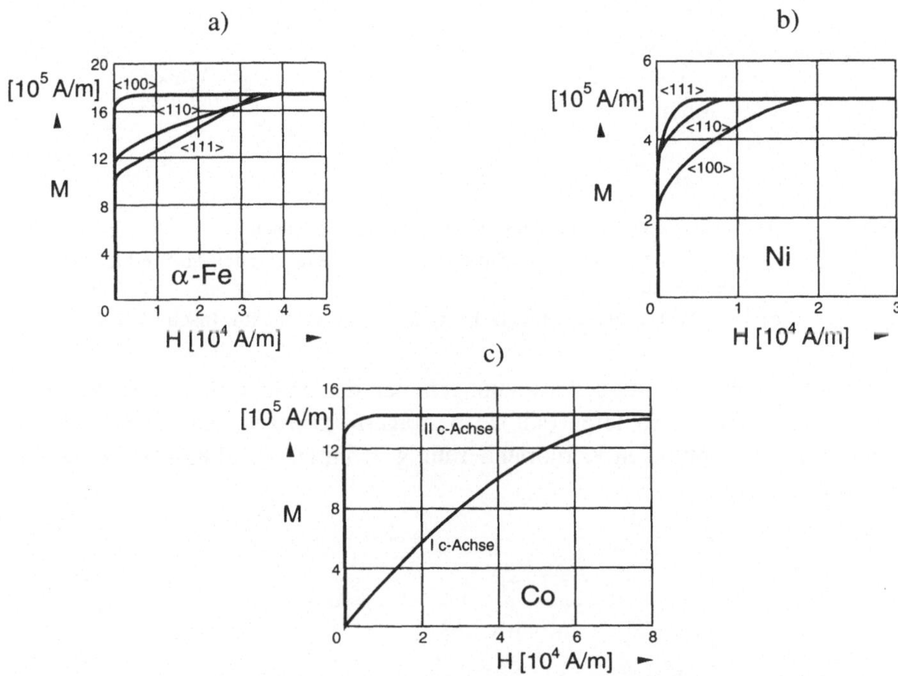

Bild 8.4-1 Anisotropie der Magnetisierung reiner Metallkristalle (Ausschnitt aus den Hysteresekurven gemäß Bild 8.2-10, nach [2.4]). Die Magnetisierung hängt von der Orientierung des Magnetfeldes relativ zu den kristallographischen Achsen der Kristalle (<100>, <110>, <111>) ab. Die Steigung der Hysteresekurven ist jeweils ein Maß für die relative Permeabilität.

a) Reineisen: α-Eisen (kubisch-raumzentriert)

b) Nickel (kubisch-flächenzentriert)

c) Kobalt (hexagonal dichtgepackt)

Wegen der besonders hohen Permeabilität des Reineisens in < 100 > Richtung (Bild 8.4-1a) ist man bestrebt, polykristalline weichmagnetische Eisenbleche so herzustellen, daß eine möglichst große Anzahl der Kristallkörner auf dem Blech diese Orientierung in Richtung des wirkenden Magnetfeldes besitzt. Das gelingt durch Auswalzen (Bild 3.2.1-IIb) des Bleches. Je nach Beschaffenheit des Bleches erhält man als Vorzugsorientierung der Körner (**Textur**) entweder die **Goss**- oder die **Würfeltextur** (Bild 8.4-2).

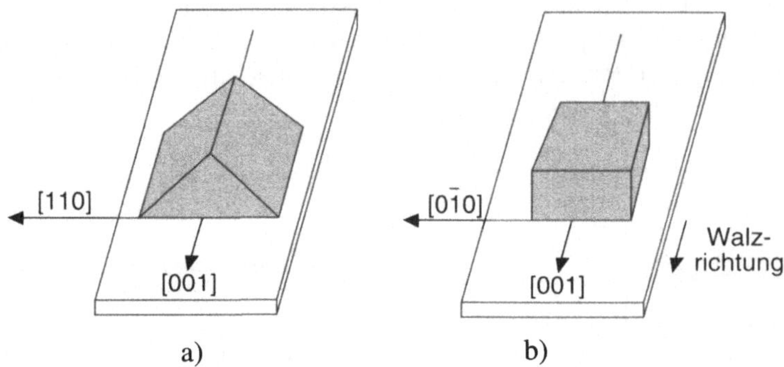

Bild 8.4-2 Ausbildung einer Textur beim Walzen von Eisenblechen:

a) beim Walzen dicker Bleche und Zusätzen wie Si oder MnS erhält man die Goss-Textur

b) beim Walzen dünner Bleche bevorzugt die Würfeltextur (nach [2.4])

Eisenbleche finden vielfältige Anwendungen bei der Induktivitätsverstärkung in (Niederfrequenz-Transformatoren (s.u.), Übertragern, Drosseln u.a.. Dabei werden die Bleche mit der optimalen Kornorientierung geschnitten (Bild 8.4-3) und aufeinandergestapelt.

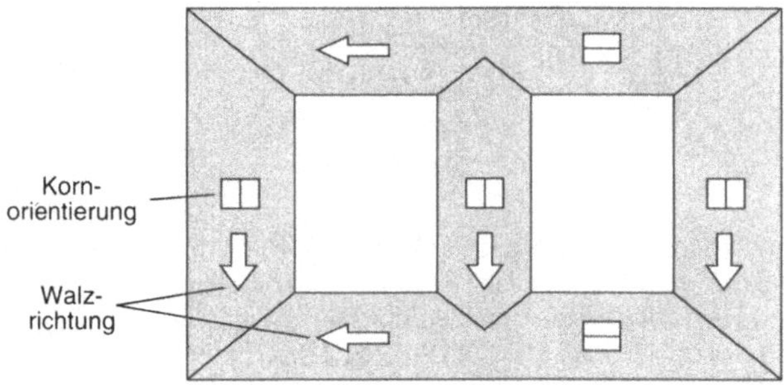

Bild 8.4-3 Optimale Kornorientierung bei Transformatorenblechen (nach [2.4])

Verbesserungen der Eigenschaften des Reineisens lassen sich häufig durch Zusatz von Silizium (Bild 7.2.2-6) erreichen, insbesondere nimmt der elektrische Widerstand zu und vermindert damit die Wirbelstromverluste (s. u.).

Große praktische Bedeutung haben auch *Eisen-Nickel*-Legierungen, insbesondere im **Permalloy**-Bereich (35 -90 Gew.% Nickel). Im Bereich der stöchiometrisch zusammengesetzten Legierung $FeNi_3$ kann die relative Permeabilität Werte von mehr als 10000 erreichen (**Mumetall**, ein zur magnetischen Abschirmung (Bild 8.4-4) häufig verwendeter Werkstoff).

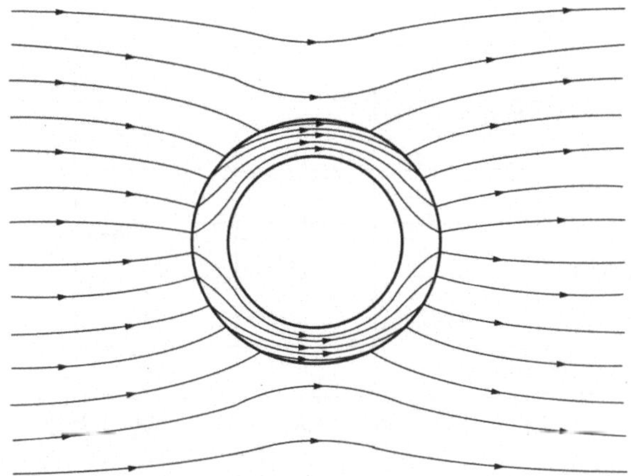

Bild 8.4-4 Abschirmung eines Magnetfeldes durch einen hochpermeablen Werkstoff: Die magnetischen Feldlinien werden durch den Rohrmantel geführt, so daß das Innere des Rohres feldfrei bleibt.

Bei einer Nickelkonzentration bis ca. 35 Gew.% steigt der elektrische Widerstand erheblich an (Bild 3.3-4), so daß diese Legierung auch als Widerstandswerkstoff eingesetzt werden kann. Durch weitere Legierungszusätze können die magnetischen Eigenschaften zusammen mit der Frequenzabhängigkeit von Eisen–Nickel-, Eisen–Kobalt- und anderen Legierungen noch weiter verbessert werden.

Besonders niedrige Koerzitivkräfte unterhalb von 4 A/m (zum Vergleich: Das Erdmagnetfeld beträgt ca. 16 A/m) werden auch durch ***amorphe*** (d.h. nichtkristalline) ***Metallegierungen***, z.B. mit den Zusammensetzungen $Fe_{80}B_{15}Si_5$, $Fe_{39}Ni_{39}(Mo,Si,B)_{22}$ oder $Co_{75}Si_{15}B_{10}$ erreicht. Im Gegensatz zu den Permalloylegierungen (mit vergleichbaren Koerzitivkräften) haben diese Werkstoffe eine höhere mechanische Festigkeit.

Als Quellen für die magnetischen Verluste (Abschnitt 8.3) in magnetischen Werkstoffen kommen vor allem Hystereseverluste und Wirbelströme in Betracht. Die ersteren entstehen durch die periodische Verschiebung der Blochwände während des Wechselstrombetriebs, die mit Reibungsverlusten verbunden ist. Die Größe dieser Verluste entspricht im allgemeinen der Fläche der beim Betrieb durchlaufenen Hystereschleife. Wirbelströme entstehen dadurch [0.3], daß durch ein magnetisches Wechselfeld auch innerhalb des Magnetkerns elektrische Spannungen induziert werden, die dort einen unerwünschten Stromfluß erzeugen. Hierbei geht über Wärmeentwicklung Energie verloren. Bild 8.4-5 gibt die Frequenzabhängigkeit der entsprechenden Verlustwinkel an. Dabei ist auch der Widerstandsverlust in der Drahtwicklung berücksichtigt, der sich nach (8.3-2) aus dem Quotienten von Draht-Wirkwiderstand und dem Betrag des Blindwiderstandes ergibt.

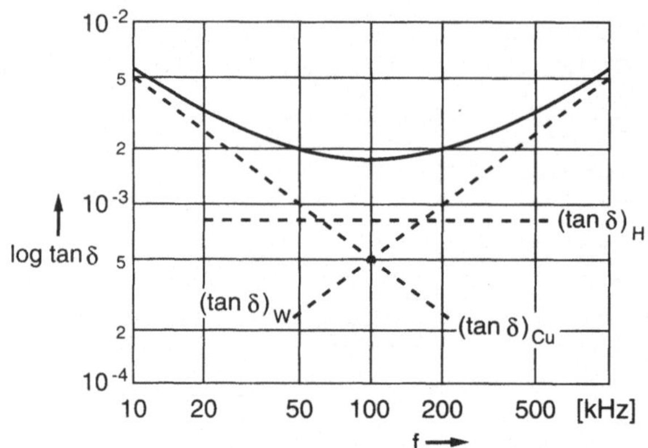

Bild 8.4-5 Frequenzabhängigkeit der Verlustwinkel von Drahtwiderstand (Index Cu), Hysterese (Index H) und Wirbelströmen (Index W), nach [2.4].

Zur Verminderung der Wirbelstromverluste müssen die meist elektrisch gut leitenden metallischen Weichmagnete bei Anwendungen im Bereich höherer Frequenzen möglichst in dünnen Schichten hergestellt und voneinander isoliert werden. Dieses erfordert einen erheblichen Aufwand, so daß für typische Hochfrequenzanwendungen generell die elektrisch isolierenden keramischen Weichmagnete bevorzugt werden.

8.4.2 Metallische Hartmagnete

Zur Beurteilung der Eigenschaften von Hart- oder Permanentmagneten betrachtet man den 2. Quadranten der Hysteresekurve des hartmagnetischen Werkstoffs in Bild 8.2-13, die **Entmagnetisierungskurve** (Bild 8.4-6). Das Produkt aus entmagnetisierender (negativer) Feldstärke H und Induktionsflußdichte B ist ein Maß für die Volumendichte der Feldenergie (s. Band 11, Abschnitt 1), sie läßt sich aus der Entmagnetisierungskurve graphisch ermitteln (Bild 8.4-6). Ein wichtiger Leistungsparameter ist das maximale remanente Energieprodukt $(B{\cdot}H)_{max}$.

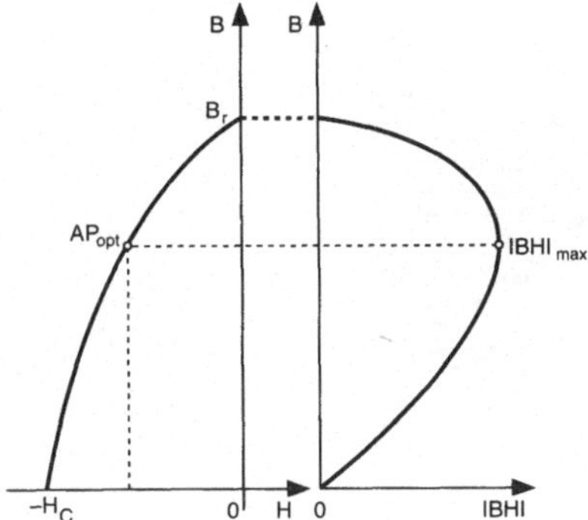

Bild 8.4 6 Graphische Bestimmung des Energieproduktes $(B{\cdot}H)$ aus der Entmagnetisierungskurve. Der optimale magnetische Arbeitspunkt AP_{opt} ist mit dem maximal möglichen Wert von $(B{\cdot}H)_{max}$ verknüpft.

Auch ohne äußeres Magnetfeld wirkt bei einem Auftreten von magnetischen Polen (unvermeidbar, wenn das permanentmagnetische Werkstück kein Ring ist, diese Bedingung ist z.B. bei einem Stabmagneten erfüllt) ein entmagnetisierendes Feld, das durch die Pole selbst erzeugt wird (s. Bild 7.1.2-1). Für das **entmagnetisierende Feld** $\vec{H}_{em}$ gilt für lange Stäbe oder Ringe mit kleinem Luftspalt die Beziehung

$$\vec{H}_{em} = -N_e \cdot \vec{M} \qquad (8.4\text{-}1)$$

mit dem **Entmagnetisierungsfaktor** N_e.

Die für die Herstellung von Permanentmagneten erforderlichen anisotropen magnetischen Eigenschaften können nach Abschnitt 8.2.3) durch eine werkstoffbedingte *Kristallanisotropie* (Einsatz von *hartmagnetischen Werkstoffen*), durch eine Härtung (z.B. Ausscheidungshärtung) oder durch eine über die Werkstückabmessungen erzeugte *Formanisotropie* (Einsatz von *hart- oder weichmagnetischen Werkstoffen*) erzeugt werden.

Zu den wichtigen metallischen Permanentmagnetwerkstoffen zählen *weich*magnetische **Alnico**- oder **Ticonal-Legierungen** (Zusammensetzung z.B. 8%Al+14%Ni +5%Cu, Rest Fe; weitere in [0.1]), in denen durch eine **gerichtete Ausscheidung** (s. Abschnitt 1.4.3) eine Formanisotropie erzeugt worden ist. Hierfür wird zunächst bei Temperaturen um 1250°C eine homogene Legierung mit einer kubisch raumzentrierten Struktur hergestellt. Bei Abkühlung auf ca. 750° bis 850°C zerfällt diese Legierung in eine stark magnetische (vorwiegend Eisen und Kobalt) und eine weniger stark magnetische (vorwiegend Nickel und Aluminium) Phase. Erfolgt der Entmischungsprozeß unter Einfluß eines starken Magnetfeldes (z.B. 160 kA/m), dann bildet die eisen-und kobaltreiche Phase nadelförmige Ausscheidungen entlang der Richtung des Magnetfeldes (Bild 8.4-7).

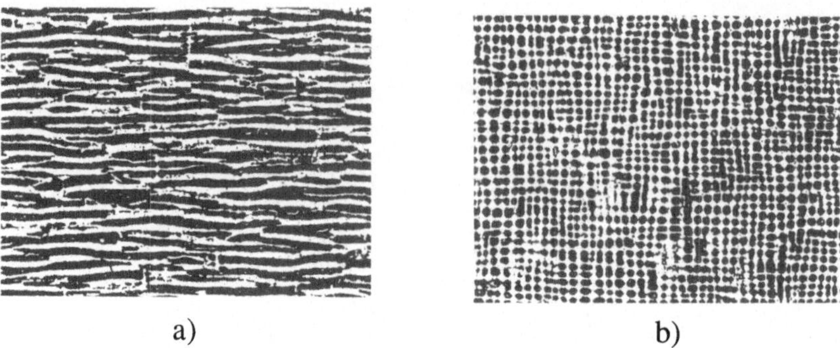

Bild 8.4-7 Nadelförmige Ausscheidung einer magnetischen Phase in Alnico-Legierungen unter Einwirkung eines Magnetfeldes:

a) Ausscheidungsform parallel zur Feldrichtung

b) Ausscheidungsform senkrecht zur Feldrichtung (nach [8.1]).

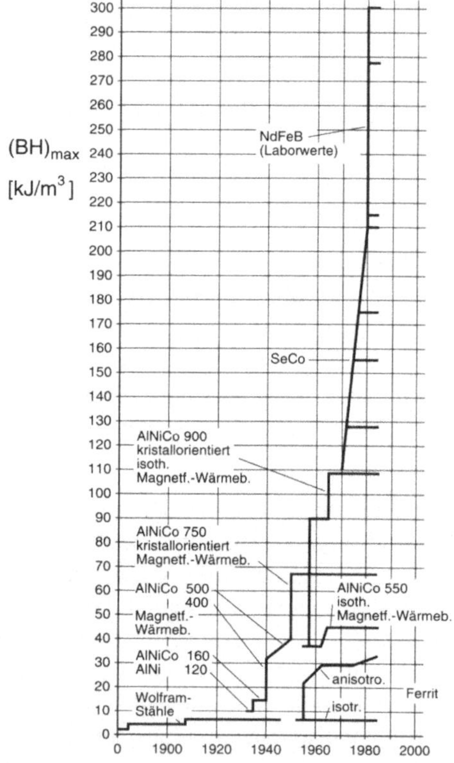

Bild 8.4-8 Historische Entwicklung von Permanentmagnet-Werkstoffen, gemessen am maximalen Energieprodukt $(BH)_{max}$ bei Raumtemperatur (nach [8.2]).

Alnico-Legierungen sind sehr spröde und lassen sich schlecht verarbeiten. Andererseits sind sie den vorher verwendeten Stahlsorten weit überlegen (Bild 8.4-8), sie wurden jedoch in neuerer Zeit durch Legierungen mit Seltenerd-Metallen deutlich überrundet. Deshalb hat ihre Bedeutung heute abgenommen, sie haben aber noch gewisse Vorteile in der Temperaturkonstanz und im Preis. Sehr günstige Leistungsdaten weisen die Seltenerd-Kobalt-Permanentmagneten auf (Bild 8.4-8). Diese hexagonalen intermetallischen Legierungen – mit einer extrem hohen magnetischen Kristallanisotropie und Koerzitivkräften, die oberhalb von 2000 kA/m liegen können – bestehen in der Regel aus einem Seltenerdmetall, z.B. Samarium, Kobalt und anderen Zusätzen. Noch höhere Werte lassen sich mit Legierungen aus Neodym, Eisen und Bor erreichen.

Die Herstellung von Permanentmagneten aus Seltenerdmetallen in der gewünschten Form erfolgt pulvermetallurgisch, wobei die feingemahlenen Materialien zunächst unter Einfluß eines Magnetfeldes ausgerichtet und dann verpreßt werden. Anschließend werden die "Grünlinge" entmagnetisiert und komplexen Sinter und Anlaß(Temperatur-)behandlungen unterworfen. Erst im Endstadium der Verarbeitung erfolgt eine Magnetisierung in einem extrem starken (z.B. 2000 kA/m) Magnetfeld, bei dem die einzelnen Körner nur noch *einen* Weißschen Bezirk erhalten.

8.4.3 Anwendungen von Magnetwerkstoffen

Weichmagnetische metallische Werkstoffe finden vielfältige Anwendungen bei der Induktionsverstärkung. Nach Gleichung (8.3-1) ist die Induktivität L direkt proportional zur magnetischen Permeabilität μ_r, die Werte oberhalb von 100 000 erreichen kann. Die große Leitfähigkeit der Metalle führt aber bei höheren Frequenzen (oberhalb des Niederfrequenzbereichs) stets zu erheblichen Wirbelstromverlusten (8.4-5), so daß dort die Anwendungsmöglichkeiten stark eingeschränkt werden. Eine Abhilfe schafft in begrenztem Rahmen eine Umformung der metallischen Magnetwerkstoffe in eine Platten- oder Blechform. Bei der Herstellung der Magnetkerne werden die Platten – elektrisch voneinander isoliert – aufeinander gestapelt. Tab. 8.4-1 zeigt eine Zusammenstellung der konventionellen Anwendungen von metallischen weichmagnetischen Werkstoffen.

Auch in Verbindung mit neueren mikroelektronisch orientierten Techniken finden weichmagnetische Metallegierungen vielfältige Einsatzmöglichkeiten bei spezialisierten elektrischen Motoren und anderen Systemen (**Aktoren** oder **Aktuatoren**), in denen ein elektrisches Signal (Spulenstrom) in eine mechanische Bewegung umgesetzt wird. Meist bestehen diese Einheiten aus einer Kombination von Hartmagnet und Induktionsspule mit weichmagnetischem Kern. Hierfür gibt es vielfältige

Tab. 8.4-1 Eigenschaften und Anwendungen weichmagnetischer metallischer Werkstoffe (nach [2.7]).

Werkstoff	Zusammensetz. (Richtwerte in %: Rest vorwieg. Fe)	Blech-dicke [mm]	Ummagneti-sierungsverlust bei 50 Hz [W/kg]	Perme-abilitätszahl μ_r (max)	Anfangs-permeabilität (bei 0,4 A/m)	Sättigungs-polarisation $\mu_0 M_s$ [T]	Koerzitiv-feldstärke H_C [A/m]	Anwendungsbeispiele
Reineisen	—		—	30.000 bis 40.000	1.500 bis 20.000	2,15	≥ 6,4	Abschirmungen, Relais-teile, Polschuhe, Joche
Fe-Si-Legierungen			P1.0					
nichtorientiert	0,5 Si	0,5	≈ 3	6.000	—	2,1	48	ElektrischeMaschinen
	4 Si	0,35	≈ 1	9.000	—	1,95	16	Transformatoren
kornorientiert. kaltgewalzt	≈ 3 Si	0,35 0,3	≈ 0,5 ≈ 0.35	60.000	3	2	8	Transformatoren
Ni-Fe-Legierungen	ca. 36 % Ni	0,3	0,5...1	8.000 bis 20.000	2.000 bis 3.000	1,3	20...50	Übertrager, Drosseln, Filter
	47...50 % Ni	0,2	≈ 0,25	60.000	6	1,55	5	Teile für Relais, Meßsystene Abschirmungen, Stromwandler,
	50...65% Ni	0,2	≈ 0,15	90.000	45	1,5	1,5	Übertrager,Meßwandler; mit Rechteckschl.: Magnetverstärker Zähl- und Speicherkerne
			P0,5 1					
	70...80 % Ni	0,2	0,025	120.000	45	0,8	1,5	Übertrager, Magnetverstärker, Abschirmungen, Teile f. Relais und Meßsysteme
	40...80 % Ni	0,05	0,01	300.000	130	0,8	0,5	Mit Rechteckschl.: Schalt- und speicherkerne

Anwendungsmöglichkeiten in der Kfz-Technik (Einspritzanlagen, ABS, u.a.), Fernmeldetechnik, Robotertechnik, sowie bei Nadel-, Typenrad- und Tintenstrahldruckern, etc. Zunehmend wichtig werden auch Anwendungen in der magnetischen Abschirmtechnik (Kabel, induktive Bauelemente, Monitore, Meßkabinen, Audio- und Vidoköpfe u.a.).

Wichtige Einsatzmöglichkeiten ergeben sich weiterhin in der Sensortechnik, Beispiele hierfür sind Induktionsspulen (Bild 8.4-9) und Reed-Sensoren (8.-4-10).

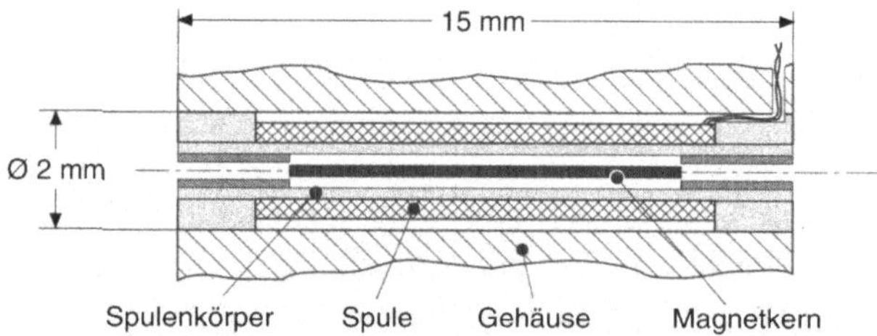

Bild 8.4-9 **Magnetfeldsensor** mit einer Zylinderspule, in die ein weichmagnetischer Kern eingelagert ist (nach [0.3], Abschnitt 5.3.1). Ein schwaches äußeres Magnetfeld in Richtung der Spulenachse ändert die Richtung der Induktionsflußdichte des Spulenkerns und induziert damit nach (8.1-1) eine Spannung an den Spulenanschlüssen. Bei Verwendung hochpermeabler Spulenkerne können Magnetfelder in der Größenordnung des Erdmagnetfeldes detektiert werden (Anwendung elektronischer Kompaß). Zur Messung dreidimensional orientierter Feldstärken müssen drei getrennte Sensoren verwendet werden, die in den drei Raumrichtungen ausgerichtet sind.

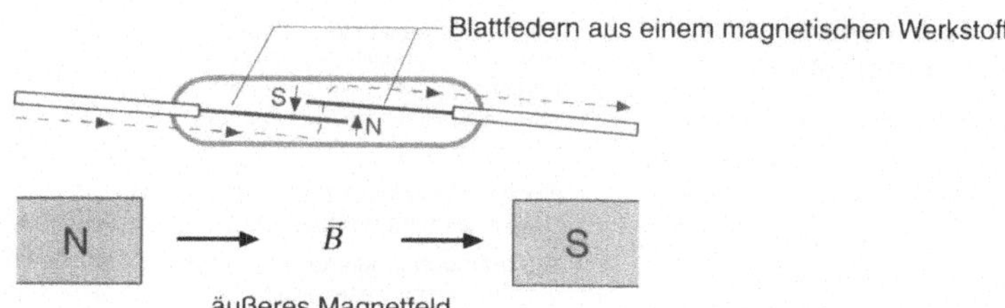

Bild 8.4-10 Aufbau und Wirkungsweise eines Reed-Schalters (nach [0.3]):

Zwei Blattfedern aus einem mittelharten magnetischen Werkstoff sind so angeordnet, daß sie sich bei einer Verbiegung der Federn berühren und damit einen Kontakt schließen können. Die Verbiegung tritt ein bei Anlegen eines äußeren Magnetfeldes: In das magnetisierbare Material werden Nord- und Südpole induziert, die sich gegenseitig magnetostatisch anziehen und deshalb die Blattfedern auslenken. Wird das Magnetfeld durch eine Spule erzeugt, dann spricht man von **Reed-Relais**, bei Ansteuerung durch einen Permanentmagneten von **Reed-Kontakten**, **Reed-Schaltern** oder **Reed-Sensoren**.

Auf weitere spezielle Sensortechniken, bei denen weichmagnetische Metallwerkstoffe zur Anwendung kommen, wie magnetoresistive Permalloysensoren, Sättigungskern(Flux gate)verfahren, Impulsdrahtsensoren, Wirbelstromsensoren und magnetoelastische Sensoren wird in [0.3] ausführlich eingegangen.

Vielfältige Anwendungsmöglichkeiten von Permanentmagneten liegen auf der Hand (Tab. 8.4-2); die Vorteile von metallischen Hartmagneten liegen in der hohen Remanenz und Koerzitivfeldstärke.

Tab. 8.4-2 Anwendungen von Hart(Permanent-)magneten (nach Unterlagen der Firmen Thyssen-Edelstahlwerke, Dortmund, sowie Vakuumschmelze, Hanau).

Elektrotechnik und Elektronik	Meßtechnik	Waagen
Nachrichtentechnik	Elektrizitätszähler, Barometer	Gasspektrometer
Lautsprecher	Drehspulmeßwerke	
Fernsehbildröhren	Kreuzspulmeßwerke	
Telefonanrufeinrichtungen (Induktoren, Wecker)	Drehmagnetmeßwerke	Elektrische Generatoren u. Motoren
Telefonkapseln, Mikrofone	sonstige elektronische Meßgeräte	Gleichstrommotoren
Tonabnehmer,	Schwingungs- Bewegungs- und Kraftindikatoren	Zündlichtgeneratoren
Hörer für allgemeine elektroakustische Verwendung	sonstige mechan. Meßeinrichtungen	Generatoren, Drehzahlgeber
HF-Röhren (Magnetron, Wanderfeldröhren, Trochoton usw.	Stoffprüfung, Mengenmessung	Hysterese- und Synchronmotoren
	Schalter, Relais	Linearantriebe
	Sensoren	Positionsgeber
		bürstenlose Servoantriebe

Maschinenbau und Automation

Haftsysteme aller Art

nicht schaltbar sowie mechanisch oder elektromagnetisch schaltbar

Rollen und Rollgänge

permanentmagnetisch nicht schaltbar sowie mechanisch oder elektrisch schaltbar

Dauermagnetische Bauelemte, Vorrichtungen und Anlagen

permanentmagnet. nicht schaltbar, mechanisch oder elektrisch schaltbar

für den allgemeinen Maschinen-, Vorrichtungs- und Automobilbau

für Blechverarbeitung und Blechtransport, mit positioniertem Abwurf für eine oder mehrere Stapelstellen für Platinenlader zur Entstapelung von Blechen

Permanentmagnetische Geräte zur Separierung von Eisenteilen

für Textilindustrie, Mühlen, Kunststoffindustrie, Lebensmittelindustrie, Zerkleinerungsindustrie, Koksmahlanlagen, Stahlgießanlagen und Müllverwertung

Druckindustrie

Druckzylinder

MAGNETOPRINT Erzeugnisse

Büro- und Geschäftsorganisation

Planungstafeln und ähnliche Erzeugnisse, Dekorationshilfen

Elektrotechnik und Maschinenbau

Brems- und Dämpfungsanordnungen

Wirbelstrom- und Hysteresebremsen für Antriebstechnik, Textilindustrie und allgemeinen Maschinenbau

Kupplungen

Dauermagnetische Kupplungen für chemische Verfahrenstechnik, Textilindustrie und allgemeinen Maschinenbau sowie Pumpenantriebe

Kriterien für die Auswahl der spezifischen Metallegierung (ebenfalls berücksichtigt sind die Hartferrite (in Abschnitt 8.5-2)) sind in Tab. 8.4-3 zusammengefaßt.

Tab. 8.4-3 Anwendungsbereiche verschiedener hartmagnetischer Werkstoffe (nach Unterlagen der Firmen Thyssen-Edelstahlwerke, Dortmund).

Anwendung	Temperaturbereich 0 50 100 150 200°C	Auswahlkriterien Energie Masse/Volumen	Temperatur-koeffizient	Material
Motoren				
Servomotoren	ca. 100–200	+++	+	1, 2
Automobil/Haushalt	ca. 0–200	++	+	3
Synchronmotoren	ca. 100–200	+++	+	3, 4
Kupplungen	ca. 40–260	+++	+	2, 3, 4
Lager	ca. 0–100	+++	+	2, 4
Computer	ca. 35–90	+++	+	2, 4
Audio/Video	ca. 15–90	++	+	3, 4
Sensoren	ca. 5–225	+	+	1, 2, 4
Meßgeräte	ca. 15–90	+	+++	1, 2

1: AlNiCo 2: Sm–Co 3: Ferrit 4: Nd–Fe–B

+++ : sehr günstig

\+ : weniger günstig

8.5 Keramische Magnetwerkstoffe

8.5.1 Keramische Weichmagnete

Im Gegensatz zu den prinzipiell elektrisch sehr leitfähigen metallischen Weichmagneten haben viele ferrimagnetische Keramikwerkstoffe einen weit höheren spezifischen Widerstand zwischen 0,2 und 10^6 Ωm. Entsprechend geringer sind auch die Wirbelstromverluste, so daß für Hochfrequenzanwendungen praktisch nur solche Werkstoffe in Frage kommen.

Ferrimagnetische oxidkeramische Werkstoffe, die meistens zu Pulvern vermahlen und nach verschiedenen Verfahren gesintert (Abschnitt 3.3) werden, bezeichnet man als **Ferrite**. Die Bezeichnung wurde vom Eisenoxid Fe_2O_3 hergeleitet, aus dem in Verbindung mit Oxiden zweiwertiger Metalle wie MnO, NiO und ZnO Mischkristalloxide mit geringer Leitfähigkeit hergestellt werden können.

Grundsätzlich kommen als keramische ferrimagnetische Werkstoffe die perovskitischen Orthoferrite, Spinelle, Granate u.a. in Frage. Mit Abstand am meisten verbreitet sind die Spinelle (Bild 8.2-5). Wegen der weitgehend isotropen Eigenschaften (niedrige magnetokristalline Energie) werden für *weich*magnetische Anwendungen

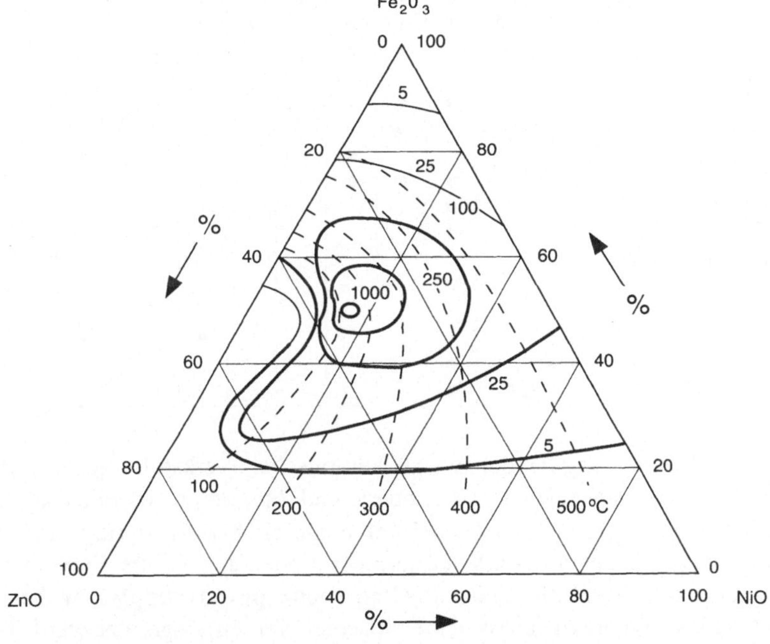

Bild 8.5-1 Anfangspermeabilität (durchgezogen) und Curie-Temperatur (gestrichelt) von Nickel-Zink-Ferriten (nach [2.4])

die **kubischen Spinelle**, für *hart*magnetische Anwendungen die anisotropen **hexagonalen Ferrite** (die sich von den Spinellen ableiten lassen, Abschnitt 8.5.2) bevorzugt. Bild 8.5-1 zeigt in einem Dreistoffdiagramm die für weichmagnetische Werkstoffe kennzeichnenden Größen Anfangspermeabilität und Curietemperatur. Die Sättigungspolarisation ist bei keramischen Magnetwerkstoffen deutlich geringer als bei metallischen und liegt meist unterhalb von 0,5 T (vgl. Tab. 8.4-1).Tab. 8.5-1 gibt einen Überblick über Anwendungen von keramischen Weichmagneten.

Tab. 8.5-1 Anwendungen weichmagnetischer Keramiken (nach [0.5]).

Applikationsgebiet / Funktion mit Weich-Ferrit-Komponenten	Messen + Regeln	Autoelektronik	Fernmeldewesen	Elektron. Datenverarb.	Verbrauchsgüterelek.	Leistungsumwandlung	Licht	Haushaltsgeräte	Elektr. Werkzeuge	EMC-Equipm. Service	Wissensch. + Medizin	Luft und Raumfahrt	Koplerer
Näherungsschalter	●												
Abstimmspule	●				●								
Verzögerungsleitung	●			●									
Ablenkspule				●	●	●	●	●	●	●			
EMI-Filter	●	●	●	●	●	●	●	●					
Ausgangsdrossel			●	●	●	●	●	●					
Leistungstransformator		●	●	●	●	●	●	●					
Stromwandler	●	●	●	●	●	●	●	●					
Antriebstransformer	●	●	●	●	●	●	●	●	●				
Absorptionsflächen										●			
Magnetische Regler			●	●	●								
Zeilentransformator				●	●								
Rotierender Transformator					●								
Magnetköpfe			●	●	●							●	
Breitbandtransformator			●										
Filterspulen			●										
Teilchenbeschleuniger											●		
Speicherkerne			●									●	
Magnetbürste													●
Elektroden								●				●	
Isolator / Zirkulator	●		●									●	
Übertragungsleitungs-Transformator			●										

Besondere Marktbedeutung hat der Einsatz keramischer Werkstoffe gegenwärtig bei magnetischen Ablenksystemen in Fernsehern und Monitoren, in Filternetzen von analogen Fernmeldesystemen, sowie bei der magnetischen Entstörung. Ein relativ neues Anwendungsgebiet mit stark wachsender Bedeutung ist die Energieübertragung in **getakteten Schaltnetzteilen (switch mode power supply)**, wobei Breitband-Impulstransformatoren mit weichferritischen Kernen eingesetzt werden [0.5]. Dieser bedeutende technische Forschritt hat das Gewicht von Netzteilen um mehr als eine Größenordnung reduziert (Bild 8.5-2)!

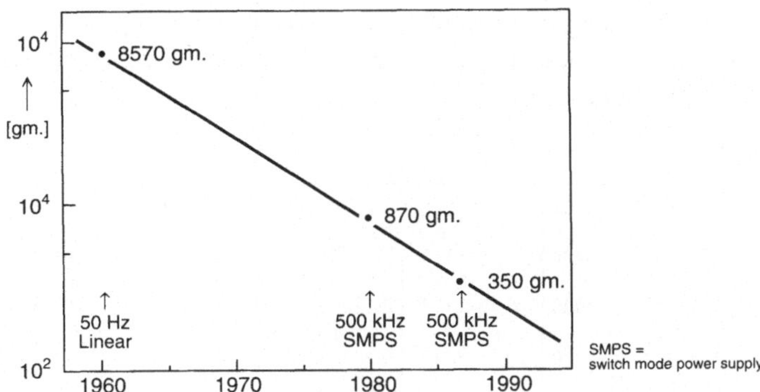

Bild 8.5-2 Gewichtsverringerung bei einem 100W-Netzteil durch Einsatz getakteter Schaltnetzteile [0.5].

8.5.2 Keramische Hartmagnete

Im Gegensatz zu dem kubisch aufgebauten Spinellgitter in Bild 8.2-5, das weitgehend *isotrope* magnetische Eigenschaften besitzt und daher bei den weichmagnetischen Keramikwerkstoffen (***Weich*ferriten**) Anwendung findet, führt eine andere Anordnung des Gitters in einer hexagonalen Struktur (z.B. **Magnetoplumbitstruktur** der Verbindung $SrFe_{12}O_{19}$) zu *anisotropen* Eigenschaften. Mit diesen Werkstoffen lassen sich hartmagnetische keramische Werkstoffe, die ***Hart*ferrite** oder ***Hexa*ferrite** herstellen. Die Werkstoffe besitzen im Vergleich zu den klassischen AlNiCos eine wesentlich höhere magnetische Härte (Koerzitivfeldstärke), diese liegt aber weit unter denen der Seltenerd-Hartmagnete (Bild 8.5-3). Die Remanenz ist – wie bei allen keramischen Magnetwerkstoffen – deutlich niedriger als bei den metallischen. Ein Vorteil von keramischen Hartferriten ist die relativ große *mechanische* Härte.

Wegen der sehr preiswerten Rohstoffe und der technologisch ausgereiften Fertigung stellen Hartferrite den zur Zeit *preiswertesten* Magnettyp dar. Das ist auch der Grund dafür, daß die Hartferrite bezogen auf die Gesamtproduktion aller Permanentmagnete den größten Marktanteil besitzen.

Das Anwendungsspektrum der Hartferrite stimmt weitgehend mit dem der Dauermagnete (Abschnitt 8.4.3) überein. Ferrite werden immer bevorzugt, wenn es nicht auf optimale Kenndaten, sondern eher auf auf Wirtschaftlichkeit ankommt. Eine typische Domäne der Hartferrite liegt in der Akustik (Lautsprecher u.a.) und im Bereich von Motoren und Generatoren (Stückzahlanteil >40%). In Spezialgebieten der Akustik (Bändchenlautsprecher) werden aber auch zunehmend Sm-Co und Nd-Fe-B Hartmagnete eingesetzt.

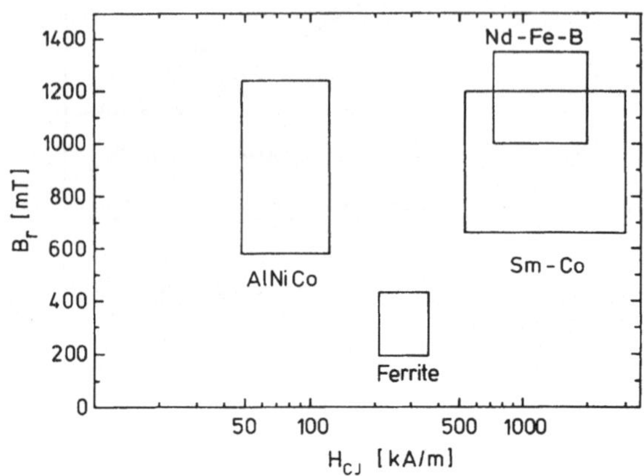

Bild 8.5-3 Vergleich der permanentmagnetischen Eigenschaften von metallischen und keramischen Hartmagnetwerkstoffen (nach [0.5])

Literatur

H. Schaumburg (Hrsg.) "Werkstoffe und Bauelemente der Elektrotechnik"

Verlag B. G. Teubner, Stuttgart

[0.1] Band 1: "Werkstoffe", (1990)

[0.2] Band 2: "Halbleiter", (1991)

[0.3] Band 3: "Sensoren", (1992)

[0.4] Band 4: "Quanten" *

[0.5] Band 5: "Keramik", (1993)

[0.6] Band 6: "Polymere", (1993)

[0.7] Band 7: "Datenspeicherung" *

[0.8] Band 8: "Sensoranwendungen" (1993)

[0.9] Band 9: "Bipolare integrierte Schaltungen" *

[0.10] Band 10: "Metalle" *

[0.11] Band 11: "Physik" *

[0.12] Band 12: "Integrierte MOS-Schaltungen" *

* in Vorbereitung

Abschnitt 1

[1.1] M. Alonso und E. J. Finn, "Physik", 2. Auflage, Addison-Wesley Publishing Company, Bonn, München, Reading, Mass., Menlo Park, Ca., New York, Don Mills, Ontario, Wokingham, England, Amsterdam, Sydney, Singapore, Tokyo, Madrid, San Juan (1988)

M. Alonso und E. J. Finn, "Quantenphysik", 2. Auflage, Addison-Wesley Publishing Company, Bonn, München, Reading, Mass., Menlo Park, Ca., New York, Don Mills, Ontario, Wokingham, England, Amsterdam, Sydney, Singapore, Tokyo, Madrid, San Juan (1988)

[1.2] C. E. Mortimer, "Chemie", Georg-Thieme-Verlag, Stuttgart (1976)

[1.3] C. J. Smithells (ed.), "Metals Reference Handbook", 6th ed., Butterworth London, (1983)

[1.4] P. M. Miller, "Chemistry: Structures and Dynamics", McGraw-Hill, New York, St. Louis, San Francisco, Toronto, London, Sydney, 185 (1984)

[1.5] R. E. Dickerson und I. Geis, "Chemie", VCH-Verlagsgesellschaft, Weinheim (1986)

[1.6] P. Haasen, "Physikalische Metallkunde", 2. Aufl., Springer-Verlag Berlin, Heidelberg, New York, Tokyo (1984)

Abschnitt 2

[2.1] M.F. Ashby und D.R.H. Jones, "Ingenieur-Werkstoffe", Springer-Verlag Berlin Heidelberg New York Tokyo (1986)

[2.2] E. Hornbogen, "Werkstoffe", Springer-Verlag Berlin, Heidelberg, New York, Tokyo (1983)

[2.3] W. F. Smith, "Principles of Materials Science and Engineering", McGraw-Hill, New York, St. Louis, San Francisco, Toronto, London, Sydney (1986)

[2.4] W. v. Münch, "Elektrische und magnetische Eigenschaften der Materie", B. G. Teubner, Stuttgart (1987)

W. v. Münch, "Werkstoffe der Elektrotechnik", 6. Aufl., B.G. Teubner, Stuffgart (1989)

[2.5] J. P. Hirth und J. Lothe, "Theory of Dislocations", McGraw-Hill, New York, St. Louis, San Francisco, Toronto, London, Sydney (1968)

[2.6] D. R. Askeland, "The Science and Engineering of Materials", Van Nostrand Reinhold International, (1988)

[2.7] P. Guillery, R. Hezel und B. Reppich, "Werkstoffkunde für Elektroingenieure", Vieweg, Braunschweig-Wiesbaden (1983)

[2.8] C. Kittel, "Einführung in die Festkörperphysik", 6. Aufl., Oldenbourg-Verlag München (1983)

[2.9] K. Nitzsche und H. J. Ullrich, "Funktionswerkstoffe", Dr. Alfred Hüthig Verlag, Heidelberg, (1986)

[2.10] F. P. Missell und B. B. Schwartz, "Superconducting Materials", in M. Grayson (Hrsg.) "Encyclopedia of Semiconductor Technology", J. Wiley & Sons, New York–Chichester–Brisbane–Toronto–Singapore (1984)

Abschnitt 3

[3.1] H. Reichl, "Hybridintegration", Hüthig-Verlag Heidelberg (1986)

H. Reichl, "AVT für die Sensorik" in "Technologietrends in der Sensorik", Untersuchung im Auftrag des Bundesministeriums für Forschung und Technologie, VDI/VDE Technologiezentrum Informationstechnik GmbH(1988)

[3.2] S.M. Sze, " Semiconductor Devices, Physics and Technology", J. Wiley & Sons, New York–Chichester–Brisbane–Toronto–Singapore (1984)

[3.3] D. Widmann, H. Mader, H. Friedrich, "Technologie integrierter Schaltungen", Springer-Verlag Berlin, Heidelberg, New York, Tokyo (1988)

Abschnitt 4

[4.1] Landolt-Börnstein, "Zahlenwerte und Funktionen aus Naturwissenschaft und Technik", III, 17a-c, Springer-Verlag Berlin, Heidelberg, New York, Tokyo (1984)

[4.2] M.B. Prince, "Drift Mobility in Semiconductors I, Germanium", Phys.Rev. **120**, 1951 (1960)

[4.3] W.F. Beadle, J. C.C. Tsai und R.D. Plummer, "Quick Reference Manual for Semiconductor Engineers", J. Wiley & Sons, New York–Chichester–Brisbane–Toronto–Singapore, (1985)

[4.4] R. Paul, "Elektronische Halbleiterbauelemente", B.G. Teubner Stuttgart (1989)

[4.5] J. Binder, "Piezoresistive Silizium-Drucksensoren", in H.Reichl (Hrsg.) "Halbleitersensoren", expert verlag, Ehningen bei Böblingen, 147 (1989)

W. Germer und G. Kowalski, "Drucksensoren mit integrierter Auswerteelektronik für einen Einsatz unter erschwerten Umweltbedingungen", Poster-Session zur 3. Fachtagung "Sensoren", Bad Nauheim, 4 (1986)

[4.6] H. P. Baltes, L. Andor, A. Nathan und H.G. Schmidt-Weinmar, IEEE Trans. Electron. Devices **ED-31**, 996 (1984)

[4.7] U. v. Borcke, "Hall-Effekt und Widerstandseffekt", in A. Lacroix, T. Motz, R. Paul, C. Reuber (Hrsg.),"Handbuch der Informationstechnik und Elektronik", Band 8, C. Reuber (Hrsg.), "Sensoren und Wandlerbauelemente", Dr. Alfred Hüthig Verlag Heidelberg (1989)

[4.8] "Sensoren", Herausgeber Philips Components Unternehmensbereich Bauelemente, Verlag Boysen und Maasch, Hamburg (1980)

Abschnitt 5

[5.1] D. Sautter und H. Weinerth, "Elektronik und Mikroelektronik", VDI-Verlag Düsseldorf (1990)

[5.2] W. D. Kingery, H. K. Bowen und D. R. Uhlmann, "Introduction to Ceramics", J. Wiley & Sons, New York–Chichester–Brisbane–Toronto–Singapore (1976)

[5.3] K. H. Martini, "Piezoelektrische und piezoresistive Druckmeßverfahren", in K. W. Bonfig, Bartz, Wolf (Hrsg.), "Technische Druck- und Kraftmessung", expert-Verlag, Ehingen (1988)

Abschnitt 6

[6.1] R. E. Dickerson und I. Geis, "Chemie", VCH-Verlagsgesellschaft, Weinheim (1986)

[6.2] G. Arlt, "Werkstoffe der Elektrotechnik", RWTH Aachen (1989)

[6.3] "Kunststoffe – Werkstoffe für die 90er Jahre", Kunststoffe **80**, 1069 (1990)

[6.4] Unterlagen der Firma Bayer AG, Leverkusen

Abschnitt 8

[8.1] J. Koch und K. Ruschmcyer, "Permanentmagnete", Broschüre der Firma Philips Components, Verlag Boysen und Maasch, Hamburg (1983)

Anhang A
Dimensionen und Formelzeichen

SI-Einheiten

Als Dimensionen werden die vom International System of Units (SI) zugelassenen verwendet:

Länge	m (Meter)
Masse	kg (Kilogramm)
Zeit	s oder sec (Sekunde)
elektrischer Strom	A (Ampere)
thermodynamische Temperatur	K (Kelvin)
Materialmenge	Mol
Lichtintensität	cd (Candela)

Für die Energie ergibt sich die zusammengesetzte Einheit:

$$1\ \text{J (Joule)} = 1\ \text{N}\cdot\text{m} = 1\ \text{kg}\cdot\text{m}^2/\text{s}^2 = 1\ \text{W}\cdot\text{s}$$

mit der zusammengesetzten Einheit für die Kraft:

$$1\ \text{N (Newton)} = 1\ \text{kg}\cdot\text{m/s}^2$$

Wegen der speziellen Bedeutung in der Physik und Elektrotechnik ist weiterhin als Dimension für die Energie zugelassen:

eV (Elektronenvolt), wobei gilt:

$$1\ \text{J} = 6{,}2421\cdot 10^{18}\text{eV},\ 1\ \text{eV} = 1{,}602\cdot 10^{-19}\ \text{J}$$

Die Temperaturangabe kann in °C (Grad Celsius) erfolgen, wobei gilt:

$$1°\text{C} = 1\text{K} + 273{,}2\text{K}$$

Auf dem Gebiet der Halbleiterphysik erfolgt in der älteren Literatur häufig noch eine Längenangabe in cm (Zentimeter).

Weiterhin werden die folgenden zusammengesetzten Größen verwendet:

Leistung	1 W (Watt) = 1 J/s = 1 V·A
elektrische Spannung	1 V (Volt) = 1 W/A
elektrische Ladung	1 C (Coulomb) = 1 A·s
Kapazität	1 F (Farad) = 1 C/V
mechanische Spannung	1 Pa = 1 N/m^2
magnetischer Fluß	1 Wb (Weber) = 1 V·s
magnetische Induktionsflußdichte	1 T (Tesla) = / 1 V·s/m^2

Präfixe:

Multiplikationsfaktor	Präfix	Symbol
10^{18}	exa	E
10^{15}	peta	P
10^{12}	tera	T
10^{9}	giga	G
10^{6}	mega	M
10^{3}	kilo	k
10^{2}	hecto	h
10	deka	da
10^{-1}	dezi	d
10^{-2}	centi	c
10^{-3}	milli	m
10^{-6}	mikro	µ
10^{-9}	nano	n
10^{-12}	pico	p
10^{-15}	femto	f
10^{-18}	atto	a

Beispiel:

$$1 \text{ MPa} = 10^6 \text{ N/m}^2 = 1 \text{ N/mm}^2$$

Mit der Erdbeschleunigung $g = 9{,}81$ m/s^2 gilt:

$$9{,}81 \text{ MPa} = 1 \text{ g·kg/mm}^2 = 1 \text{kp/mm}^2 = 100 \text{ at}$$

(kp ist die früher verwendete Krafteinheit Kilopond, at die technische Atmosphäre als Druckeinheit). In der angelsächsischen Fachliteratur wird auch noch die Einheit psi (pound per square inch) verwendet:

1000 psi = 6,89 MPa

Früher verwende Dimensionen :

Länge	1 A (Angström) = 10^{-10}m
	1 Lichtjahr = $9{,}461 \cdot 10^{15}$m
	1 mil (tausendestel Inch) = $2{,}54 \cdot 10^{-5}$m
Kraft	1 kp = 1kg·9,81 m/s^2= 9,81 N
	1 dyn = 10^{-5}N
Druck	1 atm (Atmosphäre) = 760 mm Hg = 760 Torr
	= 1,033 kp/cm^2= 0,1013 MPa
	1 Torr = 133,3 Pa
	1 kp/mm^2 = 9,81 N/mm^2= 9,81 MPa
	1 bar = 0,1 MPa
	1 mbar = 1 hPa (Hektopascal)
	1 psi (pound per square inch) = $6{,}895 \cdot 10^3$Pa
Energie	1 Btu (international) = $1{,}055 \cdot 10^3$J
	1 cal (Kalorie) = 4,185 J
	1 eV/Atom ≈ 96 kJ/Mol ≈ 23 kcal/Mol
	1 kWh (Kilowattstunde) = 3,6 MJ
Leistung	1 PS (Pferdestärke) = 0,745 kW
Viskosität	1 Poise = 0,1 Pa·s
magnetische Feldstärke	1 Oe (Oerstedt) = 79,58 A/m
magnetische Induktionsflußdichte	1 G (Gauß) = 10^{-4} T

Formelzeichen

Formelzeichen	Dimension	Bedeutung
a	m	Gitterabstand
$\vec{a}_{(x,y,z)}$	m	Basisvektor im Gitter (in x,y,z-Richtung)
A	m^2	Fläche
A	1	Anisotropieverhältnis
$B,\vec{B}$	$m^2/eV\ s$	magn. Induktionsflußdichte
B	$m^2/eV\ s$	(thermodyn.) Ladungsträgerbeweglichkeit
c	m	Gitterparameter im hexagonalen Gitter
c	%	Fremdatomkonzentration in Atomprozent
C	F	Kapazität
C_F	F/m^2	Kapazität pro Fläche
c_{th}	W s/K	Wärmekapazität
d	m	Breite, Abstand
d	C·m	Dipolmoment
D	m^2/s	Diffusionskoeffizient
$E,\vec{E}$	V/m	elektrische Feldstärke
E	Pa	Elastizitätsmodul
F	eV	freie Energie
$\vec{F}_{chem}$	N	chemische Kraft auf ein Teilchen
G	$1/m^3s$	Erzeugungs- oder Generationsrate
G_{th}	J/s·K	Wärmeableitungskoeffizient
$\vec{g}$	1/m	reziproker Gittervektor
I	A	elektrischer Strom
j	A/m^2	elektrische Gesamtstromdichte
j_n	A/m^2	elektrische Stromdichte für *Elektronen*
j_p	A/m^2	elektrische Stromdichte für *Löcher*
j^T	$1/m^2s$	*Teilchen*stromdichte
j_n^T	$1/m^2s$	*Teilchen*stromdichte für *Elektronen*
j_p^T	$1/m^2s$	*Teilchen*stromdichte für *Löcher*
k		Boltzmann-Konstante, s. Anhang B
$\vec{l}$	m	Vektor einer Atomposition im Gitter (Gittervektor)
m	kg	Teilchenmasse

n	1	Anzahl der Fremdatome
N	1	Teilchenzahl, Gesamtzahl der Atome
N_e	1	Entmagnetisierungsfaktor
N_L	m^{-3}	effektive Zustandsdichte des Leitungsbandes
N_V	m^{-3}	effektive Zustandsdichte des Valenzbandes
p	—	p-leitender (mit Akzeptoren dotierter) Halbleiter
p^+	—	stark p-dotierter Halbleiter
p^-	—	schwach p-dotierter Halbleiter
P	A s/m^2	elektrische Polarisation
P	W	Leistung
Q	A·s	elektrische Ladung
ΔQ	J,eV	(zugeführte) Wärmemenge
R	Ω	elektrischer Widerstand
R_{th}	K/W	Wärmewiderstand
S	eV/K	Entropie
t	s	Zeit
T	K,°C	Temperatur
U	V	elektrische Spannung
U_a	V	angelegte äußere elektrische Spannung
U_T	V	Einsatzspannung
W	eV	*gesamte* Energie
W^{feld}	eV	Feldenergie pro Teilchen
W_B	eV	Energiebarriere
W_D	eV	Energie eines Donatorniveaus
W_F	eV	Fermienergie = chemisches Potential von Elektronen
W_g	eV	Bandabstand
W_i	eV	Energie der Bandmitte zw. Valenz- und Leitungsband
W_{kin}	eV	kinetische Energie *pro Teilchen*
W_{pot}	eV	potentielle Energie *pro Teilchen*
W_L	eV	Energie der Leitungsbandkante
W_V	eV	Energie der Valenzbandkante
W_{vak}	eV	Vakuumenergie
$x,y,z,\vec{r}$	m	Länge, Ort
x_B	m	Ort einer Barriere

x_n	m	Breite der Raumladungszone in einem n-Halbleiter
x_p	m	Breite der Raumladungszone in einem p-Halbleiter
α	1/K	Temperaturkoeffizient
Δ		Inkrement
δ	1	Verlustwinkel
ε_r	1	relative Dielektrizitätskonstante
μ_n	m^2/V s	(elektrische) Elektronenbeweglichkeit
μ_p	m^2/V s	(elektrische) Löcherbeweglichkeit
φ	V	elektrisches Potential
ρ	$1/m^3$	*Volumen*dichte (Menge pro Volumen)
ρ_A	$1/m^3$	Akzeptorendichte pro Volumen
ρ_D	$1/m^3$	Donatorendichte pro Volumen
ρ_i	$1/m^3$	intrinsische Ladungsträgerdichte
ρ_n	$1/m^3$	Teilchen-, Elektronendichte pro Volumen
ρ_p	$1/m^3$	Löcherdichte pro Volumen
ρ_{sp}	Ω m	spezifischer Widerstand
ρ_Q	A s/m^3	Volumen-Ladungsdichte
σ	$1/m^2$	*Flächen*dichte (Menge pro Fläche)
$\sigma_{sp}{}^n$	$1/\Omega$ m	spezifische Leitfähigkeit für Elektronen
$\sigma_{sp}{}^p$	$1/\Omega$ m	spezifische Leitfähigkeit für Löcher
σ_Q	A s/m^2	Flächen-Ladungsdichte
σ_{Qn}	A s/m^2	Elektronen-Flächen-Ladungsdichte
σ_{Qp}	A s/m^2	Löcher-Flächen-Ladungsdichte
τ	s	Relaxationszeit, Abklingzeit, Lebensdauer
τ_n	s	Minoritätsträgerlebendauer für Elektronen
τ_p	s	Minoritätsträgerlebendauer für Löcher
$<\tau>$	s	mittlere Stoßzeit
$<a>$	—	Mittelwert der Größe *a*

Nabla - Operator, angewendet auf eine Variable a: $\nabla a = \begin{pmatrix} \frac{\partial a}{\partial x} \\ \frac{\partial a}{\partial y} \\ \frac{\partial a}{\partial z} \end{pmatrix}$

Laplace - Operator, angewendet auf eine Variable a:

$$\Delta a = \nabla^2 a = \frac{\partial^2 a}{\partial x^2} + \frac{\partial^2 a}{\partial y^2} + \frac{\partial^2 a}{\partial z^2}$$

Andere Verwendung von Δ: Inkrement (z.B. ist ΔQ die Zunahme der Wärme)

Doppelpunkt: $a := b$ bedeutet, daß a durch die bekannte Größe b definiert wird.

Anhang B Naturkonstanten

Loschmidt-Zahl	L	$6{,}022 \cdot 10^{23}$/mol
Boltzmannkonstante	k	$1{,}381 \cdot 10^{-23}$W·s/K = $8{,}62034 \cdot 10^{-5}$ eV/K
Ladung des Elektrons	$\lvert q \rvert$	$1{,}602 \cdot 10^{-19}$A·s
Ruhemasse des freien Elektrons	m_o	$9{,}108 \cdot 10^{-31}$kg
Influenzkonstante	ε_o	$8{,}854 \cdot 10^{-12}$A·s/(V·m)
Lichtgeschwindigkeit	c	$2{,}998 \cdot 10^{8}$m/s
Plancksches Wirkungsquantum	h	$6{,}626 \cdot 10^{-34}$ W·s² = $4{,}13539 \cdot 10^{-15}$eV·s

Zusammengesetzte Größen:

$\varepsilon_o/\lvert q \rvert$	$5{,}5268\ 10^{7}$/(V·m)
kT bei Raumtemperatur (T= 300 K)	$25{,}861 \cdot 10^{-3}$eV = 25,861 meV
$\lvert q \rvert/m_o$	$1{,}758 \cdot 10^{11}$ A·s/kg = $1{,}758 \cdot 10^{11}$ m²/(s²·V)

$$\Rightarrow \sqrt{\frac{1\text{eV}}{m_o}} = 4{,}19 \cdot 10^5\ \frac{\text{m}}{\text{s}} \qquad (1)$$

C Teilchenbewegung und Teilchenstrom

C1 Ballistische Bewegung einzelner Ladungen

Wir betrachten die Bewegung einzelner geladener Teilchen (z. B. Elektronen) in einem Plattenkondensator mit dem Plattenabstand d, wobei das Dielektrikum zwischen den Platten aus dem Vakuum oder einem (schwach) leitfähigen Werkstoff besteht. Bild C1 zeigt die Ortsabhängigkeit der elektrischen und mechanischen Kenngrößen für diesen Fall.

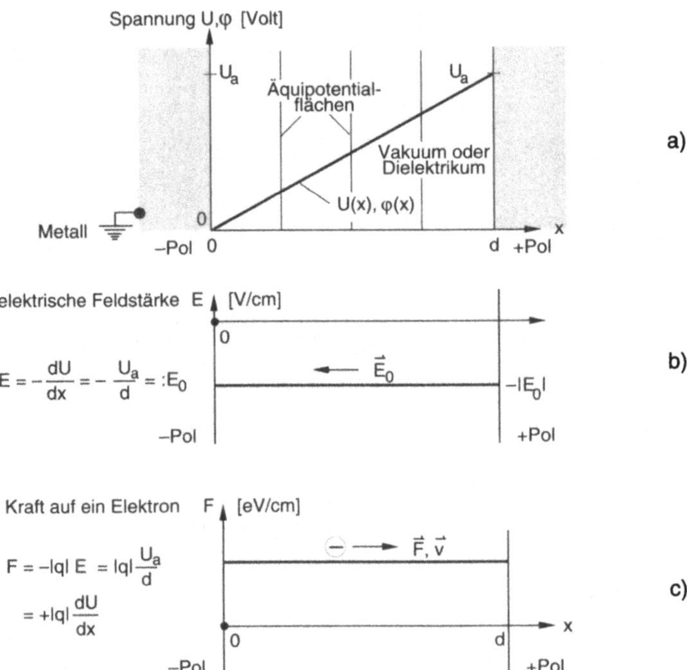

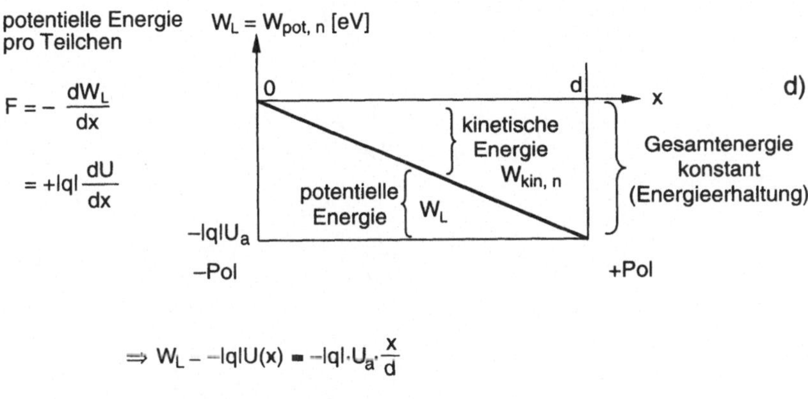

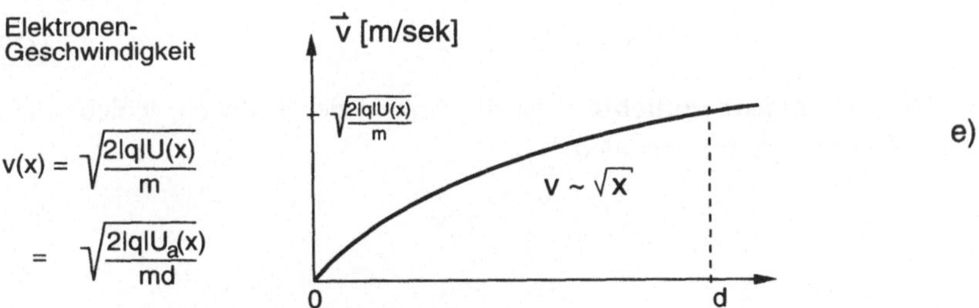

Bild C1 Ballistische Bewegung von Elektronen in einem Plattenkondensator. Dargestellt ist die Ortsabhängigkeit folgender Größen:

a) elektrische Spannung U (= Differenz der elektrischen Potentiale φ zwischen den Kondensatorplatten)
b) elektrische Feldstärke
c) Feldkraft auf die Elektronen
d) kinetische und potentielle Energie pro Elektron
e) Elektronengeschwindigkeit

Die Zeitabhängigkeit der Elektronengeschwindigkeit ergibt sich durch

$$F = m\dot{v} = m\frac{dv}{dt} \qquad \text{(C1 - 1)}$$

$$\Rightarrow \dot{v}(t) = \frac{1}{m}F \qquad \text{(C1 - 2)}$$

$$v(t) \underset{v(t=0)\,=\,0}{=} \frac{\mathrm{d}x}{\mathrm{d}t} = \frac{1}{m} F \cdot t \qquad \text{(C1 - 3)}$$

$$\Rightarrow x(t) \underset{v(t=0)\,=\,0}{=} \frac{1}{2m} F \cdot t^2 \qquad \text{(C1 - 4)}$$

$$\underset{\text{(C1-3,4)}}{\Rightarrow} v(t) = \sqrt{\frac{2F \cdot x}{m}} \qquad \text{(C1 - 5)}$$

C2 Teilchenstromdichte

Teilchen mit der Volumendichte ρ durchströmen mit der konstanten Geschwindigkeit v senkrecht eine Fläche A (Bild C2). In der Zeit t durchlaufen alle Teilchen, die sich in dem Quader mit dem Volumen $(v \cdot t) \cdot A$ befinden, die Fläche A, das sind

$$N = \rho \cdot (v \cdot t) \cdot A \qquad \text{(C2 - 1)}$$

Teilchen. Die **Teilchenstromdichte** j^T ist die Anzahl der Teilchen, welche die Fläche A in der Zeit t durchströmen, also

$$j^T = \frac{N}{t \cdot A} = \rho \cdot \mathrm{v} \qquad \text{(C2 - 2)}$$

$$\text{dreidimensional: } \vec{j}^T = \rho \cdot \vec{\mathrm{v}} \qquad \text{(C2 - 3)}$$

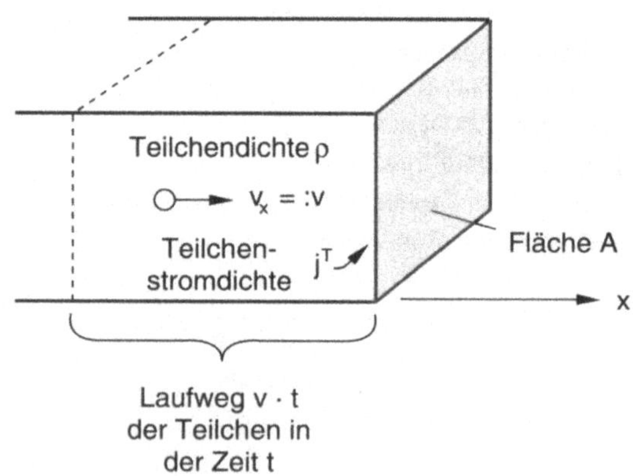

Bild C2 Modell zur Berechnung der Teilchenstromdichte

C3 Kontinuitätsgleichung

Die Teilchenstromdichten, welche die Stirnflächen A in dem Modell in Bild C2 durchströmen, sind in Bild C3 gesondert dargestellt. Dabei wird zwischen den Stromdichten für hinein- und herausströmende Teilchen unterschieden. In der Zeitspanne Δt ist die Differenz ΔN zwischen den Anzahlen herein($N(x)$)- und heraus-($N(x+\Delta x)$)-strömender Teilchen:

$$\Delta N = N(x) - N(x + \Delta x) \qquad \text{(C3-1)}$$

$$\underset{\text{(C2-2)}}{=} \left(j^T(x) - j^T(x + \Delta x) \right) \cdot A \cdot \Delta t \qquad \text{(C3-2)}$$

$$\underset{\text{Taylor-Entw.}}{=} \left(j^T(x) - \left[j^T(x) + \Delta x \frac{\mathrm{d}j^T(x)}{\mathrm{d}x} \right] \right) \cdot A \cdot \Delta t \qquad \text{(C3-3)}$$

$$= -\frac{\mathrm{d}j^T(x)}{\mathrm{d}x} \Delta x \cdot A \cdot \Delta t \qquad \text{(C3-4)}$$

Die Teilchenzahländerung bewirkt eine Änderung der Teilchen*dichte* im betrachteten Volumen:

$$\Delta \rho = \frac{\Delta N}{A \cdot \Delta x} \qquad \text{(C3-5)}$$

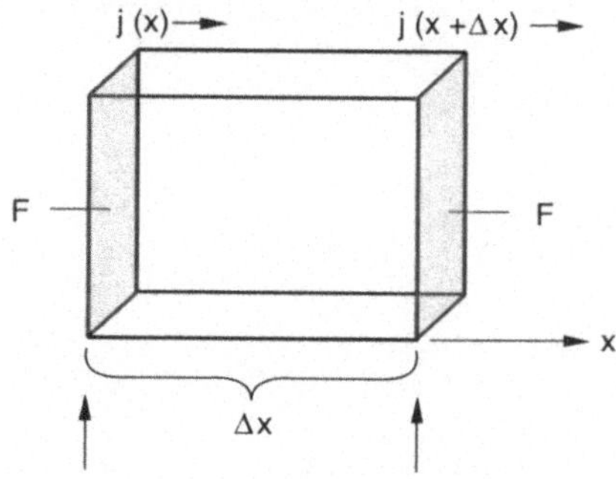

Bild C3 Modell zur Berechnung der Kontinuitätsgleichung

Damit ergibt sich als Teilchenzahländerung ΔN pro Volumen $\Delta x{\cdot}A$ und Zeit Δt (Änderung der Teilchendichte mit der Zeit):

$$\frac{\Delta N}{\Delta x \cdot A \cdot \Delta t} \underset{(C3-4,5)}{=} \frac{\Delta\rho}{\Delta t} \underset{\Delta t \to 0}{\rightarrow} \frac{\partial\rho}{\partial t} = \dot{\rho} = -\frac{\partial j^T}{\partial x} \qquad \text{(C3-6)}$$

$$\text{dreidimensional:} \quad \dot{\rho} = -\left(\frac{\partial j_x^T}{\partial x} + \frac{\partial j_y^T}{\partial y} + \frac{\partial j_z^T}{\partial z}\right) \qquad \text{(C3-7)}$$

Diese Gleichungen werden als **Kontinuitätsgleichungen** bezeichnet und sind typisch für Systeme, bei denen eine Größe (in diesem Fall die Teilchenzahl) erhalten bleibt.

Index

C

D

E

F

G

H

L

N

O

P

Q

R

S

Z

Werkstoffe und Bauelemente der Elektrotechnik

Herausgegeben von
Prof. Dr. **Hanno Schaumburg,** Hamburg-Harburg

Band 1: Werkstoffe
1990. X, 398 Seiten mit 293 Bildern und 54 Tabellen.
Geb. DM 64,– ISBN 3-519-06123-6

Band 2: Halbleiter
1991. XII, 614 Seiten mit 683 Bildern und 29 Tabellen.
Geb. DM 89,– ISBN 3-519-06124-4

Band 3: Sensoren
1992. X, 517 Seiten mit 790 Bildern, 48 Tabellen
und 14 Datenblätter.
Geb. DM 79,– ISBN 3-519-06125-2

Band 4: Quanten
In Vorbereitung. ISBN 3-519-06126-0

Band 5: Keramik
1993. In Vorbereitung. ISBN 3-519-06127-9

Band 6: Polymere
1993. In Vorbereitung. ISBN 3-519-06145-7

Band 7: Datenspeicherung
In Vorbereitung. ISBN 3-519-06146-5

Band 8: Sensoranwendungen
1993. In Vorbereitung. ISBN 3-519-06147-3

Band 9: Bipolare integrierte Schaltungen
In Vorbereitung. ISBN 3-519-06148-1

Band 10: Metalle
In Vorbereitung. ISBN 3-519-06149-X

Preisänderungen vorbehalten

B. G. Teubner Stuttgart